当代浙江学术文库

DANGDAI ZHEJIANG XUESHU WENKU

浙江省社科联省级社会科学学术著作出版资金资助出版（编号：2016CBQ04）

浙江禅宗寺院环境研究

王海霞 著

浙江工商大学出版社

ZHEJIANG GONGSHANG UNIVERSITY PRESS

图书在版编目(CIP)数据

浙江禅宗寺院环境研究 / 王海霞著. —杭州：浙
江工商大学出版社，2017.1
ISBN 978-7-5178-1853-3

Ⅰ. ①浙… Ⅱ. ①王… Ⅲ. ①禅宗－寺庙－古建筑－
研究－浙江 Ⅳ. ①TU－881.2

中国版本图书馆 CIP 数据核字(2016)第 238934 号

浙江禅宗寺院环境研究

王海霞 著

出 品 人	鲍观明
策划编辑	任晓燕
责任编辑	刘淑娟　白小平
封面设计	林朦朦
责任校对	陈晓慧　邹接义
责任印制	包建辉
出版发行	浙江工商大学出版社
	（杭州市教工路 198 号　邮政编码 310012）
	（E-mail：zjgsupress@163.com）
	（网址：http://www.zjgsupress.com）
	电话：0571-88904980，88831806（传真）
排　　版	杭州朝曦图文设计有限公司
印　　刷	杭州五象印务有限公司
开　　本	710mm×1000mm　1/16
印　　张	17.5
字　　数	302 千
版 印 次	2017 年 1 月第 1 版　2017 年 1 月第 1 次印刷
书　　号	ISBN 978-7-5178-1853-3
定　　价	54.00 元

前　　言

　　浙江省是中国佛教最兴盛的省份之一。浙江省得天独厚的地理条件和社会政治、经济环境,使佛教建筑蓬勃兴建,杭州也因此成为历史上著名的"东南佛国"。浙江有许多享誉四海的千年古刹,历经劫难而不毁。中国寺庙之所以吸引人,除了它具有宗教信仰功能外,更在于它保留了中国传统的建筑形制,并具有极高的文化价值。佛寺作为一种外来文化,它传入中国后,在中国传统儒家和道家文化的洗礼下,转化成中国式的布道场所,其寺院体现了"佛、法、僧"这一建筑空间形式。唐初,禅宗兴起,禅僧数量激增,至(唐)怀海法师改制,在沿袭传统寺院布局的基础上,逐渐形成禅宗自己的空间布局形态。宋元时期,禅宗寺院布局形制成熟定型,成为汉地佛教寺院的典型代表。这一成熟的建筑形制远传至日本,成为日本禅宗寺院建筑形制沿袭的样本。禅宗寺院空间布局历经各个朝代的变迁,至明清时已成为固定模式。今天浙江存留下来的许多著名禅寺,在寺院的整体环境塑造中都极具典型性。

　　本书试图通过对浙江禅宗寺院的建筑布局、环境景观特征等方面展开论述,建立起浙江禅寺的研究背景平台,阐明浙江禅宗寺院的历史地位,论述禅宗寺院的环境特色,对浙江禅寺的择址、平面空间布局、建筑形制、景观营建、庭院植物配置及建筑小品做了系统性的研究,并结合国内佛教寺院对浙江禅寺的保护和利用提出建议。本书研究成果如下:

　　(1)佛教建筑艺术具有自己独特的文化传统,具有广泛的社会影响力。作为宗教活动场所,它虽发端于佛陀时代的古印度,然而传入中国后,便深深地烙上了中国传统礼制的印记,与中国文化融合一体,它和中国传统建筑具有一定的共性,同时又独具自身特色。佛教寺院承载和延续着中国传统建筑的文化内核,具有较高的历史价值和文化价值。

(2)唐代《百丈清规》的制定,标志着禅宗寺院有了自己独立的寺院规制,并在南宋走向成熟。随着佛教传播、宗派更迭以及国家政策的干预,禅寺的建筑形制和院落布局在不同历史时期历经演变,寺院的布局形制也日益走向成熟完善,不但成为明清寺院布局的基础,而且决定和影响了其后整个汉地寺观的基本格局。寺院建筑是寺院僧人修行的物化功能的载体,僧人的修行活动体现在寺院组织关系中,两者实现了圆融。

(3)中国佛寺选址自觉追求形胜景美,注重与风景环境的结合,佛寺在选址、空间营造、植物配置等方面的理景艺术具有统一性。恢宏的建筑群、有序的空间布局以及花草树木等众多因素营造了一定的空间意境,其景观营建的风格特征和表现手法对现代生态化园林建设亦有巨大的参考价值。

目　　录

导　　论

一、研究背景

佛教自东汉时期传入中国后，对中国传统文化产生了广泛而深远的影响，形成了最具有代表意义的中国传统佛教寺院建筑。自南北朝以来，佛教发展日益繁盛，寺院建筑声势浩大，成为中国建筑发展的主体部分。中唐以后，随着禅宗的蓬勃兴盛，禅宗寺院逐渐成为汉地佛教寺院的主体和代表。在12世纪初至13世纪前后的百年间，江南的禅宗寺院在规模与形制上达到成熟与完善，并且影响了后来汉地佛教寺院发展的基本面貌与格局。今天存留下来的许多著名禅寺，在寺院的整体环境塑造中都极具典型性。

浙江省是中国佛教最兴盛的省份之一。从东晋和南朝时期开始，南方安定的社会环境、相对发达的经济，使佛教获得广泛传播，名僧、名士辈出，佛寺相继建立。径山寺、灵隐寺、净慈寺、阿育王寺、天童寺、雪窦寺等中外闻名的古刹都始建于这个时期。浙江留存至今的千年古刹，享誉四海，历经劫难而不毁。自唐代百丈怀海制定《禅门规式》始，禅宗寺院有了独立的规制，而禅寺绝大多数位于偏远的山林地区，这使中国禅寺开始了一个独立的、别具一格的发展进程。禅寺拥有自己独立的寺院规制，其基本结构以法堂为中心，形成东库院、西僧堂的布局形式，并且法堂——东库院西僧堂与住持——东西两序这两种布局成为唐以后禅宗寺院的基本结构模式。此后禅团的组织形式和其寺院伽蓝布局形式，也是基于这两个基本结构而发展演化的。随着历史演变，以法堂为中心的布局模式逐渐转化为以佛殿为中心的宫殿式的伽蓝布局形态，寺院建筑布局以"山门——佛殿——法堂——方丈"为南北向轴线，与"僧堂——佛殿——库院"的东西向轴线相交于"佛殿"，全寺主要建筑沿中轴线展开，采用对称配置的形置，其他建筑则散置于主体建筑周围。

　　浙江地区的著名禅院大多选址于山林,倚山而建,山水相依。寺院的规模较大,分布的范围较广,一般经过较长时间的经营,形成一定的空间规模。虽然禅寺的基址所处的山体地段不同,但寺院的地形地貌、建筑群落的布局、空间的经营手法和意境营造手法等却有着共通的特点。远离城市,居于山林地带的禅宗寺院对环境的营建追求"天人合一"的理念,这是佛教其他诸宗寺院难以比拟的。佛教寺院建筑群讲究空间布局形制,但更注重对寺庙景观环境的营建。寺院与周围园林环境组合成一个有机体,空间广阔,功能区域划分明确,营建以廊院和单体建筑围合成的纵横双向的若干空间,形成南北进深、东西跨院的格局,体现了寺在山中、山即寺景的整体构思,显示了中国建筑艺术与景观布局浑然一体的最高水准,其造景手法也是现代园林景观设计的一笔重要财富。浙江留存至今的著名古刹"五山"——径山寺、灵隐寺、净慈寺、天童寺、阿育王寺,其营建模式也最能深刻体现佛家极乐和宇宙万物独特体验的思想。传统神话"昆仑蓬莱"和"壶中天地"所描绘的神仙境界亦是禅寺环境争相模拟的表现形式。

　　然而,随着历史的演变和社会的发展,浙江许多重要的禅宗寺院及其附属园林由于天灾人祸等诸多原因已经消失在人们的视线中。如余杭径山寺,南宋时寺院营建规模之大,装饰之丰,被冠于"五山"之首,天下闻名。至清代,寺内"楼、堂、阁、轩、亭、房、庵、林、有名者六十二处,最盛时下属庵院达一百一十二处,接待寺七处。后因兵因火,多次遭毁,至一九六三年,寺屋除钟楼外,陆续倒坍,'文革'中进一步受到破坏"①。现今,寺院在原来的旧址上重建,恢复寺院的主体建筑,并附以现代园林的营建手法,力图恢复其旧貌,但规模和往日相比,已相去甚远。笔者在寺院考察中,常见一些古老建筑的断墙残垣、片瓦古砖,淹没于废墟荒草中,向世人展示着这一古老建筑的沧桑历史。

　　本书试图通过对浙江地区禅宗寺院的建筑构造、平面布局、景观营建等方面进行史料查询和现状实地调查,同时扩大调研的范围,从中找到有关禅宗寺庙的建筑布局、景观营建等相关资料。随着研究的深入,笔者发现前人对寺庙建筑的内部宗教空间研究成果卓著,对历史上寺庙建筑如山门、佛殿、僧堂等建筑物的形制、规模都有深入研究,甚至对建筑物的结构及其细部构造技术都有较为详细的论述,对寺院环境的相地选址、空间布局、叠山理水、景观布置以及植物配置等方面亦有大量研究文献资料。笔者在查阅资料和实地调研走访中也发现,佛寺内部宗教空间研究成果颇

---

① 　陈荣富:《浙江佛教史》,华夏出版社 2001 年版,第 661 页。

丰,但对寺庙外部空间的研究很少。寺庙周边环境、前山、引导空间部分,甚至和寺庙相关的古村落都是寺庙环境构成的一部分,村落、水源、林地等和寺庙的生活有着密切的联系,但与此相关的文献资料却非常有限,目前,这方面的研究还处于空白状态。笔者希冀在前人理论研究的基础上,丰富佛教寺院的环境艺术研究,同时对现代宗教寺院环境的保护和利用提出些许见解。

二、研究目的与意义

(一)研究目的

一方面,中国寺庙之所以吸引人,除了它具有宗教信仰功能外,更在于它保留了中国传统的建筑形制,并具有极高的文化价值。佛教作为一种外来文化,它传入中国后,如何在中国传统文化的洗礼下,转化成中国式的传道场所? 佛寺既是宗教苦修场所,又兼具园林的美感,它的建筑、选址、空间布局、植物、景观等有何艺术特征和价值? 这些都激起了笔者尝试探讨佛寺环境的兴趣。

另一方面,根据查阅的文献资料,发现目前对禅宗寺院的研究多集中在教义、经典、建筑历史等方面,很少涉及禅寺整体空间环境等方面的内容。本书希望在前人研究成果的基础上,通过自身调研努力,以浙江禅宗寺院为典型案例,找出佛教寺院群体所共有的环境特色及其特异性。同时,佛寺相地择址、植物配置、景观营建等多方面展现了中国宗教园林的整体环境特色。但目前在佛寺园林环境特征等方面进行系统、全面地分析的研究成果却较为缺乏,因此本书希望在前人研究成果的基础上,从浙江禅宗寺院园林空间布局分析入手,对前人研究支系做一个总结和补充,为现代景观园林设计提供一些参考的资料,为寺庙的保护和开发提供一些理论参考,并为将来的后续研究提供一定的理论基础,这是本书的研究目的。

(二)研究意义

1. 宏观方面

文物古迹是一座城市文化特点和底蕴的最好体现,不仅保存了那个年代的历史片段,而且承载着几千年的文化。浙江禅宗寺院是浙江省历史文化遗产的重要组成部分,不仅反映了一个民族佛教发展的历史场景,更是中国几千年文化艺术的积淀。留存至今的佛寺建筑是佛教在现实世界的代言,佛寺中所蕴含的丰富的历史文化内涵,彰显着儒、佛、道三种中国最基础的传统文化思想的精髓,蕴含着佛教的精神与目标,是佛教物化的最直接体现。在 21 世纪大发展的时代背景下,怎样发扬佛教文化的精髓本质,使佛教思想在现代社会得以延续,使宗教文化精神得以发扬光大,成为人们心灵的指导,精神的导航?佛教寺院承载和延续着中国传统建筑最高的文化内核,景观园林环境烘托和渲染了一方净土世界,其蕴含着较高的历史人文价值、审美价值,融汇着中国最高的造园思想,这些对于我们了解民族的哲学、美学、宗教、伦理、典章制度、风俗人情等都有着其他艺术形式不可代替的作用。更重要的是,要通过保护佛寺环境,使佛寺所蕴含的文化内涵在现代得以传承,以产生新的社会文化价值。

2. 微观方面

中国的佛寺模型源于印度的佛教建筑,但却被烙上鲜明的中国特色。寺院的建筑和布局模式成熟完善,在不同的历史阶段里演化出丰富的内容,侧重于文化意义和美学艺术特色的阐扬。中国的佛寺不仅仅只是大规模建筑的结合,更有假山、水池、回廊、碑亭、花草、树木等,它在本质上俨然是一个中国式园林。中国的庙宇不光是一座独立的建筑物,无疑更是一种风景设计。这种"天人合一"的环境设计模式,以及隐匿于寺院建筑与景观之中的文化艺术,对寺院的修复工作以及今天的景观设计都具有极其重要的参考价值。

三、研究现状

(一)关于禅宗寺院建筑的研究

佛寺建筑是我国古代遗存的重要代表,目前我国关于古代汉传佛寺的研究非常丰富,但大多数是从传统建造技术的角度进行探索。

张十庆先生的《中国江南禅宗寺院建筑》是认识和研究宋元时期江南禅宗寺院十分重要的资料。书中对江南禅宗寺院的形成与发展、特点、布局及其演变做了深入探讨,详细论述了位于浙江省的南宋"五山"的建筑形制及其功能,探讨了宋元时期江南禅寺的建筑格局在历史发展过程中的演变。张十庆先生通过赴日留学收集回来《五山十刹图》,并根据此图编写成《五山十刹图与南宋江南禅寺》,对南宋禅宗寺院的伽蓝配置、寺院建筑、家具法器、仪式作法等内容逐一进行分析研究,对我们认识和把握禅院及其建筑提供了更为详尽的参考,也对本书的写作具有极其重要的参考价值。

　　王贵祥先生编著的《东西方的建筑空间》深入探讨了中国建筑与西方建筑这两种不同空间模式的差异,对宗教宇宙模式进行深入剖析,对以塔为中心的印度佛教建筑、中国北朝时期的石窟寺,以及宋元禅林《百丈清规》都进行了深入研究、详细论述,给本书的研究提供了一定的参考。

　　萧默先生编著的《敦煌建筑研究》详细论述了隋唐时期的佛教寺院布局形制,对盛唐以后佛寺的院落式布局进行深入研究与剖析,并对佛寺单体建筑进行探讨。书中对中心塔柱式石窟、毗诃罗石窟、覆斗式石窟、涅槃窟等形制进行详细论述,给本书的写作提供了详细的参考。

　　戴俭先生的《禅与禅宗寺院建筑布局初探》对禅宗寺院的建筑形制与布局从深度和广度上进行了系统的研究。元代德辉编撰的《敕修百丈清规》为现存完整版的《百丈清规》,对丛林组织机构与僧职制度、僧众管理制度、礼仪活动制度等方面都有具体翔实的描述,对禅宗寺院建筑布局的形成提供了十分可靠的历史依据。张弓先生在《汉唐佛寺文化史》上篇对佛寺形制的演变做了深入研究,介绍了佛寺建筑结构和形制的演变:由宫塔式演变至楼塔式,最后发展成廊院式。展示了佛寺其由梵到华的演变过程,对禅宗寺院的建筑形制也有相应描述。

　　刘叙杰主编的《中国古代建筑史》第一卷,傅熹年主编的《中国古代建筑史》第二卷,郭黛姮主编的《中国古代建筑史》第三卷,潘谷西主编的《中国古代建筑史》第四卷,孙大章主编的《中国古代建筑史》第五卷,是最新考古研究成果。书中收集了大量佛教寺院建筑考古资料,对佛寺的建筑技术与类型有细致的描绘与分析,可作为本书的参考。其他的著述,如王媛的《江南禅寺》、张驭寰先生的《中国佛教寺院建筑讲座》、张弓先生的《汉唐佛寺文化史》、白化文的《汉化佛教与佛寺》等,对禅寺建筑也有一定的论述。李允鉌先生编著的《华夏意匠》一书中,对中国佛教寺院的形制与发展也有较详细的论述。(日)伊东忠太先生编著的《中国古建筑装饰》一书中,以图片的方式对佛教建筑中的"佛塔"做了一定的研究。潘谷西先生主编的《风水探源》,其中对佛教和道教建筑的风水研究给本书提供了一定的参考。一丁、雨露与洪涌所著的《中国古代风水与建筑选址》一书中论述了古代人对风水与建筑及其选址之间密不可分的关系,其中对风水的原则及"风""气""砂"在建筑择址中的重要性,也给本书提供了参考。

　　古代的一些方志、佛寺志等,对禅寺的建筑亦有详细记载,如(宋)潜说友编修的《咸淳临安志·寺观》,对浙江地区的寺观、古迹有详细研究。(南宋)楼钥的《径山兴圣万寿禅寺记》《天童山千佛阁记》,(南宋)吴咏的《径山禅寺重建记》《净慈寺志》《灵隐寺志》《天竺山志》《增修云林寺志》《续修云林寺志》《宋高僧传》《五灯会元》等古籍资料中,对中国古代佛寺的发展状况、禅寺的历史、建筑布局有详细的记载和描绘,具有一定的参考价值。

另外,一些学术论文如孙旭的《宋代杭州寺院研究》(上海师范大学博士论文,2010 年)、方旭峰的《明清之际浙江禅宗寺院地理分布研究》(浙江大学硕士论文,2008 年)和袁牧的《中国当代汉地佛教寺院建筑研究》(清华大学博士论文,2008 年)等学术论文对禅寺的建筑布局也有所提及,对本书的写作亦有一定参考价值。

(二)关于禅宗寺院园林的研究

中国古代对佛寺园林的研究可追溯到北魏时期。杨衒之的《洛阳伽蓝记》不仅对洛阳的寺院缘起、寺观建筑等进行详细介绍,而且对寺院的园林环境做了一定程度的描述,这给本书提供了一定的参考。

赵光辉先生所著的《中国寺庙的园林环境》,总结了我国寺庙园林环境的特点,阐述了寺庙园林的空间组合方式和布局构景手法,并逐个分析研究,对本书具有一定的参考价值。周维权先生所著的《中国名山风景区》,对山林型佛寺园林的布局、建筑营建、基址选择、园林经营等方面进行了详细的分析和研究,给本书带来一定的理论依据。任晓红先生的《禅与中国园林》,对禅与寺庙园林的意境、禅与园林空间的关系等方面进行详细论述,还论述了佛教的中国化与寺庙的园林化,探讨了佛教在中国化的过程中,寺院的选址对自然环境的要求以及寺院内部环境的绿化,对本书亦有参考意义。张浪所著的《中国园林建筑艺术》对园林建筑的布局原则和园林建筑的类型、建筑小品进行详细论述,亦可供本书参考。

日本的造园艺术深受禅宗园林的影响,有着禅宗思想的深厚印记。刘庭风先生在《中日古典园林比较》一书中,提出了禅宗对日本古典园林的发展起了重要作用,论证了禅宗与枯山水园林的诞生、茶庭的起源相互间密切的关系,并与中国的传统园林的自然环境、文化思想、造园手法、景观布局等各方面进行比较。曹林娣先生的《中日古典园林文化比较》一文中,揭示了中国文化在日本园林中的印迹,以及日本园林不断超越自我,直至枯山水园林诞生的历程。日本现代的风景园林师,将禅宗精神融会于现代风景园林设计中,在现代禅宗园林的创作过程中取得了丰硕的研究成果,这给本书的写作提供了参考。

周维权先生的《中国古典园林史》对中国的寺观园林做了概括性的介绍。王铎先生的《中国古代苑园与文化》对佛寺园林进行了阐述,对其发展、意境、格局、空间结构等方面做了比较全面的分析。潘谷西先生的《江南理景艺术》、郑炘先生的《苏南名山建筑》,对寺院园林的理景艺术也有相应的涉及。这些对本书的写作亦具有一定的参考价值。

另外,还有一些关于佛寺园林的学术论文,也给本书提供了一定的参考,如赵晓峰的《禅与清代皇家园林——兼论中国古典园林艺术的禅学渊涵》(天津大学博士论文,2003 年)、尹传香的《中国汉传佛寺园林的环境研究》(华中科技大学硕士论文,2007 年)、何信慧的《江南佛寺园林研究》(西南大学硕士论文,2010 年)、江权的《山岳型风景区中寺院文化环境的保护与利用研究》(清华大学硕士论文,2004 年)、王小玲的《中国宗教园林植物景观营造初探》(北京林业大学硕士论文,2010 年)等对寺院园林的环境都有不同程度的研究。

(三)关于禅宗理论及美学的研究

印顺所著的《中国禅宗史》对印度禅到中国禅的演化历程、禅学的中国化都做了深入研究。对禅宗各流派如牛头宗、伪仰宗、云门宗、法眼宗、临济宗、曹洞宗在中国发展的过程和分布,及各宗派的禅学思想和义理都做了详细的论述,对进一步研究中国禅宗的历史与思想都极具价值,对本书也具有重要的参考价值。

汤用彤先生编著的《汉魏两晋南北朝佛教史》,系统论述了佛教在汉代传入中国,并在魏晋南北朝时期发展的整个过程,对汉代佛法在地理的分布、佛教流派、高僧与名僧的学术观点等无不深入研究与剖析,给本书写作提供了重要的参考。

杜继文先生所著的《中国禅宗通史》,深入分析禅学与戒律学、般若学、唯识学、华严学、天台学、净土、密教的多方面的交流,记述了禅学与以道教、儒教为主体的中国固有思想文化的冲突、融合和互动过程。文中对禅宗的形成与分布,禅宗各宗派在不同历史阶段的形成、繁盛和衰败都有深入分析和研究,给本书提供了重要的参考。

陈荣富先生编著的《浙江佛教史》全面系统地介绍了浙江佛教发展的历史,深入研究了浙江地区佛教寺院的创建、发展与变迁,详细叙述了唐代禅宗在浙江地区的荣盛以及浙江禅宗的东传,宋、元、明、清时期在浙江流传的禅宗宗派及其最终走向衰落的过程,对本书具有一定的参考价值。

南怀瑾先生所著的《禅宗与道家》对禅宗丛林制度进行深入剖析。杨曾文先生的《唐五代禅宗史》,对禅宗在唐五代时期的成立和迅速兴起的历史做了全面系统的考察和论述。书中对中国禅宗的初创期、南北宗并立期和南宗独盛期、禅门五宗的传播历史有详细介绍。麻天祥先生所著的《中国禅宗思想发展史》对禅宗思想的形成与发展有独特见解,对宋以后的佛教,尤其是禅宗思想的发展进行深入剖析。方广锠先生的《佛教文化大观》,书中第二章节佛教的世界观,对佛教空间、世界模式有较为详细的研究,从理论上论述了佛教的时空观念,充满了神话与宗教的因素。方立天先生所著的《佛教哲学》,对佛教哲学的人生价值观、宇宙要素论、宇宙结构论、宇宙生成论以及本体论、认识论的基本内容进行了探讨和阐述,探论了中国佛教哲学的现代价值。这些理论著述对本书的写作都有一定的参考价值。

祁志祥所著的《似花非花——佛教美学观》,阐述了佛教透过事物规律、本质、特征的基本认识,通过对"世俗美的变相肯定",对真假色空、虚幻唯心的美的认识。皮朝纲先生所著的《禅宗美学思想的嬗变轨迹》,对禅师们审美活动的鲜明特点、意蕴和内容进行深入剖析。禅的审美体验超越理性,以神秘的直觉超越逻辑的思辨,这种独特的性质为禅师们安身立命提供价值依据。禅宗"重人""贵生"的美学理论给中国传统美学增添了新的内容。张节末先生所著的《禅宗美学》,文中论述了庄、玄和禅这些非主流文化对儒这一传统文化的突破,禅宗美学境界对推进中国士人高级精神生活具有极大的作用,这也是宗教艺术的功用。这些理论著述对本书的写作极具参考价值。

另外,汤用彤先生所著的《汉魏两晋南北朝佛教史》是一部叙述佛教在汉代传入中国,并在魏晋南北朝时期发展的佛教史巨作。赖永海先生所著的《中国佛教文化论》对佛教文学艺术,尤其是禅宗思想对诗、书、画的熏染等方面进行全面深入的剖析。蒋维乔先生的《中国佛教史》详细论述了佛教东传、在中土的发展以及禅宗的发展过程。王月清先生所著的《中国佛教伦理研究》对佛教的善恶观、佛教戒律,佛教的修行观、人生观、孝悌观等进行深入研究分析。这些理论巨著让笔者对佛教的历史、文化、思想等方面有了更加全面深入的了解,给本书的写作提供了理论铺垫。

四、研究内容界定

(一)研究对象

佛教传入中国已有 2100 多年历史,仅在浙江地区建立的佛教寺院就不计其数,留存至今的寺院数量颇多。本书关注的是自东汉佛教传入中国后,在浙江地区建立,历经各朝代损毁、修缮并留存至今的禅宗寺院。由于许多寺院损毁严重,本书选取保存、修缮完好的历史上著名佛教寺院作为考察对象。

　　根据诸文献史料,南宋在佛教史上的重大举措,便是宁宗淳熙年间,史弥道奏请朝廷制定禅院等级,品定江南诸寺寺格等级,将南宋历史规模最大、最具有名望的寺院分别评定出禅、教、律“五山十刹”。其中禅院“五山十刹”为:

　　五山:

　　第一,临安径山兴圣万寿寺(又名径山寺),创建于唐天宝初年(742年)。

　　第二,临安北山景德灵隐寺,建于东晋咸和元年(326年),宋景德四年(1007年)改为禅寺。

　　第三,临安南山净慈报恩光孝寺,建于后周显德元年(954年),绍熙四年(1193年)改为禅寺。

　　第四,明州太白天童景德寺,建于晋永康年间(300—301年)。

　　第五,明州阿育王广利寺,建于南朝宋元嘉二年(425年),宋大中祥符元年(1008年)改为禅寺。

　　十刹:

　　第一,临安,中天竺天圣万寿永祚寺(法净寺),建于隋开皇十七年(597年)。

　　第二,浙江吴兴道场山护圣万寿寺。

　　第三,南京蒋山太平兴国寺(灵谷寺),建于梁天监十三年(514年)。

　　第四,平江(苏州)万寿山报恩光孝寺(万寿寺),原为教寺,南宋绍兴九年(1139年)改为禅寺。

　　第五,浙江奉化雪窦山资圣寺(雪窦寺),建于晋。

　　第六,浙江永嘉江心山龙翔寺(江心寺)。

　　第七,福建闽侯雪峰山崇圣寺。

　　第八,浙江义乌黄云山宝林寺,建于梁大同六年(540年)。

　　第九,平江虎丘云岩寺,建于隋仁寿元年(601年)。

　　第十,浙江天台山国清教忠寺(国清寺),建于隋开皇十八年(598年)。[①]

---

　　① 郭黛姮:《中国古代建筑史》(第3卷),中国建筑工业出版社2009年版,第269页。

新中国成立后，修缮、扩建毁废的寺院，浙江地区重获新生的著名古刹有 32 座，分别为：余杭径山寺、钱塘灵隐寺、净慈寺、钱塘上天竺法喜寺、中天竺法净寺、下天竺法镜寺、宁波天童寺、宁波雪窦寺、台州国清寺、阿育王寺、天台华顶讲寺、天台高明寺、天台方广寺、新昌大佛寺、普济禅寺、法雨禅寺、慧济寺、建德玉泉寺、保国寺、观宗寺、五磊讲寺、龙泉寺、禅源寺、栖云寺、七塔寺、温州江心寺、金华双林寺、昭明禅院、道场山万寿寺、炉峰禅寺、下方桥石佛寺、九华禅寺。

其中南宋评定的"五山十刹"中的灵隐寺、天童寺、净慈寺、阿育王寺、径山寺，以及"十刹"中的杭州中天竺寺、湖州道场寺、温州江心寺、金华双林寺、宁波雪窦寺、台州国清寺等名刹也被保留下来，并得到修缮。

根据实地考察，本书确定径山寺、灵隐寺、净慈寺、天童寺、阿育王寺、中天竺寺、江心寺、雪窦寺、国清寺、普济禅寺、法雨禅寺、慧济寺等 12 座著名禅寺为本书重点探讨的对象。这些存留下来的寺院修缮完整，规模庞大，能够代表当时禅寺较高历史文化价值，并且在一定程度上反映了当时社会的政治、经济、文化水平。

（二）相关概念阐述

环境是指周围所在的条件，对不同的对象和科学学科来说，环境的内容也不同。《辞海》对"环境"的解释为：周围的地方；环绕所管辖的地区以及周围的自然条件和社会条件。本书所指的"环境"从风景园林学角度出发，涵括寺院的择址环境、建筑围合的内部空间环境、建筑内部和外部的景观环境等多方面内容的综合概念。

五、研究方法

（一）文献收集

通过查阅文献，从专著、学位论文、期刊、网络中收集相关研究资料，学习并了解中国佛教史、浙江佛教史等历史文献，掌握建筑美学、景观设计、视觉艺术、环境艺术设计等学科的专业理论，为课题的展开奠定基础。众多关于汉地佛寺的发展史、寺院建筑、寺庙园林艺术、城市规划、名山理景艺术等方面的研究成果为本书提供了翔实的资料，提供了理论上的支撑。大量关于佛寺环境与建筑艺术的理论分析为本论文提供了丰富的素材，拓展了研究思路。

(二)实地考察

对浙江地区现存的佛教寺院进行调研,通过考查、拍照、访谈、录音、座谈等方法,以获取第一手实测资料。一方面,通过考察,对浙江地区现存佛教寺院情况有更直观的了解和判断,弥补文献资料中的不足。另一方面,通过实地考察,将寺院进行比较,找出各个佛寺之间的共性和不同点,正是由于这些共性和独特性造就了浙江佛教寺院的环境特色。

通过考察至今仍保存完好的灵隐寺、净慈寺、阿育王寺、天童寺、国清寺、普陀山等佛教寺院,对佛寺的空间环境,包括佛寺的平面布局、建筑、景观特色、文物古迹展开实地调查研究,对寺院的历史沿革与现状进行梳理,使研究内容进一步深入,为本书的观点提供有力的论据。

(三)分析归纳

将检索收集的文献资料进行汇总,结合现场调研,对浙江地区的佛教寺院进行归纳分析,并在此基础上运用比较研究的方法,对各个佛寺的伽蓝布局、寺庙园林、植物配置、建筑的艺术特色等各个方面进行比较,分析其共性和个性,归纳其内在联系,希望通过系统性的研究,为今天的浙江地区佛教寺院的修缮及现代景观设计提供理论参考。

六、研究框架

本书研究内容分为五个章节。

第一章为浙江地区禅宗寺院概述。叙述自东汉佛教传播以来,浙江地区禅宗的发展概况,流布于浙江地区禅宗的主要宗派及其影响。明确浙江禅宗寺院的创建历史,对浙江地区留存至今的禅寺进行总的梳理和总结,为后续部分对该地区寺院建筑、空间布局特征分析做好铺垫。这一部分为背景研究,是全文的基础。

第二章简述浙江禅寺选址的特征及类型,阐述中国传统风水文化对禅寺择址的影响因素。文中重点研究择址于山林环境的佛寺其空间布局的形态,探讨禅寺选址对环境的要求,以及山水环境因素对寺院空间布局的影响。

第三章研究浙江禅寺的建筑形制及空间布局,对佛教寺院形制的演变、布局样式、艺术特征、空间序列等方面进行归纳总结。对禅寺单体建筑的类型、特点及其形成原因等方面展开详细论述,充分挖掘和探索这一外来宗教文化在中国传统文化的影响下,如何运用中国式的传统建筑这一空间物质载体来传达精神含义的内在因素。同时,论述禅宗寺院空间布局的历史演变,重点论述唐代怀海改制对禅宗寺院形制的决定因素,《百丈清规》对历代禅寺布局的影响;探讨宋、元、明清时期,禅寺的布局形制,及其历史演变和艺术特征。并从佛教宇宙观、儒家传统礼制文化以及中国传统美学的角度,分析与佛寺布局之间的关系,以及对佛寺建筑形制的影响。

第四章研究浙江禅宗寺院与中国其他地区的禅寺在建筑空间布局上的异同,以及禅宗寺院与其他宗派伽蓝之间的差异,并重点探讨中日禅宗伽蓝布局的传承关系,论述两者之间的区别和联系。

第五章研究浙江禅宗寺院的景观营建,探讨禅寺的前导空间、宗教空间和庭院空间的营建手法和艺术特征,并通过对寺院理景艺术的分析,归纳禅寺建筑、山水、置石、植物配置等景观规划的表现手法,结合实地调研结果,列举典型案例,总结隐匿于环境之中的内在意境和哲学含义。同时,对佛塔、佛钟、香炉、碑刻、匾额楹联等佛寺附属设施进行分析归纳。

七、创新点

第一,本书通过对佛教寺院史料文献的收集和深入研究,结合实地考察,以浙江禅寺为主要研究对象,探讨禅宗寺院平面布局在不同历史阶段的形成特色及其影响因素。

第二,运用对比法,探讨禅宗与净土宗、密宗以及日本寺院在平面布局上的异同,并剖析形成这些异同的影响因素。

第三,结合浙江地区的景观特色,对禅宗寺院的景观特点进行深入分析研究,探讨禅宗园林的环境特色,分析其建筑、选址、植物、景观的艺术特征。

第一章 浙江禅宗及寺院概述

第一节 浙江禅宗文化

一、浙江禅宗发展历史

禅宗是中国佛教的一个重要宗派,是佛教自东汉传入中国以来,佛教中国化最成熟阶段的产物和表现。禅宗的渊源据《大梵王问佛决疑经》记载,一次灵山会上,大梵王将一枝金色波罗花献给佛祖释迦牟尼,请佛祖为众生说法。佛祖拈花,默然不语,众弟子不解其意,独有大弟子摩诃迦叶心领神会,展颜一笑,因而佛祖当众宣布:

> 吾有正法眼藏,涅妙心,实相无相,微妙法门,不立文字,教外别传,付嘱摩诃迦叶。①

迦叶受世尊传授,成为禅宗初祖。其后,代代相传,至第二十八代菩提达摩。达摩于南北朝时期,渡海东来,担起了把西天禅宗的发展传入中国这一历史重任。由于和南朝的梁武帝意见不合,便渡江来到北魏,入嵩山少林寺,面壁九年,终成正果,此后便开始在东土传扬禅宗。达摩也成为东土禅宗初祖。

据《浙江佛教史》记载,佛教于东汉末年传入浙江,历经北方和海上两条路线。东汉末年三国两晋时期,北方饱受战乱影响,经济衰退;而长江下游广大地区经济繁荣,政治稳定,因此吸引西域各国胡人为避战乱而大量

---

① 普济:《五灯会元》,中华书局 2008 年版,第 10 页。

南迁,进入浙江。同时也吸引了佛教名僧南下,如安世高、支谦等,这对浙江地区的佛教传播起了媒介作用。西晋时期(265—317),佛教与玄学相呼应,在皇室的支持下,佛教获得长足发展,浙江地区的佛教也在这一时期迅速传播开来。永嘉之乱以后,更多的僧人相继南渡,他们将般若学和玄学结合起来,逐渐在南方佛教思想界取得一席之位,东晋时形成"六家七宗"。这些流派主要在浙江活动,这对浙江地区佛教发展起了极大的推动作用。

晋宋之际,亦有少数禅师至江南弘法,《高僧传》记载帛僧光、竺昙猷、青州支昙兰都曾于浙江修禅弘法。但聚集者少,大都为独来独往的头陀僧,以游方为务,居无定所,近似隐遁名士。《十二头陀经》中记载:

> 一时佛在舍卫国给孤独园精舍,与八千比丘僧菩萨万人,皆着衣持钵游行乞食。食已,至阿兰若处,加趺而坐。[1]

这种标准的禅僧团以某一禅师为领袖,以习禅为旗帜,组成一个固定的群体,且僧团领袖的文化素质极高。这种形式在中国南北朝时,得到了快速发展。南朝时,梁武帝推崇禅学,但只是让禅师游于"慧辩",使禅师领袖远离民众,以避免妖言惑众。北朝的禅僧数量众多,他们游化行禅,形成稳定的规模,组成比较固定的群体,以某一禅师为领袖,游止不断,形成庞大的队伍。且与流民相结合,形成成分复杂的下层禅众,这为禅宗的形成提供了主要社会基础。北周武帝晚年(577),下令全境灭佛,拆毁佛寺和佛像,绝大多数僧侣南下逃生,游方到江南,使南方佛学实力得到增强。

隋统一全国后,隋文帝杨坚大力恢复和重建佛教,安抚禅僧,重视禅师领袖,并下旨曰:

> 隋祖创业,偏重定门,下诏述之,具广如传。京邑西南置禅定寺,四海征引,百司供给,来仪名德,咸悉暮年,有终世者,无非坐化,具以闻奏,帝倍归依。[2]

但隋朝的暴政使全国很快便重新陷入了混乱,大量禅众随着流民南迁,给南方佛教的发展带来新的力量,禅学的重心也开始向南迁移。南北朝时期,南方崇尚虚玄的"义理",北方重禅,此时南方的"义理"逐渐衰落,

---

① 《大藏经·佛说十二头陀经》,第783页。
② 《大藏经·续高僧传·卷20·唐蒲州孤介山陷泉寺释僧彻传十四》。

北方禅林开始发展起来。

北禅持续南下,流民大量向江淮涌入,使南方最终成为禅宗的真正发祥地。初唐道信和法融两支禅系的崛起,对禅宗的形成起了决定性作用。道信(579—651),僧璨(510—606)禅师弟子,禅宗第四代祖师或楞伽宗第五代祖师。道信在黄梅双峰山中聚徒五百余人,定居三十多年行禅,给禅宗的形成开辟了稳固的根据地。跟随道信习禅者主要活动于豫、鄂、皖、苏、浙一带,游历于江左、闽西、浙东、岭南等地。[①]"此前,达摩一系的禅僧和多数楞伽师均以游方为务,居无定所,他们自北向南地流动,及至进入皖、苏、鄂、赣等山区,开始由流动转向定居,完成禅宗生活方式上的重大转变。"[②]道信在南方将达摩禅推进了新一轮境界,影响深远。

道信弟子五祖弘忍(601—675),在黄梅县继续招徒讲学,开东山法门,受学弟子数以万计,成为当时禅学的中心。"弘忍在世时,禅宗在全国的分布状况:以湖北黄梅为中心,北经安州(湖北安陆)、随州(湖北随州市)、直达河南洛州和陕西的华州(华县);西沿长江,经荆州,进入四川资州(资中),东至江苏扬州和浙江越州(今绍兴);南至广东韶州(韶关)。"[③]应该说,中国禅宗到道信、弘忍时正式成立[④]。

弘忍门下人才济济,以神秀(约606—706)和惠能(638—713)最为突出,两人同一师承,但所传禅法相异。神秀禅法以《楞伽》为渐门,活动于北方嵩洛地区。神秀于久视元年(700)被武则天迎入京城,尊为"两京法主、三帝国师",这稳固了禅宗的合法地位,使禅宗得以立宗。惠能禅法以《般若》为顿门,活动于岭南地区,并在其弟子努力下,将南宗禅发扬光大。"惠能与神秀在禅学思想上的分歧,最终导致了分裂与对抗……南渐北顿的南北分宗和对立由此形成,并最终南宗压倒北宗,取得了正统的地位……惠能顿悟南宗的形成,标志着中国禅宗的确立。"[⑤]

惠能以后,其弟子南岳怀让(677—744)和青原行思(671—740)活动于湖南与江西,在南方发展了惠能禅学,并各成一家,衍生出禅门的"五家七宗"。其中由南岳怀让一系,经马祖道一(688—763)和百丈怀海(749—814)等系数传,由临济义玄(?—766)在河北创立临济宗,沩山灵祐(771—853)在湖南开创了沩仰宗;青原行思(671—740)一系,经石头希迁(700—

---

① 陈荣富:《浙江佛教史》,第162页。

② 杜继文、魏道儒:《中国禅宗通史》,江苏人民出版社2008年版,第66页。

③ 同①,第163页。

④ 同②,第70页。

⑤ 张十庆:《中国江南禅宗寺院建筑》,湖北教育出版社2002年版,第2—3页。

790)等数传,由洞山良价(807—869)在江西开创了成曹洞宗,云门文偃(864—909)在广东开创了云门宗,清凉文益(885—958)在江苏开创了法眼宗。至此,惠能南宗禅在唐末五代形成了中国禅宗史上最兴盛的"花开五叶"的繁荣局面。禅宗五家中,曹洞宗、云门宗、法眼宗、沩仰宗创立并流行于南方地区,临济宗虽创立于北方,但数传以后,也转入南方湖南、江西地区发展。晚唐禅宗进入高速发展的时期,禅宗的势力日益壮大,成为佛教中最有活力的宗派,最终形成被国家承认和保护的另一类寺院经济体制,即禅林经济或农禅经济。至南宋时期,临济宗门下的黄龙慧南(1002—1069)和杨岐方会(992—1049)活动于江西,分别创立黄龙和杨岐二派,其中临济宗势力强盛,传承不衰。临济门下二派加上禅宗五家,形成禅宗史上著名的"五家七宗"局面。至南宋时期,临济宗的杨岐派最盛,活跃于南方地区,禅宗的发展逐渐由唐代的五家并弘,变成一家独盛,其他各派皆被杨岐派所湮没,使临济禅成为此后禅宗的主流和代表。

隋代和唐初,在浙江占主导地位的是智者大师(538—597)创立的天台宗。这期间浙江禅宗的发展不如周边其他省份。智者大师将北方的禅学和南方的义理统一起来,与达摩、道信、弘忍及惠能开创的禅宗既有重大区别又有相通关联,使后来浙江发展起来的禅宗深受天台宗的影响,带有明显的地域文化特征。到了中唐,禅宗与天台宗在教义上的相互影响愈加明显,五代至宋,法眼宗传人永明延寿等人都与天台宗的教学有密切关联,他们都竭力主张将禅、天台与净土三宗结合起来,形成富有特色的地方佛学。

宋代宗派纷呈,禅宗成为各宗派的主流。禅宗与净土信仰和其他各宗信仰相互渗透、相互影响,向着禅教一致、禅净一致的方向发展,各宗合流使禅宗基本上已失去原先的纯然一色。由于吴越国时期浙江地区盛行天台宗圆融统一思想,并与当时流行的禅宗结合,于是宋代在浙江地区逐渐形成禅、天台、净土三者相结合的地区特色,形成宋代具有地方特色的"江东佛教风格"。在禅与净土关系上,净土为上,禅净双修是最高层次的修行。受此影响,北宋禅僧纷纷仿效,兼修净土,使得宋代净土信仰在唐代基础上向着更加社会化、世俗化的方向发展,日益深入民间。禅与净土等诸宗合流,也使宋代佛教结社活动繁荣,净土省常(959—1020)就于宋太宗淳化年间(990—994)在杭州西湖昭庆寺结净行社,集合僧俗数千人,念佛修行,往生净土。各地纷纷效法,使得净土信仰在民间成为一种风俗,被广泛推广,净土法门也成为一个固定宗派。宋代一些士大夫也纷纷加入禅宗,参禅活动十分繁荣,成为宋代令人瞩目的社会现象,也使禅宗增添了许多生机和活力。杭州成为士大夫参禅的重要地区,这使杭州的佛教事业走向极致繁荣,成为"东南佛国"。

元代,南方的佛教仍以禅宗为主,是宋代禅宗的延续和发展。由于元代统治者崇奉藏传佛教,在宗教政策上奉行尊教抑禅政策,统治者不重视教义的研究,而热衷于诸如念经、祈祷、印经、斋僧、受戒、受法等功德佛事。教僧势力强盛,在全国形成了南禅北教的局面。教僧多诋毁禅宗,使禅宗的发展受到抑制,盛行在北方的曹洞宗逐渐衰落,而活动在南方的临济宗,由于受到朝廷肯定和支持,得到一定程度的发展。当时最有影响力的临济宗高僧基本都生活在南方,一支以虎丘绍隆系为代表,另一支以径山宗杲系为代表。禅宗整体而言开始走向衰落,生存发展面临着诸多挑战。径山宗杲系著名禅僧笑隐大诉(1284—1344)针对禅宗的生存现状,顺应时代的发展,对禅宗进行改革,开始重视对丛林清规和禅众的教育,要求禅僧必须兼通经教外典,能够"柄大法""为全才""御外侮",以适应多教兼容的社会环境,给元代禅宗的发展争取了一定的生存空间。元顺帝登基后,下旨令百丈山住持德辉禅师重编《禅林清规》,即《敕修百丈清规》,命大主持审定,并于至元年间(1335—1340)实行,以统一天下禅林规矩,对后世禅林影响深远。

明太祖朱元璋曾经出家的经历使他认识到佛教在社会上的影响和价值,同时也意识到佛教的内幕及与社会政治的关系。因此,朱元璋支持汉地传统佛教的发展,同时对佛教内部进行整顿,采取强制控制的措施。洪武十五年(1382),仿照宋制设各级僧官,分寺院为禅、讲、教三类,要求僧众分别专业入院。严禁僧俗混淆,禁止僧人与各级官吏往来,要求僧人只能从事与佛教信仰有关的活动,令"出禅者禅,讲者讲,瑜伽者瑜伽,各承宗派"。禅指禅宗;讲即华严、天台、法相诸宗;教,取代以前的律寺,从事瑜伽显密法事仪式,举办为死者追善供养,为生者祈祷求福等活动。

明末,由于政治腐败,政府也放松了对禅僧的戒律要求。明末万历到清雍正(1573—1723)年间,禅宗在浙江和江西一带的山林重新活跃起来,并且扩展到南方各地。其活动形式与晚唐五代山林禅相似,没有严格的戒律要求,不重视佛教经典,开垦荒地,农禅并举,成为禅宗在中国封建社会历史上最后一个兴盛期。但此时禅学的理论水平并没有提高,禅宗的整体素质不高,在理论方面的建树不多。禅宗虽保持一定的规模,但已走向晚期,没有著名禅师出现,少有理论创新,少数有道高僧在明政府的佛教政策下,"深韬岩穴,遁世隐修"[1]。因此浙江禅宗也呈现衰落的态势。

---

[1] 《辟妄救略说·卷8·五灯会元续略·几例》。

清朝由于顺治、康熙、雍正、乾隆四帝皆崇佛,对佛教采取扶持的政策,使佛教在清初又有了新的发展。浙江禅宗也出现短暂的复兴局面,临济宗与曹洞宗成为禅宗发展史上最后一个兴盛期。以密云圆悟(1566—1642)为代表的天童系和以天隐圆修(? —1635)为代表的盘山系,成为清代临济宗在浙江的代表。

但清代禅宗从总体上走向衰落,是因为雍正对法藏师徒的批判,这成为清代禅宗发展史上的一个转折点。一些明末的遗老和忠贞之士,投身到法藏门下,引起雍正的不满,于是雍正亲自撰写《拣魔辨异录》对法藏师徒进行严厉抨击,禁止弘法,沉重打击禅宗。雍正扶植士大夫学佛运动,要求三教合一和禅净合一,致使清代禅宗日趋走向衰落,禅风不正,理论上没有建树,其地位被净土宗所取代。雍正提倡念佛净土,清初以后,净土宗在浙江进一步兴盛,朝着社会化、世俗化的方向发展,推动了居士佛教的发展,念佛净土成为世俗佛学的基本内容。

近代以来,随着学术思想的解放,浙江的佛教也随之复兴,佛教院校、佛教组织和弘法刊物大量创办。辛亥革命以后,各地创办了大量的佛学院,如在1919年创办的浙江宁波观宗寺,办观宗讲舍,以恢复天台祖庭,弘扬天台宗风,创观宗讲舍;1928年创办浙江佛教师范学院;1930年创办杭州梵天寺天台宗佛学院;抗战前夕,太虚大师与国民党中央委员张人杰共同创办"吴山中国佛教律学院";1946年杭州灵隐寺主持若瓢与杭州诸名刹住持在灵隐寺共同创办武林佛学院。辛亥革命后,浙江许多名僧在浙江成立了许多佛教组织,近代浙江名僧居士辈出。他们不仅佛学造诣高,而且接受中外新思潮、新文化,如八指头陀、天台宗四十三代谛闲大师、倡导人间佛教的太虚大师、律宗复兴者弘一法师等。正是由于他们的不懈努力,才使近代浙江佛教重新活跃。1949年,中华人民共和国成立,50年代,历经千年沧桑的浙江佛教经过整顿进入了一个新的时期,随后"左"的政策,使浙江佛教遭受了极大的摧残和破坏。1978年三中全会后,纠正了"左"的宗教政策,使佛寺得到修复和重建,浙江佛教重新得到恢复。

二、禅宗宗派的发展对禅寺创建的影响

(一)黄梅禅系

初唐,道信与弘忍两支禅系的建立,为禅宗后来的农禅山居奠定了基础。道信为僧璨禅师的弟子,为禅宗的第四代或楞伽宗第五代的祖师。道

信于唐永徽二年(651)进入黄梅双峰山,于山中聚徒五百余人,定居 30 多年,成为禅宗史上划时代的事件。"此前,达摩一系的禅僧和多数楞伽师,都是以游方为务,居无定所。他们自北向南流动,也反映了整个下层禅众的趋向。及至进入皖、苏、鄂、赣等山区,开始由流动转向定居,完成了禅宗生活方式上的重大转变。"[①]道信作为禅僧定居的首创者,对禅宗以后的发展产生了极其巨大的影响。

据《传法宝记》载,道信号召他的门人都去从事生产劳动,垦荒柴耕,以便"得一口食以塞饥疮",先解决吃饭问题,这在整个佛教史上具有划时代的意义。佛教原始教义便是否定自身,鄙视生产劳动,僧侣主要依靠社会各阶层的布施和供养生活。晋宋以来,随着寺院经济的壮大,寺院早已开始经营农工商贷。土地和财产集中,从事生产经营已是寺院正当的谋生手段,只是得不到舆论的理解和尊重,寺院中也只有一些下层的僧侣从事生产劳动。

唐代安史之乱使寺院经济遭受严重破坏,僧尼逃窜,幸存下来的寺庙也只能闭门自保。因此,一些高僧再次强调"有生之本,以食为命",资形活命也成为禅僧首先要解决的问题。道信在双峰山上聚徒定居,为大量的流动僧众提供一个安身立命的场所,开荒定居,参加生产劳动也是最妥当的选择。

弘忍,俗姓周,黄梅人。他在道信门下,是禅僧团中卓越的生产经营者和生活组织者,在解决禅众的生活方面具有出色的才能。弘忍对道信的"作""坐"禅法做了进一步发挥,指出做"道场"、做"佛事",不限于寺院那样的场所,也不限于供奉膜拜佛菩萨等特定的僧侣仪式,而是贯穿在行禅者的全部日常生活中。这似乎是"理人"和"行人"的具一化,"弘忍的侧重点,在于把禅贯穿于日常生活的劳动生产,而不像达摩那样,强调进入世俗社会;是要把劳动生产提高为禅,而不是一般地将禅贯彻于世俗生活"[②]。

"应该说,中国禅宗到道信、弘忍而正式形成。"[③]他们在佛教内外多重打击和排斥下,为长期流动的禅僧们创建了一个稳定的定居场所,提供生产劳动,使禅僧在生活上得以保障,完成了禅宗以自信自立、自求解脱为中心教义的立宗工作。

---

① 杜继文、魏道儒:《中国禅宗通史》,第 66 页。
② 同上,第 69—70 页。
③ 同上,第 70 页。

（二）牛头禅系

道信弟子除弘忍外，还有金陵牛头山的法融（594—657），俗姓韦，润州延陵（今江苏丹阳）人。隋末唐初，牛头禅在江东一带兴起，以金陵牛头山为中心，对浙江产生了深远影响，浙江大部分地区都属牛头宗的化区，法融在禅宗形成时期也占据极重要的地位。

永徽四年（653），睦州（浙江建德东）女子陈硕真起义，举兵反唐，婺州刺史崔义玄和扬州都督府长史房仁裕等率兵讨伐。因此受到牵连的沙门极多，僧尼纷纷逃亡。法融和道信、弘忍一样，居于山间幽岩，冒险收容逃僧，庇护僧众的安生。牛头山地近金陵，一直有崇佛传统，法融在此经营二十年，从事生产劳动，使僧众生活上得以自给自足，与黄梅禅系大体相同。由于地方官吏的宽容，使牛头禅系得到保护，使禅宗最后得以形成并得到发展。

牛头宗流动于吴越两地，山水秀丽，气候适中，都是江南开发最早的区域，也是禅僧修行乐于选址的地方。因此，优美的自然环境，追求自然的传统，在牛头禅中形成了新的风尚。相传牛头宗有六代法脉，"法融传智岩、昙璀，智岩传慧方，慧方传法持，法持传智威，智威门下有慧忠、玄挺、崇慧、玄素"①。至玄素（668—752）时法门隆兴，吴越人视玄素为下界普度众生的菩萨，对玄素崇敬瞻仰，众多声望显赫的达官贵人成为玄素"受菩萨戒弟子"。由于吴越官员的支持，牛头宗在吴越获得巨大发展，最终形成与南、北两宗并立的宗派。780—783年，在天台佛窟惟则禅师和杭州法钦禅师的推动下，牛头宗南移至浙江发展，在唐代获得振兴。

玄素门下的道钦，亦作法钦，俗姓朱，吴郡昆山人，年二十八，于丹阳拜玄素为师出家，继承了牛头宗风。法钦于唐元宝元年（742）云游至浙江径山，在浙江临安西北天目山结庵传道，成为径山寺开山祖师，后临海县令舍别墅以居之。大历三年（768），诏迎进京，赐法号"国一"。牛头宗在浙江成为一种区域性的文化现象，超越南、北两宗，在中国禅宗发展史上的意义重大，影响深远。

（三）洪州禅系

中唐以后，浙江地区由马祖道一创立的南岳系洪州禅代替了牛头禅。

---

①　陈荣富：《浙江佛教史》，第 183 页。

洪洲禅的禅学思想与老庄学说相结合,强调"自心是佛"①,"平常心是道"②,"触类是道而任心"③。道不用修,日常生活中的行住坐卧、应机接物,尽是道。日常生活的一切身心活动就是悟道的根本,这使禅宗进一步中国化、世俗化和生活化。

道一在江西传禅取得很大成功,得到地方官吏的高度重视。如江西观察使李兼为道一禅系的支持者,大历六年出任江南西道都团练观察使路嗣恭,大历八年兼岭南节度使,平广州之乱,起用流人,使江西在安史之乱后,成为流民乐于流入的地区。安史之乱后,佛教命运很大程度上取决于方镇的态度。自代宗以来,江西的官僚,都对道一的禅系采取扶植的态度,使洪州宗得以迅速扩大,最终成为中唐最大的禅系。道一门徒之多,在禅宗史上也是空前绝后的。《祖堂集》载其亲传弟子有 88 人,《景德传灯录》载其入室弟子有 139 人。《中国禅宗通史》载:

> 这些徒众主要分布在江南两道,特别是以洪州(南昌)为中心的江西,和以潭州(长沙)为中心的湖南,以及京兆、洛阳、河中地区。然后东到池州(安徽贵池)、扬州、常州、苏州和越州(绍兴)、泉州(福建泉州),南经杭州、处州(江西赣州)而到韶州(广东韶关),北则从鄂州(武汉)、随州(湖北随县)和郎州(湖南常德)、澧州(湖南澧县东)、荆州(湖北沙市)、襄阳(湖北襄樊)、唐州(河南沁阳)或伏牛山,而进入两京。大体来说,这些地区正是唐中期的漕粮基地及两京与江淮联系的通道。也就是说,是当时全国最富庶、最稳定的地区,也是唐王朝的心脏和命脉所在。此外,还有一些徒众散布在山西,河北境内。就这些门徒的活动特点来看,可分为三类,其一为应唐王朝征召的京禅类,二是在理论上多有发挥的理禅类,三是实践上大有创新的农禅类。④

洪州禅以农禅类独辟蹊径,以劳动使禅宗走上新的途径。道一的主要弟子怀海,将禅行与农作相结合,并在制度上固定下来,开创了禅宗史上具有划时代意义的农禅体系。

---

① [南唐]静、筠二禅师:《祖堂集》(下),中华书局 2007 年版,第 610 页。
② [宋]道原:《景德传灯录译注·南岳怀让禅师法嗣》,顾宏义译注,上海书店 2010 年版,第 663 页。
③ 《续藏经·圆觉经大疏钞·卷3》,第 279 页。
④ 杜继文、魏道儒:《中国禅宗通史》,第 234 页。

怀海在佛性理论上提出了"有情无佛性,无情有佛性"之说,心无情系即"无情",与木石等"无情"概念不同,心如木石是指不受情爱染污,而不是麻木不仁。不被情爱束缚,不为罪垢所累,不为知解所缚,怀海所追求的自由观,和他所开拓的农禅相联系,但所表达的意义则要广泛得多。按佛教教义,没有布施,等于不为施主造福,也切断了僧侣的生活来源。而怀海提出,接受布施应有条件,心里要纤尘无染,不能主动去索取,改变传统佛教将布施视作"福田"和"功德"的观点,这反映了怀海力图摆脱对外界的布施的依赖,争取经济上自力更生。同时,要求劳动入禅,使禅由坐住行卧进入生产劳动领域,让劳动也渗透禅机。中国佛教不是一般地排斥体力劳动,劳动被视为卑贱的活动,与传统佛教戒律和社会舆论不符。魏晋时期,随着寺院经济壮大,一些僧侣也提出体力劳动,但只限于低层的僧侣,直到禅众山居,这种情况才开始慢慢改变。

怀海制定《禅门规式》将禅宗劳动作为一项制度固定下来,这一山居典型模式,对后世山居影响巨大,被后世禅寺所沿袭,禅宗也因此得以建寺,禅僧拥有了属于自己的独立寺院形制。与怀海同门的其他一些洪州系禅师,也有一些聚徒山居数十载,这也表明农禅体制已形成一股不可遏制的潮流。"洪州系诸师普遍提倡摆脱言教的统治和思虑的支配,继承和发展了禅宗轻蔑权威和传统的狂狷精神,而不停留在消极的唯名论的范围。他们呼唤按照人身固有的自然本性生活,争取有畅达这种本性的自由。他们所反对的,是对自然本性的种种拘束,而追求不受这些拘束的解脱。因此,在形式上,他们依旧带有禅者浓厚的非理性色彩,实质是在模糊地肯定人的自然本能和满足这些本能的合理性。"[①]因此,禅僧能够得以在世俗社会生存下去,也是适应世俗生活的原则。

第二节　浙江地区禅寺的创建

一、禅窟创建时期——东晋至隋

禅宗在发展初期,没有自己的独立寺院,《祖庭事苑》载禅宗初祖达摩:

---

①　杜继文、魏道儒:《中国禅宗通史》,第272—274页。

来梁隐居魏地,六祖相继至大寂之世,凡二百五十余年,未有禅居。[①]

早期禅僧,往往隐匿山林,或寄居律寺及其他寺院之中,四处云游参学。由于律寺严苛的戒律,即使一些高僧大德,往往也会离寺别居,结庵行禅。东晋时期,南方的禅僧以支遁为代表,多活动于浙江诸山,但并未形成一种有影响的力量。为了习禅,需要寻找静僻处,因此,石窟成为禅僧修禅的首选。据文字记载,佛教东传后,内地最早的禅窟为西晋末年河北正定县柳泉山禅窟,这也是中国早期禅寺创建的雏形。东晋时期,在浙江剡县石城山、始丰赤诚山、天目山、余姚灵秘山、灵溪四明山等山水秀美地区,就有一些著名禅僧在此凿窟修禅。如僧光,于永和(345—356)初先于剡县石城山修禅,后又迁至章安县石城山。来此学禅的僧众渐多,先起茅茨于室侧,后发展成寺舍,起名为"隐岳寺"。如名僧竺潜(法深),西晋丞相王敦之弟,于成帝末,隐居于剡山(今浙江绍兴)[②],其弟子竺法友及保僧支遁(道林)、于法兰、释道宝(王导之弟)等,皆继之居剡,立寺行道。[③]

南北朝时期,梁武帝"广辟定门",招揽四方名僧,并于诸寺中设禅居,使江南禅道复兴,禅窟开凿兴盛。达摩自印度来华,由南梁渡江至洛阳,游嵩山,驻迹于少林,面壁九年参禅,使少林寺成为禅宗的祖宗。在唐以前的二三百年间,禅窟主要分布在都城及大城市附近。公元五六世纪之交,中岳嵩山上下,成为北方最大的禅窟群,同江南摄山衡岳禅窟遥相辉映。[④]

二、禅寺初创时期——隋唐时期

唐初,四祖道信和五祖弘忍独创黄梅山道场,开东山法门,聚徒讲学,垦荒度日30余年,自食其力,创建了一套集农业生产与佛教修行相结合的生存模式,变革达摩禅随缘行化的天竺禅风,给禅宗建立了稳固的根据地,开始了创立禅寺的先声,其影响波及浙江。《续高僧传》本传中说:"蕲州道俗,请度江北黄梅县,众造寺,依然山行。"[⑤]去双峰山,一住"三十余载,诸州学道,无远不至"[⑥]。可以说,道信和弘忍开辟道场,为长期流动的禅僧们创

---

① 蓝吉富:《禅宗全书第 84 册·祖庭事苑·卷 8》,文殊文化有限公司 1990 年版,第 536 页。

② 《大正大藏经·卷 2059·高僧传·卷 4》,第 347 页。

③ 同上,第 348—350 页。

④ 张弓:《汉唐佛寺文化史》(上),社会科学出版社 1997 年版,第 439 页。

⑤⑥ 《中华大藏经·卷 61·续高僧传·卷 20》。

立了一个相对稳定的生活场所,形成稳定的根据地。

至禅宗的实际开创者惠能门下的南岳怀让弟子马祖道一在湖南、江西一带提倡农禅结合,使禅宗大盛,禅林兴起。其在浙江创立的洪州禅,也获得迅速发展。马祖道一门下亲传弟子有 76 人,分别散播于南方偏僻山林 30 余州,各自创建根据地,建立禅院,聚徒讲学。"这些禅林的分布地区,以赣、湘为中心,北至幽州,东抵明州,含今赣、湘、皖、苏、浙、冀、晋七省。"①大致在唐宪宗时期,一个散置江河南北无数浅山丘壑之中的丛林体系得以确立。② 唐中叶至五代,随着禅宗的势力日益壮大,到八世纪,禅宗成为佛教中最有活力的宗派,形成了众多禅宗势力中心,占据了全国的名山大川。

8 世纪中叶,马祖弟子百丈怀海总结其师农禅修行的经验,整顿禅门规矩,制定关于丛林生活和组织管理制度的《百丈清规》,创立禅寺。怀海别立禅居,开创了禅宗修法道场和修行方式的新天地,所谓"禅门独行由(怀)海之始也"③。《百丈清规》是禅宗寺庙成熟的标志,宣告了禅寺有了自己独立的寺院规程。怀海制定《百丈清规》,具有两重意义:其一,改变了印度佛教和中国以往佛教依靠布施、捐赠和寺院工商业的经营模式,使得寺院经济独立,将中心由城市转向农村,摆脱了对社会和政府的依赖;其二,这种组织机构宣告了禅寺有了自己独立的寺院规程,使禅寺在形式上强调不同于传统寺院的独特形态,使新兴禅寺走上了独立的、别具一格的发展进程,也给中国佛教寺院带来了一场变革,极大地影响了其后汉地佛教寺院的整体面貌和格局,标志着禅宗从传统佛教中真正独立和禅宗寺院的确立,在禅宗发展史具有划时代的意义。

841—846 年,唐武宗灭佛事件给全国的佛教造成沉重的打击。风暴过后,皇室重新恢复了佛教,这时禅宗显示了极强的生命力。由于其在山林中劳作,经济上能够自力更生,同时不过分重视经论,因此,在这个变化无常的社会格局中,禅宗分化成不同派别,吸引了社会广泛注意,扩大了自身的影响力,最终形成被国家承认和保护的另一类寺院经济体制,即禅林经济或农禅经济。唐高宗时,弘忍弟子六祖惠能弘化岭南,传法曹溪,曹溪禅演化为"禅林"(又称"丛林"),禅宗呈扩大的趋势,在中华广阔地域上,如滚雪球一样,逐层推进。曹溪禅也完成了天竺禅向中华禅的演变,成为最大

---

① 张弓:《汉唐佛寺文化史》(上),第 304 页。
② 张弓:《唐代禅林经济简论》,《学术月刊》1987 年第 9 期,第 72 页。
③ [宋]赞宁:《宋高僧传·卷 10·唐新吴百丈山怀海传》,范祥雍点校,中华书局 1987 年版,第 236 页。

的佛教宗派。

9世纪末,禅宗各诸派纷纷开辟丛林,如临济、曹洞、云门、法眼各宗都有自家丛林。江南禅林的分布地域日渐扩大,禅林经济长足发展。据《宋高僧传·习禅篇》及《五灯会元》记载,唐末禅林的界域,大致西至关中,西南至成都,南到广州,东南到泉州,北抵幽州,可以说弥满华夏。① 9至10世纪,禅僧改造衰蔽的律寺,将其纳入禅林体系,使丛林向新的方向发展。唐后期,禅宗盛行,禅僧纷至沓来,依据百丈清规对原律寺加以改造,并将之纳入禅林,律寺改为禅林,自五代十国开始,禅众由山林陋居,逐渐向都市、都邑、大中寺院分流。至唐武宗灭法之前,全国的名山几乎被禅宗所占,形成若干禅宗势力中心。"唐五代以后,南方丛林大体上可分作江南、岭南和巴蜀三大区域。"②禅林经济的发展,使简易的禅居扩大,建筑规模扩大,禅院的基本结构趋于定型,由唐至宋,禅寺的发展趋于成熟和鼎盛。

三、禅寺鼎盛时期——宋元时期

禅宗的发展大致经历了达摩禅、东山禅和曹溪禅三个阶段。"禅宗从兴起到繁盛,其修行和生活的方式,经历了由隐遁山林、游化参学到群聚定居、别立禅寺的过程。"③禅僧从历经岩洞山林修行,再到建创寺院,经历了一个相当长的时期。南宋时期,禅宗寺院形成鼎盛的局面。宋以后南方佛寺炽盛,几乎全为禅寺,尤其是宋室定都临安,杭州禅寺兴盛,形成了以临安为中心、以大寺为枢纽的江南禅寺的繁华兴盛的局面,成为历史上江南禅寺发展的重要时期。两浙寺院林立,以临安为最,所谓"今浮屠、老氏之宫遍天下,而在钱塘为尤众。二氏之教莫盛于钱塘,而学浮屠者为尤众"④。禅寺不仅数量多,而且规模大,寺院形制完善。

嘉定年间(1208—1224),朝臣依卫王史弥远奏请宋宁宗品定江南禅寺,依诸寺寺格等级,将南宋规模最大最具有名望的寺院分别评定出禅、教、律"五山十刹","尊表五山"。以仿效印度之五精舍和十塔所。⑤ 余杭径山,钱塘灵隐、净慈,宁波天童、育王等寺为禅院五山。钱塘中竺、湖州道

---

① 张弓:《汉唐佛寺文化史》(上),第445页。
② 张十庆:《中国江南禅宗寺院建筑》,第8页。
③ 同上,第4页。
④ 《咸淳临安志·卷75·寺观一》。
⑤ 《释门事始考》曰:"佛在世时,有鹿苑、祇园、竹林、大林、那烂陀五精舍;佛灭度后,有顶塔、牙塔、齿塔、发塔、爪塔、钵塔、锡塔、瓶塔、盟塔十塔所。"

场、温州江心、金华双林、宁波雪窦、台州国清、福州雪峰、建康灵谷、苏州万寿虎丘为禅院十刹。《灵隐不宜为第二山论》载：

> 宋宁宗嘉定时，品第禅院五山，以径山为第一，灵隐次之，净慈又次之，天童又次之，育王又次之。[①]

禅宗史上著名的"五山十刹"，浙江占五山全部，十刹之六，及三十六甲刹之十一，浙江因此成为南方禅宗的重镇。而十刹之下，还立有甲刹，成为次于十刹之下的第三级大寺。禅寺规模庞大，数量众多，成为当时寺院形制成熟时期的典范。禅院五山十刹，享有免税等特权，其住持由官方派任，寺院的建筑规模宏大。"它们是南宋禅寺的主干与核心，代表着宋元禅寺的最高水平。"[②]

元代，汉地佛教以禅宗为中心，从整体而言，宋元两代具有一定的延续性，元代禅寺基本承袭南宋，仍然保持南宋的规制、布局和面貌。宋元时期，禅宗寺院布局形制走向成熟、完善，对后世的寺院布局产生深远影响，晚期则开始走向衰落。

四、禅寺衰落时期——明清时期

明清时期是禅寺走向衰微和蜕变的时期。由于明代禅宗自性的发展所导致的混乱状况，佛教内部调和融合，禅教兼通和禅净双修，使禅寺也表现出诸宗混融的特色，几乎所有的寺院都以禅、净为基调。明以后，禅寺的世俗化倾向也愈来愈明显，佛教信仰借助于"三教合一"之力，更加深入和普及民间，寺院的性质构成亦随之发生变化，禅寺与民间的庙宇相互靠近和相融，使之更趋向于民间宗教氛围的体现。

明末是禅宗在中国封建社会的最后一个兴盛期，由于禅净双修，这一时期的禅寺也表现出诸宗混融的倾向和特色，鲜明的个性和独立形态彻底消失，禅寺开始走向衰微和蜕变。清初浙江禅宗继续兴盛，浙江大规模禅宗寺院重修，然而这只是表面的繁荣，禅宗寺院内部功能混乱，构筑物和其他寺院已几无差别，这也形成了此后汉地佛教寺院的基本形态。

明清时期，禅寺在追求生存和维持宗门的过程中，丧失了自身的独立

---

① ［清］孙治：《灵隐寺志》，徐增重修，广陵书社 2006 年版，第 128 页。
② 张十庆：《中国江南禅宗寺院建筑》，第 8 页。

存在性，禅宗自身也丧失了独特的内涵及鲜明的个性。宋元时期的"五山十刹"被明清时期的四大名山所代替。江南虽修建了很多大刹，但与宋元相比，也是世况日下，再难恢复昔日辉煌。明代四大名山分别为：山西五台山（文殊菩萨道场）、浙江普陀山（观音菩萨道场）、四川峨眉山（普贤菩萨道场）和安徽九华山（地藏菩萨道场）。这四大名山成为明清时期的佛教中心，僧侣朝拜的佛教圣地。这也反映了禅门由专一道场的形式转向了诸宗混融，僧侣信徒由追求宗门的名师参拜转向诸宗兼收和名山崇拜。明末以后，禅宗虽在表面上维系其传承系谱，但实际上已名存实亡。

第三节　近现代浙江禅寺概况

一、浙江近现代禅寺的发展

浙江是全国佛教发展最兴盛的省份之一，虽历经战乱，历史上各地所建的佛寺仍然梵刹林立。"以杭州市、温州市、宁波市、金华市、衢州市为例，二十世纪五十年代初杭州有寺、庵六百零七座，僧尼一千一百三十六人……温州有寺、庵九百九十座，僧尼二千八百〇二人……宁波有寺、庵二千四百五十六座，僧尼四千七百二十四人；金华市约有寺、庵二百一十一座……衢州市（公元一九五三年）有寺、庵一百一十四座。"①

许多寺年久失修，破败不堪。南宋评定的"五山十刹"中，"五山"中杭州灵隐寺和净慈寺、宁波天童寺和阿育王寺，"十刹"中杭州中天竺寺、湖州道场寺、温州江心寺、金华双林寺、宁波雪窦寺、台州国清寺都得以保存下来，这些寺院历史悠久，名闻全国。20世纪50年代，政府开始拨款整修部分名刹，如浙江省政府成立了"杭州市灵隐寺大雄宝殿修复委员会"，对建于晋成帝年间的灵隐寺主持修复工作。因灵隐寺所处环境阴湿度大，就改原砖木结构为钢筋水泥结构。并将大殿原来的"三佛两胁持"佛像改为一尊释迦牟尼像，与巍峨的佛殿相映衬。同时，对佛寺内部管理体制也开始进行改革，废除不合理的寺院制度，推行"十方选贤制"，实行民主管理，推选有才、德、能的僧人担任方丈。

从1957年开始至"文化大革命"期间，浙江的宗教发展遭受了极大的

---

① 陈荣富：《浙江佛教史》，第629—630页。

损害。

1978 年十一届三中全会使宗教政策回归正常，政府尊重和保护宗教信仰自由，浙江的佛教开始重新兴盛。"文革"中被占用和毁坏的寺院逐一收回，整修或重建寺院，并对外开放。"1987 年开始实施《灵隐寺总体规划》，按'伽蓝规制'纵深布局，完善环境，复建重要殿堂，力求恢复历史旧貌。中轴线形成五重格局：天王殿、大雄宝殿、药师殿、藏经楼（法堂）、华严殿。并向两翼布局：先后建成线刻五百罗汉堂、道济禅师殿、客堂（六和堂）、祖堂、大悲阁、龙宫海藏，并于原罗汉堂旧址重建五百罗汉堂，陈列平均身高 1.7 米的五百青铜罗汉，堂中央另建 12.6 米高的四大名山铜殿（已列为上海吉尼斯纪录）。"①

净慈寺在"文革"中遭到破坏。1982 年寺院被归还后，开始了整修过程，先后修复了金刚殿（天王殿）、大雄宝殿、三圣殿（原藏经阁）、御碑亭、南屏晚钟亭、钟楼、客堂、运木古井、照壁、放生池等。1986 年又重建寺院钟楼，接受日本永平寺捐助的一口铜钟，重新恢复了沉寂了半个多世纪的"南屏晚钟"之景。

中天竺法净寺于隋开皇十七年（597）由古印度僧人宝掌建立。"文革"后，杭州佛教协会接管该寺，并对其进行积极整修和重建，已修复观音殿、后大殿等。至 20 世纪 90 年代，修复面积已达七千平方米，并作为重点寺院对外开放。宁波天童寺，名僧义兴于晋永康元年（300）在此结茅传法，唐开元二十年（732）开始建寺。南宋时期，被评为"五山十刹"，名列第四。"文革"期间，寺院毁坏严重，寺舍关闭。从 1978 年起，政府拨款，修复殿堂，恢复旧观，使寺院重现辉煌，并作为重点寺院对外开放。宁波阿育王寺，晋太康三年始建一塔，南朝宋元嘉二年创建寺院，南宋时发展为"五山十刹"中"五山"第二。"文革"结束后，从 1979 年起，寺院开始修复，至 1995 年，已累计修复扩建殿、堂、楼、阁六百余间，修建天王殿、大雄宝殿、舍利殿、阿耨达池、佛塔等建筑，重现佛寺昔日光辉。

其他寺庙如上天竺法喜寺、下天竺法净寺、七塔寺、雪窦寺、国清寺、江心寺、普济禅寺、法雨寺等享誉中外的千年古刹也重新得到了修复，并作为重点寺庙对外开放。同时政府还重建了一批寺院，有些寺院为历史上著名古刹，如 1989 年，政府批准重建余杭径山寺。径山寺为唐天宝年间名僧法钦创建的道场，寺院已有 1200 多年历史。南宋嘉定年间，被评定为江南禅院"五山十刹"，位列之首，名震中外。寺庙在历史中屡遭破坏，损毁严重，

---

① 《杭州佛教园林——灵隐寺》，《杭州通讯（下半月）》2007 年第 8 期，第 59 页。

"文革"中由于进一步受到破坏,寺院原有建筑已经很少。浙江省政府批准寺院在原址上重建,从1992年开始,已复建2万多平方米的宋代风格建筑,并对外开放。

浙江其他市县保留或修建的寺庙,《浙江佛教史》记载:

一九九〇年……温州近几年重修、重建的古刹很多,主要有:鹿城区的江心寺、妙果寺,瓯海区的密印寺,荣山的实际寺,瑞安的圣寿禅寺、宝坛讲寺、本寂寺、云顶寺,平阳的广慧禅寺、东林寺、仙坛寺、碧泉寺、天明寺、荆溪山三寺(荆山寺、香云寺、青山寺)、广福寺、佛日禅寺、玉佛寺、智觉寺、玉泉寺、石筠寺、慈云古刹(即观音洞)、旸山寺、龙井寺、云祥寺,苍南的瑞岩寺、莲花寺、大义寺,文成的净慧禅寺,乐清的灵岩寺、青莲寺、惠云禅寺、金峰寺、西隐寺、净宗寺,泰顺的宝林寺(白巢寺)、明山寺、崇教寺、吉祥寺,永嘉的普安寺、普明寺等等。

公元一九九〇年宁波市有保留和供僧尼修行寺庵共三百六十二座……这几年修整、重建、扩建的寺院甚多,除了阿育王寺、天童寺、雪窦寺、七塔寺外,主要还有镇海区的宝陀禅寺、净圆寺,余姚市的龙泉寺、芦江禅寺,慈溪市的五磊寺、金仙寺、洞山寺,象山县的等慈禅寺,宁海县福泉寺,鄞县的霞屿寺,江北区的沙罗院、妙音精舍,海曙区的观宗寺等。

金华市……全市共修复保留寺庵三十三座,即金华县的汤溪九峰寺,曹宅大佛寺、东湖金蓉庵、灵岳古法华庵、白溪低田回龙庵、城区西华寺,义乌市的双林寺、云黄庵、仙山寺、德胜岩、净居寺、林山寺、圣寿寺、瑞峰寺、铜山岩、祝公岩,东阳市的灌顶寺、桐木禅寺、祇林寺、九峰寺,永康县的广慈寺、九华寺、法云庵、极乐庵、法轮寺、雪云庵、永庆庵、正觉寺、画眉岩、圆觉庵,兰溪市的栖真寺、慧教禅寺、兰荫寺。

衢州市……有计划地修复了十八座寺庵,主要有衢县的九华禅院、白云庵、东岳禅院、天宁万寿禅寺,龙游县的乌石寺(招庆寺)、竹林寺,柯城区的烂柯山宝严教寺,开化县的凌云寺等。

舟山市现有保留和开放寺院八十座……其中普济、法雨、慧济三大寺列为全国重点开放寺院……普陀山成为中国佛教四大名山中修复最快最好的名山。

杭州二十世纪五十年代初有佛寺六百零七座……"文革"后

经过整修作为重点寺庙对外开放的有：灵隐寺、净慈寺、上天竺法喜寺、中天竺法净寺、下天竺法镜寺。公元一九八九年经政府批准又重建余杭径山寺。近几年杭州吴山的宝成寺、临安东天目山的昭明寺、普照寺、余杭的青莲寺、桐庐的慈化寺、富阳的白龙寺、建德的龙泉寺等先后由政府有关部门整修批准开放……

台州地区公元一九四九年有寺院六百五十三座……"文化大革命"中寺院被占被毁，僧尼大部分还俗。落实宗教政策后……一九九〇年全地区有寺庙三百六十五座……现在，全地区有开放寺院六十九座，主要有国清寺、高明寺、方广寺、香严寺、天宁寺、常乐寺、流庆寺、云霄寺、南峰寺、善法寺、清秘寺、西方庵等。

绍兴市公元一九五〇年有寺庵一千四百座……"文革"后落实宗教政策，现有寺庵近三百座……至公元一九九五年全市修茸寺庵近百处，开放寺庵近四十处，主要有城区的炉峰寺、药师庵、永福庵、广福庵、福庆庵，绍兴县下方桥石佛寺，新昌大佛寺、华严庵、弥陀寺、莲花庵、普济庵，诸暨五泄寺、白云禅院，嵊州大明寺，上虞联丰寺等。[1]

浙江名刹历经兴废，或整修，或扩建，重新获得新生。唐代百丈怀海制定的"一日不作，一日不食"的"百丈禅风"仍在浙江地区的许多寺院中奉行，禅僧们开荒种地，参加农业生产，同时念佛修行弘法，浙江的佛教发展重新进入一个新纪元。

二、浙江现存主要禅寺

（一）余杭径山寺

径山寺在浙江临安北，位于天目山之径路。径山因通天目得名，周围有五峰环抱，主峰为灵霄峰，前有堆珠峰，北有大人峰、朝阳峰，五峰罗列，奇巧幽深，景色秀美。唐代宗(762—779)时僧法钦在此结庵。法钦(714—792)，俗姓朱氏，吴郡昆山（今江苏昆山）人。径山禅寺的开山祖师，法钦遵师嘱"遇径而至"，于是至径山脚下，见此地风景幽绝，山名有一"径"字，于是决定在此创建道场。《径山兴圣万寿禅寺》载：

---

① 陈荣富：《浙江佛教史》，第641—645页。

径山乃天下奇处也，由双径而上，至高绝之地，五峰巉然，中本龙湫，化为宝所。国一禅师开山于天宝之初，特为伟异。[①]

天宝四年(745)，代宗召法钦进京，赐号"国一禅师"；大历三年(768)，令创建道场，依庵建寺。径山寺至开山以来，受历代帝王重视，御书赐额屡易寺名。唐乾符六年(879)，僖宗赐名"乾符镇国院"；北宋大中祥符元年(1008)，真宗赐名"承天禅院"；北宋元祐五年(1090)，哲宗改为十方禅院；政和七年(1117)徽宗皇帝又改名为"径山能仁禅寺"。帝王御书赐额的恩宠，使径山寺声名大起。在南宋，官方钦定"五山十刹"制度，径山位居五山之首，"天下丛林拱称第一"。[②]

径山寺在杨岐派高僧大慧宗杲(1089—1163)和无准师范(1179—1249)住持期间走向极盛，僧众云集，旧僧堂不足以容纳如此多的僧众，于是"大加营建，为僧寮、库司、宸翰阁、千僧阁，一时称盛"[③]。乾道二年(1166)，宋孝宗游径山寺，赐御书"兴盛万寿禅寺"额，并御赐注之《圆觉经解》，同时建龙游阁。至南宋开禧年间(1205—1207)，宁宗皇帝亲笔题额将寺改名为"径山兴圣万寿禅寺"。13世纪初，径山寺历经两次建毁，规模和形制上达到完备，并由此走向极盛。绍定六年(1233)寺院遭火灾，损毁严重，无准师范住持募款再建，历经三年，规模和形制更趋完备，盛况"此山实振古未有"[④]，其繁盛一直持续至元末，后毁于兵灾。

宋、元间，径山寺曾六毁六建，至清康熙二十四年(1685)又一次大规模重建堂、阁、轩、亭、房、庵、林等62处，盛况空前。民国二十二年(1933)，径山寺再次重建，但规模已非从前。"文革"期间殿堂被毁。1978年，宗教活动恢复，开始重建径山寺，并经杭州市政府同意，对外开放寺院。

（二）杭州灵隐寺

灵隐寺位于浙江杭州西湖以西的幽谷中，背靠景色秀丽的北高峰，面向怪石嶙峋的飞来峰，为城市园林寺观。东晋咸和元年(326)，由印度僧人慧理所创，至今已有1600余年的历史。关于灵隐寺开山，《灵隐寺志》载：

---

①② 曾枣庄、刘琳：《全宋文·卷5969·径山兴圣万寿禅寺记》，上海辞书出版社、安徽教育出版社2006年版，第30页。

③ 余杭区地方编纂委员会办公室：《嘉庆余杭县志》，浙江古籍出版社2012年版。

④ ［南宋］吴咏：《径山禅寺重建记》。

东晋咸和三年,竺僧慧理游至武林,见飞来峰而叹曰:"此为天竺灵鹫峰小岭,不知何代飞来?"不咸不信,理公曰:"此峰向有黑白二猿,在洞修行,必相随至此。"理公即于洞口呼之,二猿立出。有此因缘,连建五刹,灵鹫、灵山、灵峰等,或废或更,而灵隐独存,历代以来,永为禅窟,五灯互照,临济子孙居多。今重兴者为具德和尚,是法运使然也。①

寺初创时,由于南方佛法未盛,寺院建筑、制度止于雏形。至南北朝时,梁武帝赐田并扩建,其后规模渐长,香火旺盛。公元 10 世纪,吴越王钱镠命永明延寿大师重建,《灵隐寺志》载:

> 至吴越钱忠懿王,国富民殷,命永明延寿禅师重为开拓,殿宇一新,建石幢、二殿,仍觉皇之旧。殿后为千佛阁,最后为法堂。以东空建百尺弥勒阁。②

宋真宗景德四年(1007),赐称景德灵隐禅寺。宋天圣二年(1024),章懿太后为仁宗祷祝延寿,赐灵隐良田一万三千余亩。宋室南渡后,以临安为行在,灵隐寺尤受皇室重视,高宗、孝宗屡屡临幸,亲洒翰宸,增辉山水。绍兴五年(1135),由于宗室宣扬孝道,高宗游灵隐,敕改寺名为灵隐崇恩显亲禅寺。乾道八年(1172),孝宗游灵隐寺,赐住持慧远为瞎堂禅师,改法堂为直指堂,并赐直指堂印。宋宁宗嘉定年间(1208—1224)评定禅院"五山十刹",灵隐名列第二,仅次于径山寺。淳祐四年(1244),理宗将灵隐寺大雄宝殿改为觉皇宝殿,并赐书"妙庄严域"四字,此时灵隐寺已发展为一个形制完备的大伽蓝。

元至大元年(1308),觉皇殿岁久蠹朽,住持正传着手重建,于皇庆元年(1312)落成,至正十九年(1359)殿毁于兵火。明洪武十七年(1384),慧明住持灵隐,重建觉皇殿,并改寺名为"灵隐禅寺"。"永乐元年,僧善才募施,装塑大佛诸天及诸供具。"万历年间,寺又重建,崇祯十三年(1640),寺又遭破坏,仅存大殿、法堂及转轮殿。

清顺治五年(1648)冬,具德和尚住持灵隐寺,立志重建,广募资金,使灵隐得到一次大规模的重建,古刹重振雄风,一跃成为东南之冠。18 年间

---

① [清]孙治:《灵隐寺志》,徐增重修,第 1 页。
② 同上,第 13—14 页。

营造,无不高大宽敞,焕然一新,《灵隐寺志》载:

> 凡为殿者七:天王殿、大雄宝殿、藏殿、伽蓝殿、罗汉殿、金光明殿、大悲殿。为堂者十二:祖堂、法堂、直指堂、大树堂、东禅堂、西禅堂、东戒堂、西戒堂、斋堂、客堂、择木堂、南签堂。为阁者四:华严阁、联灯阁、焚香阁、青莲阁。为轩者三:面壁轩、青猊轩、慧日轩。为林者一:玉树林。为楼者三:响水楼、看月楼、万竹楼。为房为室为公所者十:双桂室、香积室、圊室、浴室、各寮房公所。而钟楼增建为古百尺弥勒阁。……从内至外,无一殿一堂、一楼一阁、一房一舍,不脱体斩新者,虽曰重兴,实同开创,盖代功迹,古今未有也。大殿、天王殿、钟楼,皆募檀信,其余都积香信为之,钱粮钜万,一时凑集,真千年香火,万年常住,临济光明,三峰道法,永久不替。[①]

康熙二十年(1681),帝南巡幸灵隐寺,改名为"云林禅寺"。后嘉庆、道光两帝都支持灵隐寺的修复与新建。原来的大小建筑一律鼎新,寺宇更为壮阔。咸丰十年(1860),太平军进入杭州,灵隐寺被毁。民国时期,战乱频仍,加上日寇入侵,灵隐寺连遭破坏,战争期间,寺院难民群集,日渐冷落、颓废。新中国成立后,1952年,国家成立"杭州市灵隐寺大雄宝殿修复委员会"主持修复工作。"文革"后,党和政府全面贯彻落实宗教政策,寺院逐渐恢复,并按历史上全盛时期的状况进行总体规划,募资重建,并对外开放。

(三)杭州净慈寺

净慈寺位于杭州西湖南屏山麓,与灵隐并称西湖南北两大古刹。后周显德元年(954),吴越王钱弘俶为僧道潜所建,初称慧日永明院,道潜入寺,开坛说菩萨戒,因此被称为净慈寺的开山祖师。北宋建隆元年(960),钱弘俶请高僧永明延寿禅师(904—975)任寺院住持,开坛讲法。永明禅学佛学造诣很高,著作甚丰,主持过杭州灵隐寺、六和塔的修建。永明担任净慈寺住持,使净慈寺负有盛名,成为西湖南山名刹。北宋端拱元年(988),钱弘俶听取延寿法师遗言,"纳土归宋",保存了吴越国的文化遗产和境内所有百姓的安宁。

宋朝,净慈寺进入鼎盛时期,也得到宋王朝的重视。北宋天禧二年

---

① 〔清〕孙治:《灵隐寺志》,徐增重修,第14—15页。

（1018），宋真宗赐铜毗卢遮那佛像给净慈寺；南宋绍兴九年（1139），改为报恩光孝禅寺，祀奉徽宗香火；北宋熙宁年间（1068—1077），为避火灾，寺僧宗本募化开池消灾，建"万工池"。净慈寺几经兴毁，于南宋时，达到宏盛，成为西湖"南山之冠"。南宋嘉定三年（1210）开始为期十多年的重建，主要有五百罗汉堂、宗镜堂、华严阁、千佛阁、慧日阁、僧堂等。规模宏大，有殿宇十座，房舍五百余间，规模与灵隐相若。嘉定年间，官方钦定"五山十刹"制度，净慈名列第四，位居径山、灵隐、天童之后。寺院兴旺，日本、朝鲜等海外僧人纷纷慕名前来。

元朝杭州失陷，由于战乱影响，寺院损毁严重。但由于净慈寺的名寺效应受到元朝的重视，元政府拨款重建，数十年后得以恢复。明正统二年（1437）、成化十年（1474）净慈寺两毁两建，并新建圆照楼、丛玉轩、一湖轩、文昌阁等，寺院范围扩大。弘治十三年（1500），朝廷资助白金三百多两，重修天王殿，将"大藏经典"赐藏净慈寺，促进了净慈寺僧众修学之风的兴盛。

清朝对杭州寺院亦尤为重视。康熙二十八年（1689），康熙帝驾临净慈寺，赐御书《金刚经》，赐额"净慈禅寺"，并题"南屏晚钟"，后人将"南屏晚钟"建碑于寺内。乾隆也曾多次来净慈寺进香，填字赋诗，赏赐钱物，使净慈寺进入兴盛期，其规模形制与灵隐相胜。清末，由于太平军战乱，寺院遭到严重毁坏。新中国成立后，经历"文革"动荡，1985年，随着宗教政策的落实，寺院得到重新修缮，并对外开放。

（四）宁波天童寺

天童寺位于浙江宁波鄞州区东之太白山麓，寺创于西晋永康元年（300），距今已有一千七百年的历史。僧人义兴云游南山之东谷，见此地山清水秀，遂结庵弘法。传义兴因感太白金星幻化为童子，奉其薪水，遂以太白称此山者。《天童寺千佛阁记》载：

> 西晋永康中，沙门义兴卓庵此山，有童子来给薪水。后既有众，遂辞去曰："吾太白一辰，上帝以师笃于道行，遣侍左右。"因忽不见，自是始太白天童之名。[1]

宋代，天童寺兴盛，成为禅宗名刹。宋真宗于北宗景德四年（1007）赐"天童景德禅寺"额。南宋建炎三年（1129），曹洞宗高僧宏智正觉任住持，

---

① 曾枣庄、刘琳：《全宋文·卷5968·天童山千佛阁记》，第25页。

弘传曹洞教义,提倡"默照禅",僧徒逾千人,屋不能容。于是在绍兴四年(1134)开始修建千僧堂和卢舍那阁,将山门改建为佛阁,并"铸千佛列其上"①,后又建卢舍那阁,阁中置五十三善知识,"起超诸有阁于卢舍那阁之前,复道联属"②,规模庞大。淳熙五年(1178),因右丞相史浩奏请,孝宗亲题"太白名山"四字。绍熙四年(1193),虚庵怀敞禅师募集善款,重建山门千佛阁。历经三年,千佛阁规格宏伟瑰丽,甲于东南,成为天童寺鼎盛时期。嘉定年间,朝廷评定"五山十刹",天童寺名列第三。

元代统治者重视佛教发展,大德五年(1301),成宗帝赐千佛阁为朝元宝阁。至正十九年(1359),元良禅师重建,并在阁中供奉万铜佛,于阁旁增加左鸿钟、右轮藏两楼。至正二十年(1360),顺帝敕赐元良禅师"善觉普光禅师"称号。

明洪武十五年(1382),明太祖下诏册封天下名寺,赐"天童禅寺"额,天童寺名列天下禅宗五山第二。万历十五年(1578),鄞州区发生特大山洪,寺完全毁于洪灾,住持因怀在废墟上重新建寺。崇祯四年(1631),临济宗第三十世圆悟禅师任天童寺住持,开始了天童寺的兴建工程,历时十年。兴建后的天童寺规模宏大壮丽,殿宇森严,寺内从佛殿、僧侣生活用房以及招待四方云游僧侣的禅堂客馆齐备,布局完整,使天童寺走向复兴,也奠定了今天寺庙的布局和规模。"至同治间(1862—1874),天童寺与镇江金山寺、扬州高旻寺、常州天宁寺并称为'禅宗四大丛林'。"③清政府给以大量赏赐。光绪二十八年(1902),敬安法师任天童寺住持,改革寺院住持制度,将住持继承制度改为十方选贤制度,成为丛林先范。敬安继席十余年,任贤用能,振兴天童宗风。

新中国成立后,寺院得到人民政府的保护,开始修缮。僧众保留古规,发扬"农禅并重"的优良传统,提倡劳动与坐禅并举的古制。"文革"期间,寺院遭到严重破坏。1979年,党的宗教政策落实后,通过政府拨款、募捐,天童寺、古天童、小白岭、五佛镇蟒塔、圆瑛塔院和伏虎亭、古山门、景倩亭、内外万工池等渐次得到修复,古刹重现昔日光辉,1983年被批准为对外开放寺院。

(五)鄞州区阿育王寺

阿育王寺位于浙江鄞州区五乡镇宝幢太白山麓华顶峰下。寺建于西

---

① ②　曾枣庄、刘琳:《全宋文·卷5968·天童山千佛阁记》,第26页。
③　宁波市佛教协会:《宁波佛教志》,中央编译出版社2007年版,第14页。

晋太康三年(282),《明州阿育王寺山志》载:晋武帝太康三年,并州离石人刘萨诃病危时,梦见一梵僧示意超度。苏醒后,遂出家,法名慧达,并按梦示寻找宝塔,至鄮山乌石岙时,忽闻钟声响于地上,便竭诚膜拜诵经。三日三夜后,宝塔从地下涌出。慧达即于此结茅,修持行道。这便是阿育王寺开基之始。

东晋义熙元年(405),舍利宝塔由鄮山乌石岙迁到现址,安帝敕造塔亭,这也成为阿育王寺的创始之年。南朝宋元嘉二年(425),宋文帝敕住持道佑增建佛殿,并赐田地,使阿育王寺初具规模。梁普通三年(522),梁武帝命扩建殿堂屋宇,并赐额"阿育王寺"。大同六年(540),武帝又下令拨款改建浮屠为五层,铸铜佛,赦免寺院田赋。梁贞明三年(917),又改塔为九层。由于政府重视,使阿育王寺很快名闻天下。

因为舍利宝塔的存在,阿育王寺得到历代政府的重视。宋大中祥符元年(1008),真宗将寺改为"阿育王山广利禅寺",并拓为十方禅刹。治平三年(1066),高僧大怀琏禅师任寺院第五任住持,法席鼎盛,人才聚积,名闻天下,出现前所未有的兴盛现象。绍兴二十六年(1156),高僧大慧宗杲受诏住持阿育王寺,四方学徒,奔流涌至,使寺院走向极盛。嘉定年间(1208—1224),政府评定"禅院五山十刹",阿育寺位列第五,与径山寺、灵隐寺、净慈寺、天童寺齐名。

元至元年间(1264—1294),顽极、如珙住持阿育王寺。如珙购余氏海涂田1000余亩,大建堂宇,以解决僧众住宿问题。至正二年(1342),悟光住持阿育王寺,收回被豪家占领田地,修建祖堂、法堂、蒙堂、廊庑等,并用政府拨款修建承恩阁,以扩大寺院面积。"明洪武十五年(1382),朱元璋赐名'阿育王禅寺',列为天下禅宗五山之第五山。"[①]神宗万历年间(1573—1620),住持传瓶与僧众重新整修寺院,建舍利塔殿、廊庑、禅堂、僧堂百余间。

清代寺院同样受到政府重视。清康熙元年(1662),寺毁于火,康熙十九年(1680),开始重建。乾隆年间(1736—1795),政府赐御书《心经》1卷、《大悲陀罗尼经》1函,赐"觉行俱圆"匾额。光绪年间(1875—1908),寺院大修,建普同塔院、养心堂、水云堂、方丈室、天王殿等房屋九十余间,并筑围墙,疏通阿耨达池,栽种植物。寺院经过长期修建,设施基本完善。

民国时期,寺院殿宇仍有修建。"文革"期间,僧侣被遣散,寺院成为工厂及驻军营房。党的十一届三中全会以后,寺院归还给僧侣,政府拨款按

---

① 宁波市佛教协会:《宁波佛教志》,第18页。

原样全面整修,并对外开放为游览胜地。

(六)中天竺法净寺

法净禅寺,古谓中天竺寺,位于灵隐寺前,天竺山之稽留峰下,寺创建于隋开皇十七年(597),为中印度高僧宝掌禅师所创。古书载,宝掌于隋开皇十七年到达杭州天竺,感叹山水之盛而曰:"行尽支那四百川,此中遍称道人游。"于是在此立道场。隋仁寿年间(601—604),慧诞法师携神尼舍利,至飞来峰香林洞顶,立钱塘第一塔。宋太平兴国元年(976),吴越国王钱弘俶赐额"崇寿天圣寺",此时,寺院殿宇立林,众僧云集。庆历四年(1044),云门高僧契嵩住持中天竺,宋仁宗赵祯封其"明教大师"号,中天竺由此名闻天下,趋于鼎盛。政和四年(1114),改名为"天宁万寿永祚禅寺"。

绍兴年间(1131—1162),中天竺伽蓝殿中护法女神摩利支天菩萨显灵,轰动朝野,宋高宗传旨拨款,扩建中天竺殿宇,建华严阁、摩利支天殿、水月楼等。《华严阁记》载:

> 金碧璀璨,中设千叶卢舍那像,立文殊、普贤二菩萨于其旁,五十三善知识布列左右,两翼以钟、经二台。四山环焉,如拱如卫,记欲摄云,俯疑临渊,石梁横陈,清流激湍,气象瑰富。[①]

嘉定年间(1208—1224),朝廷评定"五山十刹"时,中天竺位居十刹禅院之首。元天历年间(1328—1329),改天竺寺为"天历永祚禅寺",由于政府支持,寺院又建有天香阁、桂子堂等。至元末,毁于战火。

"明洪武初(1368),重建中天竺,敕名'中天竺寺'。"[②]名僧季潭宗泐任住持,宗泐颇具才华,深受明太祖赏识,寺院也群贤集聚,人才济济,促进了中天竺的兴盛。正德年间(1506—1521),寺院部分被毁,寺僧无力维修,香火逐渐衰落。清朝诸帝对中天竺寺情有独钟。清初,康熙帝敕令重修,赐匾额"灵竺慈缘";乾隆南巡时,为中天竺御题寺额,并改寺名为"法净禅寺"。

咸丰年间(1851—1861),寺院毁于兵火。至光绪三十年(1904),寺院仅存天王殿、正殿、地藏殿、摩利支天殿、白衣观音堂、天香阁等,规模减小,已难再恢复旧观。民国时期,寺院遭受一场大火,不仅损失部分建筑,寺中

---

① 《咸淳临安志·卷80·寺观》。
② 马时雍:《杭州的寺院教堂》,杭州出版社 2004 年版,第 70 页。

珍藏的佛教典籍亦被焚,损失巨大。"文革"时期,寺院被占用为工厂。1981 年落实宗教政策后,杭州市佛教协会将寺院收回,重新修缮,恢复伽蓝旧观,并作为浏览胜地对外开放。

(七)温州江心寺

江心寺位于温州市瓯江之中,居于"瓯江蓬莱"的孤岛之上。宋绍兴七年(1137),由真歇青了禅师所创。当初,孤岛被江水分成东西两山,隔水相望,真歇青了率众抛石填川,在上建寺,称为"中川寺"。宋高宗将岛上东西原有的寺院与中川寺合并,总名改为"龙翔禅院",因在瓯江之中,俗称"江心寺",并沿用至今。江心寺禅风兴盛,岛上亭、台、楼、阁规模宏大,朝廷还赐田一千亩,将其奉为高宗道场,在朝廷的支持下,江心寺香火旺盛。

南宋乾道年间(1165—1173),江水灌城,寺院毁坏,寂光禅师募款再建。元朝至元二年(1336)和至元十二年(1352),江心寺毁于兵火等,后又在几位禅师的努力下重建。明朝宣德四年(1429),昙旭禅师任住持,开始重新修缮寺院,建毗卢阁、经钟二楼、观间殿、水陆阁,修东西二塔,使殿堂焕然一新。明正德十二年(1517),江心寺又进行一次大规模的维修。明末,寺毁于战火。

"清朝初年,大云禅师(1634—1685)任江心寺住持,于康熙十九年(1680)重建了江心寺大雄宝殿及左右配殿,并开堂说法,使这里的香火重新兴盛起来。"①乾隆五十四年(1789),朝廷对江心寺进行大规模维修和重建,乾隆御笔"圆通殿"三字悬于大雄宝殿,使寺院香火大盛。解放初期,殿堂年久失修,寺院毁损。1952 年,党和政府成立"江心寺修复委员会"进行修复,使整个寺庙焕然一新。

"江心寺方丈木鱼法师(后兼杭州灵隐寺方丈)于 1985 年进寺,经 6 年时间先后修复三圣殿、三畏堂、钟鼓楼、去来斋、天王殿、圆通殿、方丈楼及斋堂等。"②江心寺有"江天佛国"之称,每座寺院中各建有一座塔,塔高七层,二塔并置岛上,远观之,高塔耸立,令人对佛国世界产生另一番想象。

(八)宁波雪窦寺

雪窦资圣禅寺位于宁波奉化溪口雪窦山中,周围九峰环抱,有"海上蓬莱,陆上天台"之誉。"雪窦与普陀观音、五台文殊、峨嵋普贤、九华地藏四

---

① 段启明等:《中国佛寺道观》,中共中央党校出版社 1993 年版,第 258 页。
② 温州市佛教协会:《温州佛寺》,中国文联出版社 2005 年版,第 1 页。

大道场并称'佛教五大名山'。"①寺创建于晋代,兴盛于唐宋。据载,有尼姑在雪窦山顶结庐而居,初称"瀑布院",为雪窦寺创寺的渊源。唐武宗会昌元年(841),寺移至山麓,以后历代寺址没有变迁过。唐宣宗大中末年(859),寺庙毁于战火;懿宗咸通八年(867)修复,改名为"瀑布观音院"。昭宗景福元年(892),常通禅师任住持,修缮殿堂,并得施田1300亩,始成十方禅林,因此被称为雪窦禅院开山祖。五代后周广顺二年(952),延寿智觉禅师任住持,继续募缘增建。

宋政府对雪窦寺十分重视。宋太宗淳化三年(992),遣使赐经籍,始建藏经阁。第二年,又赐石刻御书二部。真宗咸平三年(1000),敕赐"雪窦山资圣禅寺"额,真宗乾兴元年(1022),寺又扩建。仁宗梦游此山,于景祐四年(1037),御赐钱财,同时免山民徭役,禁人樵采,保护山林,使寺院步入鼎盛时期。宋朝住持雪窦寺的高僧辈出,如宋乾兴元年(1022),重显(980—1052)任雪窦寺住持,扩建寺庙,大兴禅宗云门宗。宋高宗绍兴二十七年(1157)寺再毁,孝宗隆兴元年(1163)重建,规模扩大,殿宇焕然一新。嘉定年间,寺院被评为"五山十刹"之五。

元世祖至元二十五年(1288),寺院第三次被毁。两年后,善来禅师主持修复,历时三年,重建所有殿堂轩阁,规模更加宏丽。明代,雪窦寺仍为天下禅宗十刹之一。崇祯十六年(1643),寺第四次毁于兵灾,第二年,石奇禅师主持重修,历时十八年,恢复旧观。清顺治八年(1651),在朝廷支持下,重修寺院,建大雄宝殿、天王殿、法堂、禅堂、方丈殿、钟楼、鼓楼等,寺院规模庞大。道光年间(1821—1850),寺院又建殿宇、山门、亭舍、池沼等。

"文革"期间,雪窦寺第五次遭到破坏,山门、大殿、僧房等几乎所有主体建筑都被拆除。1984年,奉化市人民政府重建雪窦寺,成立"修复雪窦寺筹备委员会",寺院主体佛堂殿宇渐次得到修复,并经政府批准对外开放。

(九)台州国清寺

国清寺位于浙江天台山南麓,为我国天台宗祖庭,也是日本天台宗的祖庭。相传,陈宣帝太建七年(575),智𫖮(538—597)在天台结茅成庵,数年之间,规模不断扩大。宣帝对智𫖮十分礼敬,为其在天台上敕建寺院,称为"修禅寺"。智𫖮圆寂后,其弟子灌顶遵其遗愿,在隋朝皇帝杨广的支持下,于隋开皇十八年(598)开始建寺,初名天台山寺。大业元年(605),杨广赐额名"国清寺"。灌顶任寺院第一任住持,将智𫖮生平著述集录成书,并以国

---

① 宁波市佛教协会:《宁波佛教志》,第64页。

清寺为基地弘传天台宗教法,开始兴建国清寺。可以说,国清寺由智𫖮创立,在灌顶的住持下发展兴盛。

唐会昌五年(845),唐武宗开始大规模灭佛,拆除天下寺庙四千六百余所,招提、兰若四万余所,国清寺亦难逃厄运,寺宇全毁。大中五年(851)至咸通五年(864)间又开始陆续重建,殿宇僧房逐渐恢复规模,大书法家柳公权为其题"大中国清寺"额。宋景德二年(1005),改名为"景德国清寺"。

元朝,禅教互争,统治者重教抑禅。至正元年(1341),元政府虽有拨款重建,但因两教相争,禅寺衰废。此后,寺院不断毁废修复。明洪武十七年(1384),寺毁;隆庆四年(1570)重建,后又被毁;万历二十五年(1597)重建;清雍正十一年(1733)又重新增修。

"文革"期间,寺院被毁坏殆尽。1978年,党和政府对其进行整修,恢复寺院旧观,并对外开放。至今寺院仍保留清代建筑十四座,由数十个大小不同、风格各异的院落和建筑组成,集中了我国古代建筑中各种廊沿形式,高低错落,明暗相间,形成国清寺建筑的特色。

(十)普陀普济禅寺

普济、法雨、慧济是普陀山上三大禅寺。普陀山位于浙江省普陀区境内,面积仅12.76平方米,为舟山群岛中的一个小岛,是中国四大佛教名山之一。普陀山全称为普陀洛伽山,山名由佛经中借用而来,《华严经·人法界品》有观音菩萨住普陀洛伽山的记载,因而以普陀山命名之。因岛上梵刹遍布,有"震旦第一佛国"之称。

"普济寺也称为前寺。位于岛南面的灵鹫峰下,占地约三万七千平方米,共有十大殿、十七堂、十二楼、四轩,建筑面积约一万一千平方米,是我国东南地区规模最大的庙宇。"[①]据日僧圆仁的《入唐求法巡礼行记》载,唐大中年十二年(858),日本临济宗高僧慧锷从五台山求得观音像一尊,欲带回日本供奉。船行至普陀山附近,遇台风,于是将观音像安奉在普陀山,建"不肯去观音院"。后梁末帝贞明年间(915—920),将院扩大为寺。宋高宗绍兴元年(1131),普陀山禅宗高僧真歇奏准朝廷,将普陀山岛上佛教各派皆归于禅宗,岛上居民尽皆迁出,使普陀山成为一座佛教圣地。宋代改寺名为"五台圆光寺"及"宝陀观音寺"。宋嘉定七年(1214),皇帝御书"圆通宝殿"匾额,规定普陀山以供奉观音为主。至今,寺院在大圆通殿的东配殿供奉文殊菩萨,西配殿供奉普贤菩萨,圆通殿后面法堂西配殿供奉地藏菩

---

① 刘煊、(韩)志安:《中国禅寺》,中国言实出版社2005年版,第148页。

萨,把中国四大名山都集于一处排列,以突显观音菩萨的地位。

明洪武十九年(1421),政府实行海禁,岛上禁佛,僧侣迁至明州栖心寺(宁波七塔寺)。至明孝宗弘治元年(1488),岛上才开始重建寺院,僧众得以回山。明神宗万历三十年(1605),朝廷于灵鹫峰下扩建宝陀观音寺,并赐额"护国永寿普陀禅寺",增建僧舍房宇,寺院殿堂焕然一新,规模宏大,甲于东南。康熙八年(1669),荷兰殖民者入侵普陀山,寺院严重被毁。康熙三十八年(1699),开始修建护国永寿普陀禅寺,并赐额"普济群灵",始称"普济禅寺"。清雍正九年(1731),重新扩建寺院,修缮旧舍,增建殿堂,其规模和形制前所未有,成为我国佛教四大名山之一。

寺院在"十年动乱"中遭到严重破坏。1979年,党和政府贯彻落实宗教政策,开始重视名山修复,普济寺也修葺一新,殿堂僧舍恢复原貌,并作为游览胜地对外开放。

(十一)普陀法雨禅寺

法雨寺是普陀山第二大寺,位于白华顶左侧光熙峰下,因背山临海,称为"后寺"。"寺占地33408平方米,共有殿宇楼阁厅堂计294间,建筑面积9300平方米。"[1]

明万历八年(1580),麻城僧人大智真融到普陀山礼佛,见这里景色清幽,遂结茅为庵,以"法海潮音"的义,取名"海潮庵"。万历二十二年(1594),郡守吴国安将其改名为"海潮寺"。万历二十六年(1598),寺毁于大火。此后,数次复建。万历三十三年(1605),寺院禅师开始募捐善款,增建殿宇僧舍,恢复原貌。次年,朝廷敕额"护国镇海禅寺"匾额和《龙藏》一部。后寺院又遭兵火,几经损毁。

清康熙二十六年(1687),别庵禅师住持寺院,再度扩建,增建藏经阁、东禅堂、三圣堂、三生堂、印寮等,从此以禅宗为尊。康熙二十八年(1689),普济和法雨两寺同时赐帑,在朝廷的支持下,寺院开始修缮。康熙三十八年(1699)朝廷御赐"天花法雨"匾额,改寺为"法雨禅寺"。同时,康熙批准寺院住持性统的奏请,仿明故宫盖九龙殿,又称圆通殿。殿高二十二米,重檐歇山,下层面阔七间,上层五间,进深六间外加廊檐,成为目前寺院规格上最高的一座佛殿。雍正九年(1731),朝廷又进行一次大规模的修建,重建殿堂屋宇,雕梁画栋,规模宏伟,与普济寺一起名扬天下,成为东南名刹。

法雨寺所处地势南低北高,因此,寺院顺应山势而建,不同于传统寺院

---

① 段启明等:《中国佛寺道观》,第260页。

的山门形式,寺门不在中轴线上。在建筑布局上,采用依山取势,分群递升的格局。寺院从天王殿、玉佛殿、九龙观音殿、御碑殿、大雄宝殿到方丈殿,层层升高,方丈殿是全院最高处,气势恢宏,超凡壮阔。

(十二)普陀慧济寺

慧济寺位于浙江省普陀区境内,处于白华顶右侧的凹地,因而又名慧顶山寺。"寺院占地面积约 1.33 万平方米,建筑面积 3.3 千平方米"①,殿宇壮阔,是普陀山第三大寺。寺院最早时仅有景亭,亭中供奉佛像。明代僧人慧圆,于此创建"慧济庵",当时的尚宝司丞沈鸿为其题名为"宝月含空"。至清乾隆五十八年(1783),禅宗临济派僧人能积扩庵为寺。光绪三十年(1904),文正禅师住持寺院时,募资建造"香云路",为游人上山提供方便,一路青山绿水,景色奇绝。清光绪三十三年(1907),德化禅师请得《大藏经》藏于寺中。其弟子文质禅师任住持后,对寺院大加扩建,遂成巨刹,与慧济、法雨共称普陀山三大禅寺。

寺院因位于山顶,布局上采取因地制宜的原则,打破一般寺院中轴对称的常规,由天王殿、大雄宝殿、观音殿、大悲阁、藏经楼、钟楼等组成,布局灵活多变,颇具江南园林特色。与岛上其他两个寺院不同的是,慧济寺的大雄宝殿供奉的是释迦牟尼,而非观音菩萨,两边侍立的是弟子阿难与迦叶。大殿两厢塑有传说中的"二十诸天",后侧供奉观音和千手千眼观音像。殿顶采用蓝、绿、黄、红、紫等琉璃瓦覆盖,在阳光下,色彩绚烂,形成"佛光普照"的绚丽景观。寺院后门左侧有一树,乃是被称为普陀山三宝之一的"普陀鹅耳枥",传说 200 多年前由缅甸僧人来普陀山朝拜时携来,世界罕有,为佛国世界增添了一抹神秘色彩。

本章小结

本章探讨了浙江禅宗的发展史,以及浙江地区禅寺的创建过程。佛教至东汉末年传入浙江,历经三国两晋南北朝的发展。由于南方优越的地理条件和相对稳定的社会政治、经济环境,使北方名僧南下,佛教人才南流,学术中心向南转移。加上南方历朝统治者崇佛,支持佛教事业的发展,使佛教得以在浙江自由传播,佛寺倍增,佛教在浙江蓬勃发展起来,并在中华

---

① 刘烜、(韩)志安:《中国禅寺》,第 153 页。

佛教史上占有极为重要的地位。

　　本章主要探讨了历史上遗留的浙江近现代禅寺,并对代表性禅寺进行详细论述。早期禅僧,往往隐匿山林,四处云游参学。从东晋时期的禅窟,到隋唐时代简陋的禅寺,禅宗各宗派活动于南方地区,使南方山林开始崛起。唐末五代时期中央集权的暂时衰弱,给了当时南方偏远地区的禅宗显示自己的生命力、获得独立发展的机会。随着禅宗成为汉地佛教的主体和代表,至宋元时期,禅宗寺院形成了自己成熟稳定的形制。浙江得天独厚的山水风光,以及杭州在历史上曾经作为政治、经济、文化的中心地位,使浙江地区禅宗极为发达,禅寺众多,留存于今的主要禅寺如宋代"五山":径山寺、灵隐寺、净慈寺、天童寺、阿育王寺,都是浙江地区山林禅寺的典型代表。

第二章　浙江禅寺的择址与环境特点

　　"人类的生存离不开环境——建筑环境、社会环境、自然环境,前两者是人创造出来的,也可以随人的意志而加以选择。自然环境则是天生地就,只能选择、改变,不能创造。"①因此,中国的传统建筑大到城镇,小到一幢住宅,都非常讲究基址的选择。佛教宣扬往生极乐国土,并把它视为人的终极归宿,因此对寺观的选择便相应地要求模拟梵天佛国的境界,为僧侣提供一个息心修持的清净环境。寺院作为宣传出世苦修而设的宗教场所,本身对择址就有特殊的要求,在这里糅合进了世俗的审美需求,又兼具园林的美感,是一种融合宗教场所精神与世俗化、审美化于一体的空间环境。

第一节　浙江禅寺的选址特征

一、依山取势

　　浙江南部地区分布着山地丘陵,天然的自然景观给禅宗寺院的选址提供了良好的条件。禅宗以山地寺院为特色,居山表示远离凡尘,"山寺"成为梵刹的象征。寺院的选址也多集中在山坡的平坦区域和山麓区域,基址选择在山林既含蓄又非闭塞的地段,即旷、奥兼备的局部自然空间。它们或隐或显,或藏或露,力求与所选择的自然环境相协调,并依据这些小环境来经营建筑。每一个寺院的具体情况千差万别,但都以空间的旷、奥作为衡量标准。寺院往往选址在山坳处,周围群山环绕,或选址于山体所形成的山谷中,根据山势的特征因地制宜布局,一般选择坡度较小的地

---

　　① 　周维权:《中国名山风景区》,清华大学出版社 1996 年版,第 288 页。

段作为基地,营造寺院环境。寺院建筑则根据山体的高差进行布列,一般呈梯形的分布,寺院的建筑群落位于群山环绕之中,与自然形态相互融合。

这种布局形态,由于不受地形限制,往往建筑布置得较随意,正如《园冶》中所谓:

> 园地惟山林最胜,有高有凹,有曲有深,有峻而悬,有平而坦,自成天然之趣,不烦人事之工。[①]

若山势较高,则更容易烘托主体建筑的主体地位。而且由于寺院居山麓地段,周围群山环绕,风景秀丽,植物繁茂,种类繁多,往往创造出出人意料的景观效果。寺院借周围山体之景,纳入天地大环境中,体现出寺院基址"旷""奥"的特征。根据寺院寺院所处的位置,主要分为两种类型:

(一)山包寺

寺院周围有多面山峦围合,形成内向的封闭型空间。寺院一般选址于山麓处,是山体与周围平地相接的部分地段,处于多个山体的交汇、围合部分,与外界环境隔离,环境最为优美,区域也最为复杂,具有幽静、隐蔽的空间特性。涧溪或山谷形成豁口通向外部,寺院沉于山体之中,环境深奥、静幽又呈现局部开放的态势,具有与外界隔绝的"世外桃源"的隐逸情调。寺院建筑成为焦点,突出群山环抱的空间态势,隐

图 2-1　国清寺基址平面图

蔽、深奥的环境氛围突出禅林仙境别有洞天的意境。这也是堪舆学上认为的上好的风水宝地,藏风聚气,小气候环境良好。《园冶》曰:

> 入奥疏源,就低凿水,搜土开其穴麓,培山接以房廊。杂树参天,楼阁碍云霞而出没;繁花覆地,亭台突池沼而参差。[②]

---

①② 　[明]计成:《园冶注释》,陈植注释,中国建筑工业出版社 1988 年版,第 58 页。

　　浙江地区的禅寺多选址在这种地方,如天台国清寺、灵隐寺、余杭径山寺、鄞州区天童寺、阿育王寺等。寺院山水相依,经过较长时间的经营,形成一定的空间规模。虽然禅寺的基址所处的山体地段不同,但寺院所处的地形地貌、建筑群的布局规制和空间营建手法相同。"国清寺(图 2-1)位于天台山余脉的八桂峰延伸的山麓缓坡地,东西宽 280 米,南北长 170 米。寺北为八桂峰、西北为映霞峰、东北为灵禽峰,三峰构成国清寺的北方障屏;祥云峰、灵芝峰又从东南方和西南方围合过来,形成'五峰环抱'的态势。祥云、灵芝两峰之间为谷地豁口,于幽奥中透出局部的旷朗,既是对外的出入孔道,也能引来东南季风的吹拂以改善局部的小气候条件。寺院的东西两侧各有一条溪水萦流至寺前汇合,两溪之水一清一浊,合流后几十米仍然清浊分明,此即'双涧回澜'之景。"①

　　宁波天童寺(图 2-2)选址于鄞州区东南隅最高峰太白峰下。太白峰海拔 656 米,寺东面为东峰、中峰、乳峰,构成寺院东面的屏障,后面为钵盂峰,西面为聿旗峰,形成诸峰环绕的态势,只有寺前的小白岭形成通向外界的豁口。寺院的建筑顺山势灵活布局,与山体相连。寺上游左右之东西两涧,于寺前青龙岗下相汇,呈"双龙"之合流态势。《慈溪保国寺志》卷一"形胜"记载保国寺(图 2-3)的择址:

图 2-2　天童寺图

---

　　①　周维权:《中国名山风景区》,第 291 页。

　　推其发脉之祖,乃从四明大兰而下,至陆家埠过江百余里凸而为石柱山,为慈邑之祖山,转南折东崔嵬而特立者,贸山之顶也,顶之下复起三台,若隐若伏,越数百丈为寺基……又名八面山,堪舆家谓是山乃西来之结脉处。[①]

　　还有余杭径山寺选址在天目山东北峰上。其主峰为凌霄峰,前有堆珠峰,北有大人峰、朝阳峰,五峰罗列,四周还有攀云、象鼻、鸡冠、宝珠、将军、吉祥诸峰,可以说群峰环绕,迤逦起伏。

图 2-3　保国寺图

　　寺位于诸峰之中,形成"山包寺"之景观,山峦围合的态势渲染了寺院的深邃,向外开敞的一面又为观赏他处的风景提供了优越的条件。这种旷、奥结合的地貌空间,无论景域大小,都具有龙盘虎踞的磅礴气势。景域内的空间一般都有深谷、溪涧穿插成虚实相嵌的态势,避免了空间过于深幽,适当增添了旷远的气氛,在群山环抱的大自然景域内,创造了旷、奥集合的恢宏景观。

(二)寺包山

　　寺观全部暴露或全部隐藏的特殊选址情况。寺院一般选址于山顶或

---

　　① 《慈溪保国寺志·卷1·形胜》,转引自何晓昕:《风水探源》,东南大学出版社1990年版,第134—135页。

山坡上,山顶区在山体地段的制高点,山顶往往给人上升的视觉效果,视域开阔,寺院成为周围环境的制高点,借景的广度和深度俱佳。亭、阁、楼等构成极佳的天际线,形成视线的一个跳跃点,丰富了视域内的风景。山脊为群山的最高处,有高、险、幻的风景特征。位于高山之巅的寺院由于峰峦突出,形势险峭,易形成诱人景观。如萧山的莲华寺位于老虎洞山,佛殿依山势凌空而筑,成为整个景观的控制点,拉伸了寺院景观的视线深度。山高峰奇,地势和气象变幻,四时景色都可纳入寺院环境中;日出日落,云海霞光云雾萦绕等奇幻景象,都构成寺院奇险特征的主题景

图 2-4　萧山莲华寺

观(图 2-4)。如普陀山禅寺,"华顶云涛"成为普陀著名景观,寺院在云海中像一座座浮岛,在远近山峰之间天水难辨主次,充分调动峰顶奇幻景象作构景因素,烘衬寺院环境,成为佛国景观的壮丽之举。

　　山坡即在山谷和山脊形成凹凸型的地段。凸型基址的地段特点一般以险、奇取胜,寺观位于山间的陡坡、危崖峭壁上,并结合局部地形,创造非同寻常的景观,营造出令游人出于意料的鉴赏效果,渲染特殊的宗教氛围。如位于建德、兰溪、龙游交界处的大慈岩悬空寺,寺依山崖建于高约 10 米、长约 60 米、深约 30 米的洞穴中,一半嵌入岩腹,一半悬空,仿效"栈道"做法,建筑紧贴着山崖,沿着危岩的等高部位成横向水平展开,好像镶嵌在山间的一条腰带,浑然与山峰融成一体,形成"屋包山"的态势。景观的效果在于突出其别具一格的险势,强调其开阔的旷朗景观。登临其上,颇有飘飘然凌驾青天之感受,正如明代毛凤彩有诗描绘大慈岩:"拟向

图 2-5　建德大慈岩悬空寺

慈峰绝顶登,羊肠曲绕磴千层。大都云月常为窟,惟有猿猱惯得升。细湿衣衫岚酿雨,长遮天日树垂藤。试从山半回头看,足底悬空恐欲崩。"将寺观险、奇、峻等不同凡响的态势描绘得凝练生动(图 2-5)。

　　凹型地段比较适合作为建筑用地,形成内向而隐含的院落空间,视野较隐蔽,具有一定的包容性。从一定的角度看过去,建筑常被一些山石、树

木遮掩一部分。以山石遮掩建筑的一部分,这也是中国古代山水画的原则之一。有些寺观择址于岩谷的深处或洞穴中,以深藏的建筑形象结合幽奥的局部自然空间来烘托神秘的宗教氛围。如普陀山三大寺之一的慧济寺,寺建于佛顶山的一块稍微下陷的小盆地上,占地约 0.5 公顷,整座建筑呈下沉式的态势,因山就势,加之周围蓊郁的树林,有曲折深幽,藏而不露的意趣,在开阔的

图 2-6　普陀山慧济寺

大环境里创造了一个幽奥的小环境(图 2-6)。

二、临河郊水体

自然风景中,山水相依,水绕山使山活,山蓄水使水媚,寺观选择以山林为基地背景,则离不开水体的辅佐。水体分为溪、泉、涧、潭、池和江河、湖海等形态。浙江位于长江以南地区,历来就享有"水乡泽国"的美誉,寺院选址,大多濒临溪流、河、湖等水体,建筑、浏览线和水体交织穿插,一方面解决生活、生产的需要。如宁波"天童寺的水系以天童溪为主干,隐龙潭、万工池、清水潭为蓄水节点,太白湖为蓄水库,构成一个天然的水系调控系统……通过地面溪流、地下渗透的方式,补给到寺内的井口、泉眼,满足生活、生产用水的需要。"[1]同时,太白诸峰的涧水,顺流而下,汇入东、西双涧,又形成一道天然的风景,丰富了寺院的环境景观。径山寺选址于五峰环抱之中,诸峰之间,涧流密布,汇成五溪,绕寺而行。阿育王寺西接五乡镇之水网,基本满足了寺院饮用、灌溉之水源。

另一方面,丰富多变的水体形态,也赋予了寺观生趣盎然的景观环境。杭州灵隐寺、西湖南面的净慈寺、四面环海的普陀山三大寺,都是对自然水景利用的典范。《园冶》曰:

　　江干湖畔,深柳疏芦之际,略成小筑,足征大观也。悠悠烟

---

① 董军、何礼平:《"禅宗五山"山水环境的文化解读》,《安徽农业科学》2010 年第 5 期,第 2716 页。

水,澹澹云山,泛泛鱼舟,闲闲鸥鸟,漏层阴而藏阁,迎先月以登台。拍起云流,觞飞霞仭,何如缑岭,堪偕子晋吹箫？欲拟瑶池,若待穆王侍宴。寻闲是福,知享既仙。[①]

禅宗寺院不同的水域环境成就了其特有的禅宗文化。因水而建的寺院,往往分布于水域丰富、平坦开阔的地域。寺庙的空间布局呈流动型曲线布置,寺院的建筑群落、游览路线和水域相互穿插交织,形成一条动态观赏的浏览路线。沿途景观面多样化,设置多个观赏点,景观路线上或置亭,或置阁,形成动静结合的景观效果。当然,寺院建筑群落顺水而建时,一般顺应山势,或建于平地,或建于山麓平坦处,根据地形灵活布局。山地寺院的平面布局,不外于这两种布局形态的综合。

(一)临江择址

温州江心寺选址于瓯江之中的小岛上。寺四面临江,江水浩荡,天地连结,气象壮观,寺院的静谧和江水的浩荡动静结合。江上四面烟波,岛上古木参天,两座高高耸立的佛塔和恢宏的殿宇顺应地势而建,形成壮阔的临江景观。寺以江水作为寺院背景,烟波浩渺,给佛寺增添了玄妙深邃的意境。杭州六和寺也是择址江边的范例,寺位于钱塘江畔月轮山上,是北宋时吴越王为镇钱

图 2-7　温州江心寺

塘潮而建。北宋开宝三年(970),钱弘椒舍园造塔,并建塔院,目的是镇压江潮。塔与秀丽的江景、远处苍郁的群山相互辉映,构成一幅和谐的画面。登临六和塔塔顶,凭栏倚窗,水天空阔,烟波浩渺,仿佛置身于青冥之上(图2-7)。

(二)临海择址

普陀山是中国佛教四大名山之一,选址于东海之边,其择址的特点在于四面环海,因而拥有得天独厚的自然景观。宋代诗人王安石赞道:"缥缈云飞海,石林水府隔尘寰。"普陀山的地势西北高峻,东南低平,海岩曲折多

---

① ［明］计成:《园冶注释》,陈植注释,第69页。

礁石,裸露的花岗岩在海浪侵蚀作用下,形成丰富多变的地貌形态。全岛地形复杂,由于岩石崩塌而形成很多封闭或半封闭的山坳、小盆地或洞穴。海上日出、浪击金沙等景观,观音跳、潮音洞、朝阳洞等奇妙的洞穴,优美的港湾和绵延数里的沙滩等风景都是陆上寺院所没有的。岛上秉承深厚的佛教文化,三座寺院普济寺、法雨寺、慧

图 2-8 普陀山

济寺分别位于灵鹫峰之麓、光熙峰下和佛顶山的小盆地中。山峰、海岛与大海相互衬托,构成普陀山别具一格的佛国景观。千年古刹、文物古迹等丰富的人文景观与壮阔海景相互辉映,形成"海天佛国"的胜境(图 2-8)。

(三)临湖择址

杭州净慈寺择址于西湖南面的南屏山下。南屏山发自天目山,向东蜿蜒千里,山峦耸秀,宛如屏障,山下湖光旖旎,风景秀丽。南宋杨万里《晓出净慈寺送林子方》赞曰:"毕竟西湖六月中,风光不与四时同,接天莲叶无穷碧,映日荷花别样红。""南屏晚钟"为西湖十景之一,佛寺景观、禅寺钟声与西湖构成佛寺佳境(图 2-9)。

图 2-9 净慈寺对面的西湖

(四)临溪择址

杭州理安寺选址于九溪理安山大人峰东麓,这一带溪涧众多,山谷幽深。理安寺古称涌泉禅寺,因寺内有与虎跑泉齐名的"法雨泉"也称法雨寺。五代时,高僧伏虎禅师栖居在此,吴越王为之建寺。相传南宋时宋理宗来寺进香,得以改名理安寺。《武林梵志》中描写理安寺的地理环境:

> 七峰环绕,双涧合流,境地优胜,视两峰、三竺,又一奇矣。[①]

---

① 《中国佛寺志第 8 册·武林梵志·卷 9》。

寺门前有著名的十八涧，寺后环绕九溪涓流。"九溪十八涧"平面呈"y"字形，把理安寺夹于两水的汇合处。寺院环境清幽自然，有悠悠南山的古意，周围林木茂密，晴天时秀色可餐，阴雨时烟云飘逸，景色极佳。明初诗人张立赞道："春山缥缈白云低，万壑争流下九溪。"（图 2-10）

图 2-10　理安寺溪水

赵光辉在《中国寺庙的园林环境》中论述，以水体为寺庙景观构景的园林环境，其布局手法主要有沿溪流呈带状布局、环绕池潭呈环形布局、围合水面呈水院的布局等三个方面。

1. 沿溪流呈带状布局

寺院濒临溪流，其环境景观布局多沿岸呈带状布局，范围长，景观布局疏朗。水体多呈动态，建筑、浏览线与水体交织穿插，形成丰富、曲折、活泼的动态景观带。杭州灵隐寺便是沿溪流呈带状布局。寺倚山临水，寺前有溪水环绕，溪上建有一水坝，飞流而下的潺潺溪水丰富了水面的景观，依水边建有冷泉、壑雷、春淙等亭子，供游人休息、赏景。溪对岸是飞来峰，怪石嶙峋，山上有宋元时期的摩崖造像，极富艺术价值。峰临着溪水，山色、水

图 2-11　灵隐寺溪水

景、摩崖石刻等小品构成寺庙优美的风景（图 2-11）。

2. 环绕池潭呈环形布局

选址于池、潭边的寺院，丰富的水域给寺院提供了天然的风景环境，建筑一般环绕水面布局，周围点缀着景观小品，形成动态观景线。如杭州的黄龙洞便以池布局，在山坡上依山势建成高低错落的水池，在水池高处建一石雕龙头，引来高处泉水，注入龙头，营造蛟龙吐水的景观。池岸边用叠石营造嶙峋的山洞，架小桥，与廊相连，周围环绕亭廊、景石，构景灵巧，十

分得体。[①]（图 2-12）

3.围合水面呈水院的布局

此类构景手法一般水面较小，水质较好，宜以静观为主，常常围合成一个封闭的或半封闭的院落。杭州西湖虎跑寺是与自然水系结合布局的佳例。寺院整体环境直接取自于大慈山白鹤峰下，寺以泉而名，由山门向上开始的引导路一直携水而行。山涧细流

图 2-12　杭州黄龙洞

汇聚成大小不一的叠水式自然水潭，参差错落地穿插于寺内，寺院两组建筑群，将池水围合成相对独立的天井水院，各富情趣，形成山水浑然一体的大小十余个水院。山间林木，加上楼台殿宇，回廊院落，使这些大大小小的水院成为以品茗、赏泉为主题的寺院景观。

三、位城镇街巷

浙江大部分禅寺建于山林，其中有少部分禅寺位于城市街巷之中，属于城市型佛寺。如杭州天竺法静寺、宁波七塔寺等。和择址于郊区的佛寺不同，城市型佛寺有便捷的交通，城市四通八达的街巷给寺庙创造了便利性与可达性。与山林佛寺相比，这类佛寺地域不太宽阔，但便利的交通使它更易得到香客的光顾，而使佛寺盛名。城市佛寺情况相对复杂，在寺院环境营建上模拟山林佛寺的特征，集山林与城市于一体。一方面，城市四通八达的街巷交通要道将佛寺串联在城市中，融入普通百姓平日生活，也更容易吸引香客，为广大信徒提供入寺礼佛进行宗教活动的空间。另一方面，这类佛寺往往依水而建，周围小环境有山体或者湖泊、江河，它们在选址时要考虑陆地交通便利的地方或近于河道位置，丰富的水源也利于寺院生活供应，同时给香客朝拜往返提供便利的交通。

城市佛寺的景观营建也不同于山林，《园冶·城市地》曰：

市井不可园也；如园之，必向幽偏可筑，邻虽近俗，门掩无哗。
开径透迤，竹木遥飞叠雉；临濠蜒蜿，柴荆横引长虹。院广堪梧，

[①]　赵光辉：《中国寺庙的园林环境》，北京旅游出版社 1987 年版，第 27 页。

堤湾宜柳;别难成墅,兹易为林。架屋随基,浚水坚之石麓;安亭得景,蒔花笑以春风。虚阁荫桐,清池涵月。洗出千家烟雨,移将四壁图书。素入镜中飞练,青来郭外环屏。芍药宜栏,蔷薇未架;不妨凭石,最厌编屏;未久重修;安垂不朽?①

比如宁波七塔寺位于宁波市中心,交通便利,是典型的城市佛寺,四通八达的城市道路交通为香客、游人提供了极大的方便,正如《园冶》曰:

足征市隐,犹胜巢居,能为闹处寻幽,胡舍近方图远;得闲即诣,随兴携游。②

表 2-1　浙江重点禅寺一览表

省份	名称	大类	细分	特色	朝向	面宽	进深	面积	比例	布局
浙江	杭州市灵隐寺	城市	山林		南	220	280	61600	1.27	主轴方阵
	杭州市净慈寺	城市	山林		兹	150	150	22500	1.00	方阵
	宁波市七塔寺	城市	街区		南	70	150	10500	2.14	单轴
	鄞州区天童寺	山林			南	40	60	2400	1.50	主轴方阵
	鄞州区阿育王寺	山林			南	40	90	3600	2.25	主轴方阵
	新昌县大佛寺	山林								
	普陀山普济寺	山林			南	50	90	4500	1.80	单轴
	法雨寺	山林			南	30	70	2100	2.33	单轴
	慧济寺	山林			西南	70	30	2100	0.43	方阵
	天台县田清寺(包括智者塔院)	山林			南	100	30	8000	0.80	方阵
	天台县高明寺	山林			南	90	50	4500	0.55	方阵
	天台县下方厂寺	山林			南	30	30	900	1.00	独院
	温州市江心寺	城市	园林	江边	南	80	100	8000	1.25	单轴

图表来源:袁牧《中国当代汉地佛教寺院建筑研究》。

---

① [明]计成:《园冶注释》,陈植注释,第60页。
② [明]同上,第60页。

第二节　影响浙江禅宗寺院选址的因素

一、地理因素的影响

"天下名山僧占多",寺观园林一般会选择在环境静谧、风景秀丽的山林中以方便僧侣参禅修道。浙江省地处中国东南沿海、长江三角洲南翼,地势西南高,东北低。西南山地高峻,谷地深幽,主要山峰海拔均在1500米以上;中部为100—500米的丘陵盆地,错落于低山之间;东北部为冲积平原,海拔都在10米以下,地势低平,水域丰富。江、河、湖、海等水系互相辉映,气候宜人,四季分明,自然环境优美,具有得天独厚的地理优势,是历史上寺庙道观首选之地。

浙江境内有会稽山、雁荡山、普陀山、雪窦山、天目山、天台山、四明山等名山。位于浙江省西北部的天目山,是由岩浆岩构成的山地主体,海拔都在1000米以上,是长江太湖与钱塘江的一些溪流的发源地。天目山的一部分余脉从临安、富阳绵延而来,延伸至杭州境内,从南、西、北三面环绕着西湖。北高峰至老和山一线,以及天竺山、虎跑山、五云山等山体,岩石质地较为坚硬,因而使山体愈发显得挺拔险峻,溪流纵横山涧。杭州最好的泉水地带如龙井泉和虎跑泉都出于这里。中东部的天台山,平均海拔500米以上,呈东北—西南走向,西南连仙霞岭,东北接舟山群岛,为曹娥江与甬江的分水岭。山体主要由花岗岩构成,因而挺拔怪峻,悬岩、峭壁具有古、幽、清、奇的特色,以激流瀑布、山泉小溪等自然景观著称,成为"中华十大名山之一"。570年,南朝梁佛教高僧智𫖮在此建寺,创立佛教著名的天台宗,为中国保存完好的著名寺院之一。普陀山地处古华夏褶皱带浙东沿海地带,其地貌因受第三纪新构造运动地壳间歇上升及第四纪冰期、间冰期海蚀作用影响,形成山地、海蚀地区等。土壤为粗晶花岗岩风化体,石英砂含量很高,能为植被提供丰富的营养,因而全山天然植被、植物资源覆盖繁密。普陀山特有的山海风光与神秘幽邃的佛教文化,很早就吸引僧道来此修炼。据史书记载,早在2000多年前,普陀山即为道人修炼之宝地,如秦代安其生、汉代梅子真、晋代葛雅川等都曾在此修炼。还有位于浙江省东部的四明山,横跨余姚、鄞州、奉化、嵊州、上虞五市区,呈东西向狭长形分布。主峰金钟山,海拔1018米,林深茂密,生态环境十分优越,有第二庐山之称。晋代起,其幽美的风景便吸引禅僧来些凿窟修禅。

浙江秀丽的风景地貌自晋代以来就一直是禅师们首选的凿窟修禅之地。唐代禅师为了寻觅风景秀丽的寺庙,常令弟子云游四方,择其佳丽者居之。江南秀丽风光,山泉林溪和名山大川对僧道们具有极大的吸引力,佛道两派也常常为争夺名山而大动干戈,"佛教四大名山中,峨眉、五台就是从道家手中夺得"①。可见,寺庙选址对地貌和地形的要求很高,其宗教意义重大。

二、传统风水学说的影响

中国佛寺的选址更多地受"风水"的影响,相地选址,一直是风水的主题和首要使命,几乎每一个佛寺志中都有关于其寺背倚山水的详尽描写。风水的核心在于考察山川地形,大致分为"相地"与"理水"两个部分。地形在于"藏风得水",通过调整建筑的布展与细部安排,使建筑与环境协调一致。从考古遗址以及佛经典籍的记载来看,古印度时,对佛寺伽蓝的择址就很讲究,要求地形、方位、绿化环境等方面俱佳,追求人为环境和自然环境相统一。

(一)古印度佛寺风水观

印度风水学叫做 Vastu,此词源于梵语中的 Vas 一词,意思是居住。古代印度占星家认为,一个人所受到的吉利或不吉的影响有百分之八十来自于他的住所及居住环境。印度风水学与中国的古典风水学有一定的相似之处,中国风水中的"相地"说在古印度便已开始应用。《降魔变文集》一卷记载了舍利佛相地选址的过程:

> 佛知善根成熟,堪化异调,遂即应命依从,受他启请。唤言长者:"吾为三界之主,最胜最尊,进止安详,天龙侍卫,梵王在左,帝释引前,天仙闭塞虚空,四众云奔衢路。事须广造殿塔,多建堂房,吾今门弟众多,住址延小。汝亦久师外道,不识轨仪,将我舍利弗相随,一一问他法式。"须达既蒙受请,更得圣者相随,即选壮象两头,上安楼阁,不经数日,至舍卫之城,遂与圣者相随,按行伽蓝之地。先出城东,遥见一园,花果极多,池亭甚好,须达把鞭向

---

① 赵光辉:《中国寺庙的园林环境》,第 10 页。

前，启言和尚："此处堪不？"舍利弗言长者："园须（虽）即好，葱蒜极多，臭秽熏天，圣贤不堪居住。"须达回象，却至城西，举目忽见一园，林木倍胜前者。须达敛容叉手，启言和尚："前者既言不堪，此园堪住已不？"舍利弗言长者："此地曾为马市，宰杀众生，臭秽血腥，实亦不堪住止。"勒鞭回车，行至城北，又见一园，树木滋茂，启言和尚："此园堪不？"舍利佛言长者："……此处不堪，别须选择！"……又出城南按行。去城不近不远，显望当途，忽见一园，竹木非常蓊蔚，三春九夏，物色芳鲜；冬际秋初，残花蓊郁。草青青而吐绿，花照灼而开红……舍利弗收心入定，敛念须史，观此园亭，尽无过患……既见此事，踊悦身心，含笑舒颜，报言长者："此园非但今世，堪住我师，贤劫一千如来，皆向此中住止。吉祥最胜，更亦无过，修建伽蓝，唯须此地。"①

舍利佛在选址中使用了诸如"按行""吉祥"等类似中国堪舆的术语，隐含着相地术的寓意，其实质也就是为寺观选择一处理想的传道场地。这也给后人"相地"提供了借鉴方法。玄奘法师在《大唐西域记》卷九，也曾记述了印度著名佛寺那烂陀伽蓝的选址过程：

闻之耆旧曰：此伽蓝南庵没罗林中有池，其龙名那烂陀，傍建伽蓝，因取为称。从其实义，是如来在苦修菩萨行，为大国王，建都此地，悲愍众生，好乐周给，时美其德，号施无厌。由是伽蓝因以为称……佛涅槃后未久，此国先王铄迦罗阿迭多，敬重一乘，遵崇三宝，式占福地，建此伽蓝。初兴功也，穿伤龙身。时有善占尼乾外道，见而记曰："斯胜地也，逮立伽蓝，当必昌盛，为五印度之轨则，逾千载而弥隆。后进学人易以成业，然多欧血，伤龙故也。"②

中印度憍萨罗国舍卫城之豪商"给孤独"长者，在王舍城听释迦牟尼佛说法，深归依之，看中太子祇多之园林，花重金购买，以赠释迦，供养佛和比丘，名曰"祇树给孤独园"。古印度佛陀在人间传法修行，就重视对修行环境的选择，所以后世注重环境与寺院建筑的完美结合也是可以理解的，这

---

① 王重民：《敦煌变文集》（上），人民文学出版社 1957 年版，第 364—365 页。
② ［唐］玄奘：《大唐西域记校注》，季羡林等校注，中华书局 1985 年版，第 747 页。

种"相地"的方法也给后世提供了参考。

(二)中国佛寺风水观

中国的寺院道观选址不仅要求风景环境优美、清幽,还要根据其所居环境,考察地质、水文、日照、风向、气候等一系列的自然因素,根据山川形胜的地理特点,尽可能达到趋利避害的目的。

在诸多环境要素中,首先要选择背风向阳的地理条件,背风向阳是风水中选址的重要条件。同时还要前景开阔,远处有案山相衬,有环绕的水源,建筑背倚主峰,左右紧邻次峰,前有水流,水流对面有案山,概括其特点为"环若列屏,林泉青碧","宅幽而势阻,地廊而形藏"。

风水中山的两项重要功用为:一、传递生气;二、藏风(聚气)。风水先生尤为重视主山的山脉形状,它对建筑"气"的生成有着重要作用,这种山也称为"龙"。吉地周围环绕四座山峰,这四座山称"四神砂"。佛教在寺观择址方面借用道教的四灵兽模式,以四神兽青龙、白虎、朱雀、玄武来比喻四周的地形,确定建筑主要风水方位,因此,佛寺选址的总原则亦是"四灵兽"模式。

"山环水抱必有气",佛教寺院在选择原则和模式上以"藏风聚气"为主,"风"贵于藏,"气"贵于聚,《青囊海角经》曰:

> 山水者,阴阳之气也。山有山之阴阳,水有水之阴阳。山则阴盛,水则阳盛,高山为阴,平地为阳。阳盛则喜乎阴,阴盛则欲乎阳。山水之静为阴,山水之动为阳,阳动则喜乎静,阴静则喜乎动,动静之道,山水而已。合而言之,总名曰气;气分言之,曰龙、曰砂、曰穴、曰水。有龙无水,则阴盛阳枯而无以资。有水无龙,则阳盛阴衰而气无以生。无水气何卫,无穴气何聚,必欲龙以来之,水以界之,砂以卫之,穴以聚之,然后可以为地也……以龙言之,龙即山也,以山言之,山即土也,以土言之,土却气也、体也。有土斯有气,故气因土而行,土因气而盛。[1]

晋郭璞《葬书·内篇》中指出:

> 气乘风则散,界水则止。古人聚之使不散,行之使有止,故谓

---

① 《九天元女青囊海角经三·头陀衲子论》。

之风水。①

　　从地貌上看,以沟壑上源半封闭的山坳或小盆地最佳。气并非在山之最高处,所以佛教寺院建筑很少建于山顶之上。风水观念中,为了保持"气"的通畅,要求寺院的门向与"气口"相迎。所谓"气口"指的是寺院前方群山的开口处或低凹处,在寺院的布局中,气为迎神处,风水先生认为这是寺院的希望。因此,寺院常常将门向偏转使山门与气口相迎,使寺院与山体的气脉相吻合。因此,寺院的基地一般多选择群山围绕的幽深处,进口狭小,内有峰峦环列的宽阔腹地,有幽谷可通,藏风聚气。

　　几乎每一座佛寺的选址都有背倚高山的风水式记载,《天台山方外志》描述台州国清寺的天台山风水环境为:

　　　　天台山者,东濒大海,届水而止,为东南一大结局。而父于南岳,祖于峨山,会于昆仑,高于雪山。自雪山东南而下不减四五万里,其中所有灵粹之气,莫不毕集于此,为神仙之窟宅,罗汉之道场,间生圣贤,养育英哲。……台山峻拔,结为九峰,中为华顶峰,东摘星峰,东南为东苍峰,南为狮子峰,西南为大雷峰,西为葛阆峰,西北为香炉峰,北为香柏峰,东北为菩提峰。摘星峰分为两支:一至缑城,发为长汀勾章诸山,届东海大嵩管江而止者,左龙也;一至缑城发为象邑诸山,届大瀛海而止者,右龙也。东苍峰亦分两支:一由王爱山过桑州至东奥清渚入沿海而止者,左龙也。一于榧木村、跌断穿、青山头,覆盆山迤衍入大固山,孕临海山川之秀,届章安、芙蓉、桃渚、健跳、周水亭傍而止者,右龙也。狮子峰为欢奥、九析峰、东横山之龙,届大溪而止。大雷峰亦分两支:左为修禅、太平、高明三寺之龙,届幽溪、螺溪而止;右为真觉、后明、清心、传教四寺之龙,开洋为县治,届大溪而止。葛阆峰亦分两支:左为国清、赤城山之龙;右为桐柏之龙,届南奥溪、灵溪、清溪而止。香炉峰为护国寺桃源诸山之龙,届左溪、秀溪而止。香柏峰为慈圣、万年、金庭、上虞诸山之龙,届剡溪、娥江而止。菩提峰为姚江、慈水、定海诸山之龙,届招宝山东北大海而止。②

---

① ［晋］郭璞:《葬书·内篇》。
② 朱封鳌:《天台山方外志·卷1·山源考》,丹青图书公司1985年版,第70—76页。

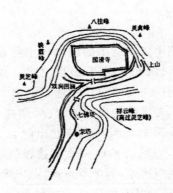

图 2-13　国清寺基址图

天台最高峰为华顶山,国清寺位于丛山之中,寺前有一进山的谷口。为保证"气"的通畅,寺院将门偏向东南,通过门的偏转,使"门口"与"气口"相对(图 2-13),《天台山方外志》描述为:

> 坐后坐五十里大气脉,近十里内一路涧水曲折奔赴,遥相护送,后方来水及左右涧流,绕至巽方全襟流出,寺坐坎宫入桂峰,高插碧空,及艮方琴峰,巽方灵芝峰,兑方祥云峰,五峰环拥,坤方有环绕曲水,遥相映照。①

采用相同手法的还有安徽九华山古拜经台寺和普陀山法雨寺。古拜经台寺前为观音峰,背对天台峰,左为鹰峰,右为金龟峰,四面环山,观音峰与金龟峰之间有一谷口,迫于地势所限,寺院由于平面狭长无法正对谷口,因此将寺门偏倚朝向谷口。② 关于法雨寺,《普陀洛迦新志》载:

> 旧入寺者,路从西,地家谓生气东旺,故改于东首,建高阁三间,供天后象……③

《慈溪保国寺志》卷一"形胜"记载保国寺的选址曰:

---

① 朱封鳌:《天台山方外志·卷 4·山寺考第五》,第 147 页。
② 转引自何晓昕:《风水探源》,第 140 页。
③ 《普陀洛迦新志·卷 5》。

推其发脉之祖,乃从四明大兰而下,至陆家埠过江百余里凸而为石柱山,为慈邑之祖山,转南折东崔嵬而特立者,贸山之顶也,顶之下复起三台,若隐若伏,越数百丈为寺基……又名八面山,堪舆家谓是山乃西来之结脉处。[①]

宁波天童寺,背枕主峰太白峰,东、西、北三方有六峰簇拥,山脊海拔多在 400 米之上,堪称形止气蓄之地。寺坐北朝南,背依玄武太白峰。主峰东西侧分出数脉,左依东峰、中峰、乳峰;右靠钵盂峰,山势呈三面合抱之势,环护两侧,水流汇于明堂(盆地)之中。山势周围植被繁茂,为其他山地所罕见,可谓龙盘虎踞。唯独南面一条大道,遥对气口,为了聚气,在四周护沙、水口及案山广植松木,对庙前水流进行人工处理,使之屈曲环绕寺院,并设计香道,形成长达两公里的松径长廊。万松郁郁葱葱,迂回曲折。寺院前挖有"万工池"。这些设计手法使得寺院聚气藏风,良好的自然风水景观加上人工规划,使得寺院的景观更符合风水的理想模式(图 2-14)。

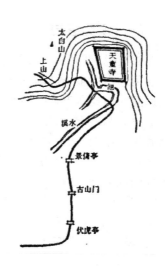

图 2-14　天童寺基址图

寺院的选址不仅考虑"风水"因素,而且对建造时间也很重视,讲究良辰吉时。僧侣们对寺院的风水环境也颇具保护意识,以防破坏原有的风水格局,而招致灾祸。《普陀洛迦新志》卷八记载了普陀山风水环境的保护:

后山系寺之来脉,堪舆家俱言不宜建盖,常住特买东房基地,与太古堂相易,今留内宫生祠外,其余悉栽竹木,培荫道场,后人永不许违禁建造,其寺后岭路亦不得仍前往来,踏损龙脉……犯者摈治。[②]

中国的风水观念同时也受到儒、道、释诸家的哲学和美学的影响,实际上也反映了古代建筑与环境的相互关系,与中国古代"天人合一"的宇宙观

① 《慈溪保国寺志·卷 1·形胜》。
② 《普陀洛迦新志》,转引自何晓昕:《风水探源》,第 135 页。

是完全一致的。它强调人与自然和谐相处,主张人要顺应天道,以自然为本。人只有选择合适的自然环境,才有利于自身的生存和发展。

三、传统经学典籍的影响

(一)须弥意向

佛典说,世界的中心是须弥山,其他大地、山河、星球等都围绕着它排列。须弥山由金、银、琉璃和玻璃四宝所构成,山上宫殿林立、树林郁茂、香气远闻。山高八万四千由旬,山顶上为帝释天,四面山腰为四天五天,周围是七香海和七金山(七轮围山),一层层地围绕着。咸海中有四大洲、八大洲和无数小洲,四大洲也称"四大部洲""四天下",东南西北各一洲。每一大洲各有两个中洲(海岛),共为八个中洲,此外还有无数小洲。四大部洲所处的咸海周围,由铁围山周匝围绕,形成一世界。"须弥山山颠太平地的正中,为此天的主人帝释天的王城……有高一由旬半的金城围绕。地由金铺成,并用五颜六色的杂宝镶饰。王城中为帝释天的宫殿,四周共长一千由旬,城外周围是四苑,苑中各有如意池,池里积满了功德水。城东北有神树高达百由旬,叶茂花繁,妙香芬馥。"[①]

《大乘无量经》也对佛国净土做了如下描述:

> 彼极乐界……以自然七宝黄金为地,宽广平正,不可极限,微妙奇丽,清净庄严,超逾十方一切世界,彼如来国,多诸宝树……各自异行,行行相值,茎茎相望,树叶相问,华实相当,荣色光曜,不可胜视。清风时发,出五音声,微妙宫商,自然相知。是诸宝树,周遍其国。
>
> 有菩提树,高四百万里,其四周围五千由旬,枝叶四布二十万里,一切众宝自然合成,华果敷荣,光晖遍照,复有红绿青白诸摩尼宝,众宝之王以为缨洛,云聚宝锁,饰诸宝柱,金珠铃铎,周匝条间,珍妙宝网,罗复其上,百千万色,互相映饰,无量光炎,照耀无极。
>
> 微风徐动,吹诸枝叶,演出无量妙法音声,其声流布,遍诸佛

---

① 方立天:《佛教哲学》,长春出版社 2006 年版,第 110 页。

国,清畅哀亮,微妙和雅,十方世界音声之中最为第一。[①]

须弥山作为一种最基本的佛国意象,成为佛国境界的一种象征,隋唐以来"天下名山僧占多"的情形也反映了丛林以自然山体象征须弥山的设计意匠。因此,禅僧对山的认识是带有特殊宗教情感的。如径山寺建于天目山东北峰,四周有五峰环抱,中有平地;灵隐寺背倚北高峰,面朝飞来峰,位于两峰挟峙中;天童寺在太白山麓,位于太白山麓主脉山脊围合成的一块盆地上;净慈寺后倚南屏山,前临西湖;阿育王寺面对玉几山,左为育王岭,右是赤莹山峡谷。山地寺院追求景、境统一的环境氛围,为其他宗派所难以比拟。

须弥形象还成为得道证悟的象征,如唐代法钦辞师南下时,玄素点化他说:"乘流而行,逢径则止。"法钦来到杭州天目山时,见东北峰奇险峻拔,气势雄伟,又闻樵夫呼之为"径山",于是顿悟,便在山上募建小屋,结庵传法。游历名山也成了参禅悟道的直接方式。如唐代僧人慧忠就"行无住相,历试名山,五岭、罗浮、四明、天目,白崖倚帝,紫阁摩穹,或松下安居于九旬,或嵌空息虑于三昧"[②]。唐代高僧道悟被形容为:"根果成熟,名称普闻,如须弥山特立大海。"[③]

因此,在寺院环境营造中,多循山之形式,托佛之意蕴,以自然山体作为须弥意象,将寺庙选址于山坡、山顶或山麓处。山顶的红墙黄瓦在云雾中若隐若现,营造了一个佛国之境,仿佛世间之万物尽在佛法之中,塑造出佛法无边的意蕴。须弥山水的建筑意象还传至日本,日本学者冈大路在《中国宫苑园林史考》中记叙,日本推古天皇二十年,百济人路子工归化于日本,在南庭构筑了须弥山形的山和吴桥。这说明须弥意象不但影响佛寺的基址选择,而且也影响了建筑,在各种佛教建筑甚至包括宫殿、坛庙等建筑都有须弥座台基的做法。

隋唐之后,随着禅宗的确立和兴盛,"芥子纳须弥"的佛性平等论得以进一步地弘扬。"芥子",是芥菜的种子;"须弥",是须弥山。在佛教宇宙观里,须弥山是世界的中心,也是佛教众神所居之地,"芥子纳须弥"意即任何微小的物体都能蕴含、映现整个世界,万物皆平等,皆具佛性、含藏一切。

园林中一亭一榭,一泉一石,都不求其壮阔,而求其意。唯其会心,则

① 黄念祖:《大乘无量寿经白话解》,上海佛学书局 1994 年版,第 342—340 页。
② 〔宋〕赞宁:《宋高僧传》,范祥雍点校,第 204 页。
③ 同上,第 232 页。

壶中自有天地,乾隆在《古中盘》一诗中道:"虚亭十笏千峰入,芥子须弥即此不。"小小虚亭,即可映纳千山秀色,这也说明了小型写意园林的景点妙趣。这也是城市佛寺的布景之妙,虽不如山林佛寺的壮阔,然一花一叶却含藏无尽意蕴,道尽湖山真意。

(二)佛教自然山水观

佛教有时也把佛理比成水,修行的终极目的就在于超出苦海,永断轮回,这种解脱又称为"截生死流"。《除盖障菩萨所问经》中,有"水喻菩萨十种善法"之说,水本性清净,可以滋长万物,涤除众垢,以法水普济众生,可令其善芽增长,罪垢荡除。用水的特性来概括菩萨的功德,它可以流润赴下、植善法种、信乐欢喜、坏烦恼根、自体无杂、息烦恼热、止欲渴爱、深广无涯、高下充满,即菩萨以清净法水调熟众生、灌溉菩提,令一切有情皆信乐而生欢喜、破除一切有情烦恼根种、祛除贪嗔痴、祛除有情烦恼火热逼迫和焦渴之苦,使其智慧深广无涯、去粗恶之习,等等。

佛教又把禅定称为禅河。因禅定之水,能灭心火(烦恼),故喻之于河。累积禅行,次第澄心,能消灭心火。《传述一心戒文》卷下曰:"使长流法海,洗幽冥而不竭;永注禅河,涤烦笼而无尽。"[①]《性灵集》曰:"静禅波而涉,开觉华以芳。"[②]因此禅门修行中有一门为"水观",若观法成就,则于水得自然,能随意于身之内外现出水。禅门之中,不乏因水悟入的高僧。如洞山良价经过多年苦修,始终未得真解。一日临水照影,忽然大悟,写下一临水偈:

> 切忌从他觅,迢迢与我疏。我今独自往,处处得逢渠。渠今正是我,我今不是渠。应须恁么会,方得契如如。[③]

佛僧眼中的自然山水等同于本体佛性同一现象的呈现,从东晋起,审美主体、自然山水与佛道之间就已经形成了这种同一性。至隋唐之后,禅僧对自然的崇尚更甚,形成"触类是道"的山水自然观:青青翠竹,总是法身;郁郁黄花,无非般若。自然成为禅道的对应物和统一体。对禅者而言,自然已经带有了鲜明的佛性论色彩,而不仅仅是纯自然而身。

---

① 《大正藏·卷74·传述一心戒文》,第2379页。
② 《性灵集·卷9》。
③ 洞山良价:《逢渠偈》。

禅者将观照自然与观照内心、观照佛性统一起来,将寺院环境建造与参禅证道统一起来。禅宗是儒、道、释相融合的产物,它保留了印度佛教的基本教义,糅合了中国传统思想和思维方式。在汉语中,"行脚僧"又有"游方僧""云水僧"的别号。中国佛教将西域"苦行"的意义弱化,以云水自在的悠然自得超越世俗,摆脱凡尘桎梏。借助于自然山水,禅僧们无往不乐,具有齐生死、等万物的高度自由,因此,对自然山水的崇尚是禅僧们了明佛法、证悟自性的禅佛境界。

禅学将老庄崇尚自然这一审美精神进一步深化,禅理"明心见性",其实质就是破除凡尘俗念等等束缚,回归生命的天然本真。六祖《坛经》中说,只人能够"于一切法不取不舍,即见性成佛道"①,即达到"内外不住,来去自由,能除执心,通达无碍"②的境界。禅家追求心灵的清净如一,不执着于概念思索,证悟自心,要求人们通过回归心灵的自然清净的本来状态,从而获得彻悟后的自由。心性自然无执,则处处可为道场。

(三)中国传统儒道自然观

佛寺景观的营建,浓缩着中国传统哲学文化思想。无论是选址于深山林野,还是于闹市构筑壶中天地,无论是绵延百里的野外环境规模,还是含蕴万物的后院天地空间,都极其鲜明地展现了一种追求自然的宇宙空间特点。

《论语·雍也》曰:

> 知者乐水,仁者乐山,知者动,仁者寿。③

《尚书大传》卷六解释:子张曰:

> "仁者何乐于山也?"孔子曰:"夫山者其然高,其然高则何乐焉? 山,草木生焉,鸟兽蓄焉,财用殖焉。生财用而无私为,四方皆伐焉,每无私予焉。出云风以通乎天地之间,阴阳和合,雨露之泽,万物以成,百姓以飨,此仁之乐于山者也。"④

---

① [唐]惠能:《坛经》,洪修平、白光注评,凤凰出版社 2010 年版,第 31 页。
② 同上,第 33 页。
③ 杨树达:《论语疏证》,上海古籍出版社 1986 年版,第 145 页。
④ 孟庆祥、孟繁红:《孔子集语译注》,黑龙江人民出版社 2004 年版,第 44 页。

孔子以山水来比喻人的思想品德,是中国山水美学"比德"说的主要创立者,提出自然山水审美的重要理论。"知者乐水,仁者乐山"对后世产生了巨大影响,这也向我们揭示了儒家崇尚自然的实质:把人的精神品质同自然现象相联系。自然同人的精神生活、人的内在情感要求密切联系在一起。

儒学不排除自然,人与自然的关系是"天人合一",这样的思想也使中国人在建筑的选址方面注重人和自然环境的关系,注重群体的组织关系,虚实结合,与大地相依,体现了与自然相适应、相协调的观念。

儒家思想更多地体现在"礼制"上,体现在寺院建筑布局上。关于建筑及基址的选择,道家的观念显得更为深刻。《淮南子·地形训》中有关于昆仑仙境的描述:

> 掘昆仑虚以下地,中有增城九重,其高万一千里百一十四步二尺六寸。上有木禾,其修五寻。珠树、玉树、琁树、不死树在其西,沙棠、琅玕在其东,绛树在其南,碧树、瑶树在其北。旁有四百四十门,门间四里,里间九纯,纯丈五尺。旁有九井玉横,维其西北之隅。北门开以内不周之风。倾宫、旋室、县圃、凉风、樊桐在昆仑阊阖之中,是其疏圃。疏圃之池,浸以黄水,黄水三周复其原,是谓丹水,饮之不死。①

道教中理想的寺观模式与现实中的园林环境无异,《地形训》中描述的仙境在昆仑山上,城内东、南、西、北种植各式名贵树木;道观规模庞大,山门重重;寺观周围风景秀丽,有古井,飞瀑、深潭等景物,城中还有一天池,其水能让人饮之长生不老。道教追求的园林仙境,充满着世俗的意味,将园林与仙境结合在一起。《抱朴子内篇》描述:

> 仙经曰:九转丹,金液经,守一决,皆在昆仑五城之内,藏以玉函,刻以金札,封以紫泥,印以中章焉。吾闻之于先师曰:一在北极大渊之中,前有明堂,后有绛宫;巍巍华盖,金楼穹隆;左罡右魁,激波扬空;玄芝被崖,朱草蒙珑,白玉嵯峨,日月垂光;历火过水,经玄涉黄;城阙交错,帷帐琳琅;龙虎列卫,神人在傍。②

---

① [西汉]刘安:《淮南子全译·地形》,许匡一译注,贵州人民出版社1993年版,第229页。

② [晋]葛洪:《抱朴子内篇全译》,顾久译注,贵州人民出版社1995年版,第461页。

道家描绘的佛寺仙境，建筑、植物、山体和谐共生，体现了道家尊重自然、爱护自然并美化自然、与自然合一的思想，对中国山水美学产生了深远影响。老庄道家哲学中本亦浸透了浓重的"山水精神"①。老子以"道"为最高范畴，"道生一，一生二，二生三，三生万物"②。"道"是宇宙之本，永恒法则。"人法地，地法天，天法道，道法自然。"③老子的"道法自然"的思想，在庄子那里得到继承并发展，并将自然更加审美化和艺术化，庄子认为人与自然是平等的，人要投入自然的怀抱，"天地有大美而不言，四时有明法而不议，万物有成理而不说。圣人者，原天地之美而达万物之理，是故圣人无为"④。庄子认为只需站在自然的立场上，对万物一视同仁，我们就能从自然中体验到一种审美。

与规模庞大的园林环境相比，道家似乎更注重于小环境式的葫芦式仙境，中华大地上，凡是神仙居住之地皆以"洞府"称之。如三十六洞天、七十二福地，"壶天"或"洞天"也是道教神话传说中的私家园林仙境，葛洪《神仙传·壶公》载：

　　壶公者，不知其姓名。今世所有招军符，招鬼神治病王府，符凡二十余卷，皆出于壶公，故总名为壶公符。汝南费长房为市掾时，忽见公从远方来，入市卖药，人莫识之。其卖药口不二价，治百病皆愈，语买药者曰："服此药必吐出某物，某日当愈。"皆如此言。得钱日收数万，而随施与市道贫乏饥冻者，所留者甚少。常悬一空壶坐其上，日入之后，公辄转足跳入壶中，人莫知所在。唯长房于楼上见之，知其非常人也，长房乃日日自扫除公座前地，及供馔物，公受而不谢，如此积久。长房尤不懈也不敢有所求，公知长房笃信，语长房曰："至暮无人时更来。"长房如其言而往，公语长房曰："卿见我跳入壶中时，卿便随我跳，自当得入。"长房承公言为试，展足不觉已入。既入之后，不复见壶，但见楼观五色，重门阁道，见公左右侍者数十人。公语长房曰："我仙人也，忝天朝职，所统供事不勤，以此见谪，蹔还人间耳，卿可教，故得见我。"⑤

①　李文初等：《中国山水文化》，广东人民出版社1996年版，第114页。
②　桑英波、廖春敏：《老子》，西苑出版社2010年版，第32页。
③　同上，第20页。
④　转引自张节末：《禅宗美学》，浙江人民出版社1999年版，第139页。
⑤　［晋］葛洪：《神仙传校释》，胡守为校释，中华书局2010年版，第307—308页。

　　这种壶天模式突出了四壁围合与屏蔽的空间环境,反映了中国人心目中对仙境理想化和抽象化的过程。一石可代一山,盆池可代江湖。层次丰富,空间分隔多,空间灵活渗透、虚实相涵,咫尺之间可置泉石,方圆百里筑山造海,方寸之地涵盖天地万物,正所谓"咫尺千里,回味无穷"。

　　道法自然的精神在魏晋南北朝时期形成风气,山水自然也成为文士们实现率真天然之趣的现实依托。这种乐趣引起了人们对自然美的关注与欣赏,山水风景也成为一种独立的欣赏对象。在魏晋南北朝以来形成的"崇尚自然"的传统美学思潮的影响下,后来的寺、观择址尤为注重对自然环境的选择。自然山水的宗教价值对人们具有一定的精神寄托作用。进入山林修道,从另一个侧面说明人们的山水审美意识转向了自然的深处——大山,人烟稀少的山林地带,人才能站在自然的立场上,感受自然的独特情境,思索生命的神奇。中唐、两宋时期,这种"以小观大"的园林空间营造水平趋向成熟,"壶中天地"成为古典园林营建的一个基本空间形态。

第三节　浙江禅寺选址的环境特征

一、因地制宜

　　择址于山林环境中的寺庙园林,高山泉水、丛林湖溪为寺庙提供了自然的寺外园林环境,自然地貌很难进行大规模的改变,而其独特的地形反而赋予佛寺建筑不同凡响的营建效果。佛寺结合山林环境,在彼此协调顺势中求得统一。

　　选址于地势平坦之处的佛寺,建筑物一般根据地形因地制宜处理,各式殿堂顺应山势,每一进庭院配合地形,因循就势。如浙江鄞州区的天童寺,位于太白山麓,建筑随应山之坡之势,中轴线上自低到高建有万工池、天王殿、大雄宝殿、法堂,罗汉堂等及各式庭院,中轴后部罗汉堂及两侧的配殿则随地形灵活布局。鄞州区的阿育王寺亦然,体现了佛寺建筑与天然地形环境的高度契合。

　　而选址于地势较陡峻地段上的佛寺,建筑也往往顺应地形,并未修筑宽大的平台,而处理成阶梯式或变层式,通过建造迂回曲折的石磴道,统一佛寺整体布局。如诸暨白云禅院,绝大多数佛寺因循山林地势,体现了僧匠对山林佛寺营造的因地制宜观念。

佛寺与地形环境的结合并非完全的被动适应,有些佛寺恰恰因为地形特征而得以强化,通过对比使建筑与原有的地形地势获得统一。如温州江心寺,选址于瓯江下游的江心孤岛上,东西有两峰崛起,古代僧匠因地制宜,在东西两峰下各置一禅院,并在峰顶各设一宝塔,使"亭亭古塔两峰起",寺与大自然在对比中构成一个和谐统一的整体。再如,天台方广寺,选址于山崖之巅,高耸的建筑强化了原有的天然地势,使佛寺与天然山崖浑然一体,相互融合。

二、自由选址

寺院的选址具有极大的灵活性,寺院多占据风景优美的名山胜景区,在群山峻岭、沟壑溪谷等等生活便利的不同的天然的风景区建造庞大的建筑群。使其"自成天然之趣,不烦人事之工",着力于"因地制宜","景到随机"。

"相地合宜,构园得体",这也是《园治》中对造园选址重要性的精辟论述。寺庙选址首先得考虑其使用功能,保证有良好的生活条件,首先满足僧众的生存需求。寺庙附近必须有水源、林木等能够解决生活需求的物质环境,还要保持庙宇生活的供给,要有朝阳、背风、通风较好的小气候,能够保证生活舒适。寺院基址地势要高,同时又要隐幽,交通便利,既保持清静,又要方便香客,这也是构成寺院得以存在的必要条件,也成为寺庙"选址"的重要条件。

名山大川中,旅游生活以"观山望景"为主要内容,风景地貌是吸引游客信徒、保证香火的重要手段。因此,优美的风景,可以使寺因景增色,借景扬名。良好的山景,借助于自然环境灵山秀水之势营造出"人间圣地""仙山琼阁"虚幻的天国境界,让僧众、信徒置身其中爽志清神,更好地达到宣扬宗教的目的。因此,寺院选址一方面要结合生活,另一方面要考虑风景地貌,作为寺院环境开发的战略性措施。

我国名山,常以这险、峻、奇、拔、丽、幽等特征称誉天下,这些风景特征所表现出的自然美,为寺庙环境的开发提供了无与伦比的绝美构景素材。天然景致,再加以人工美化,情景交融,从而创造出意境深邃的寺院景观环境。"僧占名山",也反映出僧侣对宗教基地选择的精心。凡兴建寺宇,主持总要委派弟子云游名山,选择山水佳丽之地。唐代禅师"命弟子至江南选山水佳丽,将以终老",以至佛道两派为争夺名山而大动干戈,可见寺院风景地貌的择址对宗教的重要作用。

　　寺院环境的营造已不再局限于它的宗教意义,而更多地考虑其观景、造景功能。为了有利于观景、造景,甚至不惜打破传统布局的常规,随山势起伏,采用不同形式的布局方式,不再追求对称。寺院或选址于悬崖峭壁之上,以求出奇制胜;或选址于山麓沟壑,追求旷奥幽深;或选址于河郊湖海,使其开阔旷远。

三、容量浩大

　　寺院环境作为公共浏览场所,是香客信徒、文人墨客云集的场所。因此,寺院环境要求具有较大的空间容量。加上山林水泽、悬崖险峰等自然景观,其环境的空间容量是巨大的,视野广阔,具有深远、丰富的空间层次,既观于咫尺之下,又远观百里之野,寺院环境的景观深度、广度都十分丰富,形成强烈对比的立体化的空间环境。

　　在浩大的空间环境中,景观和建筑的分布疏密相间,一般由近到远,由密到疏,景区往往呈分散的布局态势。主次干道相互穿插、延伸,既要满足寺庙中浏览和寺庙佛事活动的要求,另一方面又要提供人流在饱和状态时疏散、漫延的可能,使浩大的空间容量具有一定的弹性。

　　寺院环境所在之处,往往具有优越的自然风景条件,加上不计其数的人工造景,林泉、溪水、沟壑、山峰等千变万化的自然景观,加上丰富多彩的历史文化、名胜古迹,给寺院环境提供了丰富的景观资源,创造了多彩的寺院园林景观。浙江的湖山多因寺而成景,形成以佛寺为中心的大型景区,其中尤以西湖风景区最为典型,西湖南北两山,梵宫林立,楼阁遍布,北宋潘阆《酒泉子》赞曰:

　　　　长忆钱塘,临水傍山三百寺。僧房携杖遍曾游。闲话觉忘忧。栴檀楼阁云霞畔。钟梵清宵彻天汉。别来遥礼只焚香,便恐是西方。

　　西湖众多佛寺因山就水,散布于山水林泉间,成为西湖风景区的主要景点。梵宇与湖光山色相互辉映,香烟萦绕,钟鼓悠扬,形成带有浓郁佛教色彩的风景胜境。

本章小结

　　本章重点论述了浙江禅寺选址的特征，以及影响禅寺选址的因素。文中详细论述了寺院依山取势的两种形态，并详细分析了临江、临海、临湖、临溪和位于城镇街巷的寺院选址特征。天然的自然景观给禅宗寺院的选址提供了良好的条件，中国传统文化影响着禅寺选址的地形和方位。禅宗提倡坐禅和静虑，摒除杂念，以证悟自心，达到成佛的境地。因此，隔绝尘寰的环境、远离闹市的山林地带是寺院选址最理想的区域。

　　文中还详细论述了传统文化对寺院选址的影响，深入剖析传统风水学、儒家"孔"制以及佛教典籍对寺院选址的影响。中国佛寺的选址更多地受"风水"的影响，相地选址，一直是风水的主题和首要使命，几乎每一个佛寺志中都有关于其寺背倚山水的详尽描写。从宋代净土宗的盛行开始，佛经中对西方净土世界极尽所能的描绘，也是影响后来寺院基址选择的因素。西域佛教创建初期，佛教精舍的创建就与优美的园林环境紧密相连，也使佛教僧侣对野外园林环境尤为尊崇。那些择址于奇险山地的佛寺，往往给信众带来对佛国仙境的无限遐想，有的人甚至借用自然高谷，人为制造出奇险的幻境，给居住其中的僧侣在心理营造出一种佛国仙境之感，也为步入其中的信徒、香客制造浓郁的宗教神秘之感。浙江地区的山体地段，具有高、远、深、险、幽、僻的旷奥奇险的特色，藏风聚气、龙砂走穴，其得天独厚的地理环境，成为佛寺选址的理想场所。

第三章　浙江禅寺的建筑与空间布局

　　中国传统建筑的一个重要特性就是在构成上的相似性和类型上的相通性,如中国的佛寺、道观和祠庙这三类建筑,其形态上便十分相似,没有太多区别。就佛寺而言,随着时代的发展以及宗派的不同,其主要差别便体现在布局形态和建筑内容上。任何一种佛寺的建筑形态都是历经了相当长时间的演变,同时与其他形态交错并存的,无论是佛寺平面布局还是单体建筑形态,都是在中国传统文化的基础上,吸引外来佛教文化并加以改造的过程。"后汉时人舍宅为寺也好,北魏人起佛塔、凿岩窟也好或隋唐人造廊院寺也好,都不过是以其对佛陀、寺塔、伽蓝的理解,创造一个供养佛陀菩萨之地,便利僧徒修行之所而已。"[①]自中唐以后,随着禅宗寺院的兴起,佛教寺院在建筑布局上发生了很大改变,其形制脱胎于传统寺院,同时在传统寺院基础上进行改造,这种新兴禅院的布局模式构成了后世汉地佛寺的基本格局。

第一节　印度原始佛教建筑

一、古印度佛教

　　公元前 6 世纪释迦牟尼创立佛教,至公元前 4 世纪末孔雀王朝两百年间,是佛教的早期,也被称为"原始佛教"时期。孔雀王朝第三代国王阿育王(约公元前 273 或 268—前 323 在位),是印度历史上第一个统一大帝国的统治者,在出征羯陵伽王国时,因屠杀过多羯陵伽人而忏悔,最后皈依佛教,《印度美术史话》中记载:

---

① 傅熹年:《中国古代建筑史》(第 2 卷),中国建筑工业出版社 2009 年版,第 168 页。

公元前 261 年,阿育王征服了印度东海岸奥里萨的独立王国羯陵伽。羯陵伽战争空间残酷,"15 万人畜被俘离乡,10 万人被杀,数倍于此者死于战乱"。在阿育王第 13 号崖刻诏书中以忏悔的口吻宣称:"在占领羯陵伽之后,朕开始遵从达摩,笃爱达摩,宣讲达摩。征服一个未曾被征服的国家,必然意味着杀戮、死亡和放逐,因此朕对征服羯陵伽人深感悲痛和悔恨……朕而今认为只有达摩的胜利才是最高的胜利……精神上的征服才是唯一真正的征服。"……羯陵伽战争是阿育王一生的转折点,孔雀帝国的穷兵黩武政策随着羯陵伽战场上的最后一声哀鸣而结束,从此"战鼓之声变成了达摩之声"。

阿育王的"达摩"(Dharma),意译为"法",泛指宗教虔诚精神、伦理道德规范和社会公正准则……传说阿育王皈依了佛教,成为"佛教的亲戚"。他曾经巡礼佛教圣地,赞助佛典的第 3 次结集,敕建"八万四千"佛塔,捐赠精舍,派遣传教使团到西亚、埃及的希腊化诸国和斯里兰卡、缅甸等地传播佛教……从阿育王时代开始,佛教从恒河流域的一个地方教派,逐渐发展成传遍亚洲的一大世界宗教。[①]

在阿育王的提倡下,孔雀王朝利用了大量的人力、物力和财力宣传佛教。佛陀涅槃后,舍利被分为 8 份建塔埋藏,阿育王开取 7 塔舍利分散保存在赡部洲建造的八万四千塔中。玄奘所撰的《大唐西域记》中到处提及窣堵波(又称窣堵坡),即为此塔。同时阿育王还敕令在孔雀帝国的各个交通要道和佛教圣地树立石柱,铭刻诏谕,弘扬达摩。并在印度比哈尔邦巴拉巴尔丘陵开凿石窟捐赠给邪命外道苦行者,这些石窟后来为印度支堤窟、毗诃罗等石窟的修建提供了原型。塔、石柱、石窟和国王捐赠的精舍成为印度最早的佛教建筑。

---

① 王镛:《印度美术史话》,人民美术出版社 1999 年版,第 21—22 页。

二、印度原始佛教建筑

(一)石柱

阿育王皈依佛教后,为了宣传佛教,敕令在各个交通要道和佛教圣地树立高大的纪念圆柱,俗称"阿育王石柱"。柱身上用梵文镌刻诏谕和佛法名言,诏谕明令禁止杀牲献祭。这一石柱形象用于宣扬佛教悲悯众生,关爱动物的精神。石柱顶端一般装饰有石狮、大象、瘤牛或马等动物雕像,石柱底部没有柱础,柱身挺拔,这是一种纯纪念碑式的独立圆柱,也"正是印度神话的宇宙之轴或宇宙之柱(axis mundi)的象征"[①]。

鹿野苑石柱在现存石柱中最具象征意义。鹿野苑相传是佛陀初次说法、初转法轮的圣地,石柱也是为了纪念佛陀在鹿野苑初转法轮而设。光环和轮是古代中东地区用来表示最伟大的神或智慧的符号,起源于太阳象征符号,是吠陀太阳神出身的印度教大神毗湿奴的持物,在佛教中象征着佛法。因此,鹿野苑阿育王石柱顶端为 4 个巨大的连体雄狮,背驮一个巨大的石雕大法轮,这一柱头也意味着阿育王借助于宗教的转轮圣王佛陀的达摩,对世界进行精神征服。玄奘在《大唐西域记·鹿野伽蓝》中记载这根阿育王石柱:

> 精舍西南有石窣堵波,无忧王建也。基虽倾陷,尚余百尺。前建石柱,高七十余尺。石含玉润,鎜照映徹。殷勤祈请,影见众像,善恶之间相,时有见者,是如来成正觉已初转法轮处也。[②]

在古印度,还有一种神圣的献祭树,由祭司在森林中专门采伐神树精刻而成,用于巫祭礼仪。这种献祭柱也即宇宙之柱的象征,具有稳定大地和支撑天宇的作用。这种献祭柱的变体形式还表现为印度的窣堵波,象征世界的中心,支撑天地,沟通天地,如印度佛教中象征世界中心的须弥山。因此,鹿野苑石柱顶端四种动物,大象象征东方,马象征南方,公牛象征西方,狮子象征北方,它们结合在一起象征宇宙四方,柱体立于宇宙的中心。由印度窣堵波演变而来的中国或日本的佛塔,也深深蕴含着"宇宙之柱"的

---

① 王镛:《印度美术史话》,第 24 页。
② [唐]玄奘:《大唐西域记校注》,季羡林等译注,第 562—563 页。

宗教内涵。

(二)窣堵波

窣堵波,印度佛教建筑的一种形式,在中国传统佛教中,一般将窣堵波译为"坟墓",即埋葬佛骨与佛遗物的陵墓。现在大多数学者认为窣堵波可追溯到佛教出现以前的吠陀时代(约公元前6000—前5000)雅利安族显贵们的坟墓,甚至还早于此。在古印度佛陀时代,由于佛教流行,促成窣堵波的大量建造,《大唐西域记·佛舍利窣堵波及诸遗迹》载:

> 舍利子证果东南,有窣堵波,是吠舍厘王之所建也。佛涅槃后,此国先王分得舍利,式修崇修。《印度记》曰:此中旧有如来舍利一斛,无忧王开取九斗,唯留一斗。后有国王复欲开取,方事兴功,寻则地震,遂不敢开。①

《大唐西域记·迦兰陀竹园》载:

> 佛舍利窣堵波　　迦兰陀竹园东有窣堵波,阿阇多设咄路王之所建也。如来涅槃之后,诸王共分舍利,末生怨王得以持归,式遵崇建,而修供养。无忧王之发信心也,开取舍利,建窣堵波,尚有遗余,时烛光景。
> 阿难半身窣堵波　　末生怨王窣堵波侧窣堵波,有尊者阿难半身舍利。昔尊者将寂灭也,去摩揭陀国,趣吠舍厘城,两国交争,欲兴兵甲。尊者伤愍,遂分其身,摩揭陀王奉归供养,即斯胜地,式修崇建。②

《长阿含经》说佛在拘尸国入灭时,波婆国欲分舍利,在本国供养,拘尸国拒绝,于是波婆国、遮罗颇国、罗摩伽国、毗留提国、迦毗罗径国、毗舍离国及摩揭陀国各发大军进渡恒河,请分舍利,酿成八国之战,取生八分舍利,各国皆得舍利而归,并建八座窣堵波以供养之。佛灭寂大约二百年前后,阿育王时期(公元前273—前232),迎来窣堵波塔的第一次大规模建造。据佛经记述,阿育王建八万四千塔,专门用于藏放各地的佛舍利。"阿育王

---

① ［唐］玄奘:《大唐西域记校注》,季羡林等译注,第589—590页。
② 同上,第735—736页。

时代,窣堵波已经成为典型的佛陀的象征。"①著名的有桑奇大窣堵波(图 3-1)。整座建筑由台、覆钵、平头、竿、伞五部分组成,最下为圆形的台,台上为半球形覆钵。随着佛教的广泛传播,至阿育王时代,建造佛塔已成为一件普通的事,一般寺院都建有佛塔,塔中也未必要藏舍利。如阿育王时代的那烂陀寺院,在规模宏大的寺院中,每二三所僧房前就布置一座窣堵波型佛塔。"窣堵波作为佛陀的象征形式,并渐渐变成早期佛教中的主要崇拜对象,这样一种文化演绎过程,使得窣堵波及其变体——中原汉地佛塔,以及后来的喇嘛塔或东南亚佛塔等,也被作为佛陀的象征,而具有了佛教中的至尊地位。"②

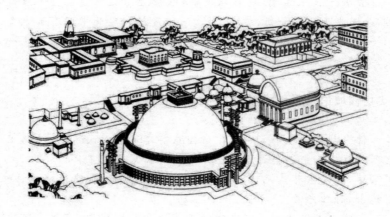

图 3-1 桑奇大窣堵波

在公元前 2 世纪贵霜王朝时代,桑奇大塔的造型开始发生变化,塔基、塔身和塔刹都被大大地拉高。此后,桑奇大塔在亚洲广泛流传,随着各国的文化方向各自发展。它们传入中国后,与中国固有的建筑形式与文化传统相结合,发展成中国式佛塔。按类型来分,"中国的古塔可分为楼阁式塔、内部楼阁式外部密檐式塔、无缝塔、密檐式塔、喇嘛塔、宝箧印塔、幢式塔、五轮塔、金刚宝座式塔等,其中楼阁式塔的数目最多"③。以佛塔为中心的早期寺庙,成为汉魏时期的主要佛寺形式。

---

① 王贵祥:《东西方的建筑空间》,百花文艺出版社 2006 年版,第 135 页。
② 同上,第 136 页。
③ 张驭寰:《中国古塔集萃》,天津大学出版社 2010 年版,第 1 页。

（三）精舍

根据佛经记载，释迦牟尼在悟道弘法之初，其居所与弘法的空间并无限制，佛陀最初在鹿野苑露天的场地进行布道说法。随着佛陀的影响日益扩大，频婆罗国王在王舍城的迦兰陀林中建造精舍，赐予佛陀，称为竹林精舍。关于迦兰陀"精舍"，《释迦竹园精舍缘记第十九》记载：

> 摩竭王瓶沙。作如是念。世尊若初来所入处。便当布施作僧伽蓝。时王舍城有迦兰陀竹园。最为第一。时佛知王心念即往竹园。王遥见世尊来。即便下象。取象上褥叠为四重。敷已。白佛言。愿坐此座。世尊即就座而坐。时瓶沙王捉金澡瓶。授水与佛白言。此王舍城。迦兰陀竹园最为第一。今以奉施愿慈纳受。佛告王言。汝以此园施佛及四方僧。何以故。若是佛所有。若园若房若衣钵等物。一切天人魔梵沙门婆罗门。无能用者。悉应恭敬如塔寺法。即如佛言。我今以此竹园施佛及四方僧。愿慈愍故为我纳受。时世尊说偈。劝喻瓶沙王。即敕巧匠。即日营立堂房楼阁雕文刻镂宝物庄严。通水造桥泉井给施。愿常受用使福无尽。①

《大唐西域记》载：

> 山城北门行一里余，至迦兰陀竹园，今有精舍，石基砖室，东辟其户。如来在世，多居此中，就法开化，导凡拯俗，今作如来之像，量等如来之身。
>
> 初，此城中有大长者迦兰陀，时称豪贵，以大笔园施诸外道。及见如来，闻法净信，追惜竹园居彼异众，今天人师无以馆舍。时诸神鬼感其诚心，斥逐外道而告之曰："长者迦兰陀当以竹园起佛精舍，汝宜速去，得免危厄。"外道愤恚，含怒而去。长者与此建立精舍，功成事毕，躬往请佛。如来是时遂受其施。②

关于精舍的建置，"佛经记载，精舍共有大院十六座，楼阁五百，讲堂七

---

① 《大正新修大藏经·释迦竹园谱·卷3》。
② ［唐］玄奘：《大唐西域记校注》，季羡林等译注，第734—735页。

十二所,佛陀及其弟子千人在此修行"①。《大唐西域记》里这样描述:

> 竹林园西南行五六里,南山之阴,大竹林中有大石室,是尊者
> 摩诃迦叶波在此与九百九十九大罗汉,以如来涅槃后,结集三藏。
> 前有故基,末生怨王为集法藏诸大罗汉建此堂宇……大迦叶波集
> 结西北,有窣堵波,是阿难受僧诃责,不预结集,至此宴坐,证罗汉
> 果,证果之后,方乃预焉……竹林精舍北,行二百余步,至迦兰陀
> 池,如来在昔多此说法。水既澄清,具八功德,佛涅槃后,自卫队
> 涸无余。迦兰陀池西北,行二三里,有窣堵波,无忧王所建也,高
> 六十余尺。傍有石柱,刻记立窣堵波事,高五十余尺,上作象形。②

此后,根据佛经记载,佛陀在王舍城竹林精舍传教弘法,弟子逐渐增
多,发心供养的人也与日俱增。舍卫国给孤独长者皈依在佛陀座下,迎请
佛陀带领弟子们去舍卫国说法,教化国人。给孤独长者用重金买下波斯匿
王的儿子祇陀王子的祇园,并建精舍,赠予佛陀。因此,此园用两人的名字
命名为"祇树给孤独园",又称为"祇园精舍"。《金刚经新解》里有这样的
描述:

> 如是我闻:一时佛在舍卫国,祇树给孤独园,与大比丘众千二
> 百五十人俱。尔时世尊,食时著衣持钵。入舍卫大城乞食。于其
> 城中次第乞已,还至本处。饭食讫,收衣钵,洗足已,敷座而坐。③

"祇园精舍是佛陀在世时规模最大的道场,占地约七甲,七层楼高,庄
严富丽,环境优美,好比人间天上,胜过竹林精舍。僧房计有数百栋,此外,
礼堂、讲堂、集会堂、休养堂、盥洗室、储藏室、诵读室、运动场等,应有尽有,
设备齐全,比之憍萨罗王宫,有过之而无不及,实为天下第一福地。"④可见
印度史上出现的第一座佛寺,其来源便不同凡响,规模庞大,环境优雅,为
佛陀及其弟子生活起居和弘法的场所。

关于祇园精舍,《释迦只洹精舍缘记第二十》载:

---

① 王贵祥:《东西方的建筑空间》,第144页。
② [唐]玄奘:《大唐西域记校注》,季羡林等译注,第737—743页。
③ 荆三隆:《金刚经新解》,太白文艺出版社2007年版,第2页。
④ 释清净:《楞严经讲记·卷1》。

　　舍卫国王波斯匿。有一大臣。名曰须达。居家巨富财宝无限。好喜布施赈济贫乏及诸孤老。时人因行为其立号。名给孤独……舍卫城中人多信邪。难染圣教。须达白佛。唯愿如来。垂神降屈临赴舍卫。使中众生除邪就正。世尊告曰。出家之法与俗有别。住止处所应当有异。彼无精舍云何得去。须达白佛言。弟子能起。愿见听许。世尊默然须达辞往……

　　从王舍城至舍卫国。还来到舍。共舍利弗案行诸地。何处平博中起精舍。案行周遍无可意处。唯王太子只陀有园。其地正平其树郁茂。不远不近正得处所。舍利弗告须达言。今此园中宜起精舍。若远作之乞食则难。近处愦闹妨废行道。须达欢喜到太子所。白太子言。我今欲为如来起立精舍。太子园好今欲买之。太子笑言。我无所乏。此园茂盛。当用游戏逍遥散志。须达慇懃乃至再三。太子贪惜增倍求价。谓呼价贵当不能买。语须达言。汝若能以黄金布地。令间无空者便当相与。须达曰诺。听随其价。太子只陀言。我戏语耳。须达白言。为太子法不应妄语。妄语欺诈。云何绍继抚恤人民。即共太子欲往讼了。时首陀会天。以当为佛起精舍故。恐诸大臣偏为太子。即化一人下。为评详语太子言。夫太子法不应妄语。已许价决不宜中悔。遂断与之。须达欢喜。便敕使人象负金出。八十顷中须臾欲满。残有少地。须达思惟何藏金足。不多不少当足满之。只陀问言嫌贵置之。答言不也。自念金藏何者。可足当补满之。只陀念言。佛必大德。乃使斯人轻宝乃尔。教齐是止勿更出金。园地属卿树木属我。自起门屋上佛。共立精舍……[1]

　　最初的佛教僧团沿用古印度其他宗教的一些制度，一般散居于各处，于树林苦修，而在雨季，他们便寻找安居场所，听师讲法。"渐渐地这种雨季暂住的精舍，也就变成了常住场所，这恐怕就是佛教伽蓝的开始。"[2]除了上述两处精舍，佛陀还曾在"那摩提叶精舍"暂住，跋蹉国也曾为佛陀提供"瞿师罗园精舍"暂住。随着佛教的广泛传播，古代印度佛寺建造不断发展，至阿育王时期，建造佛寺已成普遍的事，在当时最为著名有那烂陀佛教寺院，根据《大唐西域记》《大唐西域求法高僧传》以及《宋高僧传》等

---

① 《大正新修大藏经·释迦竹园谱·卷3》。
② 王贵祥：《东西方的建筑空间》，第144页。

著作的描绘,那烂陀伽蓝配置规模宏大雄伟,建筑壮丽,藏书丰富,僧侣数目众多,成为当时著名的佛教学术中心。

(四)毗诃罗与石窟寺

在印度原始佛教中,须通过两种方式才能达到大彻大悟的觉悟的境界,一是"苦修",二是"参悟"。这两种修炼方法包含了两个内容,一是听讲佛法,二是个人独自证悟。由这两种修炼方法衍生出了佛教建筑的两种基本单元,一是法堂或讲堂,二是所谓"毗诃罗"。法堂或讲堂为高僧讲经传法之处,而"毗诃罗"指的是出家僧人集体居住静修的精舍、僧院、学园,后来亦泛指寺院。这些小空间与讲堂构成了佛寺最初的雏形。

毗诃罗作为佛教建筑的一种形式,一般为独立的小室,也称禅房窟。其形制为平面方形或长方形,有前厅或门廊。大厅有三面墙壁,辟有方形单人小室数间,后壁供奉佛像。毗诃罗窟也反映了小乘佛教的一种修行方式——坐禅。僧徒们在这些寂静的洞窟中端坐冥思,以证悟佛法,这些小洞是他们禅定的住所,也是居住的地方。一些比丘为了逃避城市的喧嚣,开始在偏僻的山野里建造毗诃罗,有些商人也为比丘们提供赞助。如佛经载,王舍城的商人一天为比丘们建造了六十处毗诃罗。据萧默研究:"印度的毗诃罗式石窟甚多,如著名的阿旃陀石窟,全部26个洞窟中,就有22个是毗诃罗窟,开凿于公元前二世纪到公元七世纪。这种毗诃罗窟的布局大体上都是围绕一个较大的方形窟室,除正面入口外,在左右壁和后壁,开凿一些

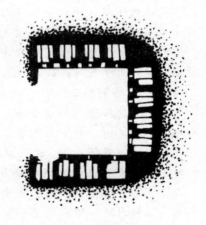

图 3-2　阿旃陀第 12 窟僧房平面图

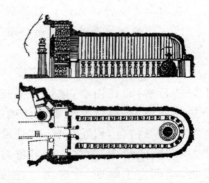

图 3-3　卡尔利支提窟平面剖面图

小的支洞。"①这些"毗诃罗"规模较小,有木构的,也有石窟洞穴。这些石窟实际上已具备寺院的规模形制,石窟四周设僧房,洞窟的深处凿佛龛,佛龛前还有僧舍环绕的较大的空间(图3-2)。

除了"毗诃罗"式石窟寺外,印度佛教中还有一种支提窟的形式。"支提"意即没有藏纳佛舍利的佛塔。一些支提窟以砖木营建,呈石窟状,窟内置塔,初为覆钵式,后逐渐演变为方形。从毗诃罗到支提,大体上经历了一个从简单到复杂,从单独到群居的演变过程。这些木构楼房,亦开始由最初的原始简陋,渐渐变得华丽宏伟。而石窟寺也不是短时间内形成的。由挖凿僧房居所开始,再在僧房前增加塔楼、坛台。多数窟洞如居室,呈方形或长方形的布置,僧舍和佛堂相结合,起初只是供高僧大德们聚集修习,后面便形成正方形主殿,成为弘法讲经处(图3-3)。这种略带随机性组合的"聚集式"空间石窟寺形式,深刻地影响了后世佛教寺院的建筑,对中国魏晋南北朝时期的石窟亦产生了巨大影响。

第二节　中国汉地佛教寺院建筑

一、中国汉地佛教寺院建筑形制

(一)佛教初期寺院和石窟寺

1. 佛教初期寺院

南北朝时期是中国佛教寺院建筑发展的分水岭。东汉至南北朝时期,佛教刚刚传入中国并开始逐步发展,这一时期佛寺不断扩充至完善。此时的佛教建筑,多以塔寺为主体,对佛寺的称呼多为"浮屠祠"。阿育王时代,在中土已出现佛寺建筑,《魏书·释老志》曰:

> 于后百年,有阿育王,以神力分佛舍利,役诸鬼神,造八万四千塔,布于世界,皆同日而就,今洛阳、彭城、姑臧、淄博皆有阿育王寺,盖承其遗迹焉。释迦虽般涅槃,而留影迹爪齿于天竺,于今

---

① 萧默:《敦煌建筑研究》,中国建筑工业出版社2002年版,第42页。

犹在。中土来往,并称见之。①

汉章帝时(公元 76—89),楚王英在汉地建浮屠祠,《魏书·释老志》
记载:

> 汉章帝时,楚王英喜为浮屠斋戒,遣郎中令奉黄缣白纨三十
> 四,诣国相以赎愆。诏报曰:"楚王尚浮屠之仁祠,洁斋三月,与神
> 为誓,何嫌何疑,当有悔吝。其还赎,以助伊薄塞、桑门之盛馔。"
> 因以班示诸国。②

三国时期,中原汉地开始建造佛塔。佛塔的建立,也是佛教进入某个
地区的显著标志,学术界把东汉白马寺当作汉地第一座佛教寺院。汉魏时
代,佛塔和佛陀在宗教上具有相同的象征意义。佛塔是佛教徒最初信仰和
礼拜的对象之一,是僧侣传教布道的主要方式。据《魏书·释老志》载:

> 魏明帝欲坏宫西佛图。外国沙门乃金盘盛水,置于殿前,以
> 佛舍利投之于水,乃有五色光起,于是帝叹曰:"自非灵异,安得尔
> 乎?"遂徙于道东,为作周阁百间。佛图故处,凿为濛氾池,种芙蓉
> 于中。后有天竺沙门昙柯迦罗入洛,宣译诚律,中国诚律之始也。
> 自洛中构白马寺,盛饰佛图,画迹甚妙,为四方式。凡宫塔制度,
> 犹依天竺旧状而重构之,从一级至三、五、七、九。世人相承,谓之
> "浮屠",或云"佛图"。晋世,洛中佛图有四十二所矣。③

此时佛塔的建筑风格为"上累金盘,下为重楼",上部的金盘模仿印度
窣堵波的形制,将平台、立竿、相轮、宝瓶等置于塔顶,而下面的重楼则与汉
代流行的木楼阁建筑相近。窣堵波的主体——半圆部分,则被缩小为一个
小型的覆体,与相轮组成中国式塔刹,置于楼阁式塔的顶端。

魏晋南北朝时期,战乱频仍,人们寄希望于对佛陀的礼拜与施与,以图
德报,窣堵波逐渐演变成佛的象征物——佛塔,成为人们顶礼膜拜的对象。
与早期印度佛教建制相比较,此时的佛教寺院布局并无一定的规制,当时
中土所建之佛塔、石窟等等,无非是为佛陀菩萨创造一个供养之地,为佛教

---

① [北齐]魏收:《魏书·释老志》,中华书局 2003 年版,第 3028 页。
②③ 同上,第 3029 页。

徒修行提供一个方便的居所。立寺的目的也是安置外来僧人,满足外来僧人居住、礼拜佛像、研习佛经的需要,根据《魏书·释老志》记载:

> 魏先建国于玄朔,风俗淳一,无为以自守,与西域殊绝,莫能往来。故浮图之教,未之得闻,或闻而未信也。及神元与魏、晋通聘,文帝久居洛阳,诏成又至襄国,乃备究南复佛法之事。太祖平中山,经略燕赵,所逻郡国佛寺,见诸沙门、道士,皆致精敬,禁军旅无有所犯。帝好黄老,颇览佛经。但天下初定,戎车屡动,庶事草创,未建图宇,招延僧众也。然时时旁求。先是,有沙门僧朗,与其徒隐于泰山之琨瑞谷。帝遣使致书,以缯、素、旛、银钵为礼。今犹号曰朗公谷焉。①

此时佛寺面积较小,寺院建造的样式,也多少受到西域的影响。不论是官方建寺,还是民间立祠,寺院都以佛塔为主体,以塔为中心。此时的佛寺,"其中心建筑多为象征佛陀与佛国中心的浮图阁,或'须弥山殿'之属。但那时的寺内也已有了讲堂、禅堂、沙门座之设"②。根据《魏书·释老志》记载:

> 天兴元年,下诏曰:"夫佛法之兴其来远矣。济益之功,冥及存没,神踪遗轨,信可依凭。其敕有司,于京城建饰容范,修整宫舍,令信向之徒,有所居止。"是岁,始作五级佛图、耆阇崛山及须弥山殿,加以缋饰。别构讲堂、禅堂及沙门座,莫不严具焉。太宗践位,遵太祖之业,亦好黄老,又崇佛法,京邑四方,建立图像,仍令沙门敷导民俗。③

"讲堂"是高僧讲经说法之处,与印度精舍中的讲堂无异,"沙门座"也是印度毗诃罗建筑之遗规,这里的"禅堂"也区别于后世禅宗寺院的"禅堂"。随着佛教的深入发展,魏晋时期的佛教建筑也蓬勃发展起来,洛阳城内开始大量建造佛教寺院,舍宅为寺与建塔之风盛行,并成为这个时代的特征。《魏书·释老志》曰:

---

① ［北齐］魏收:《魏书·释老志》,第3029页。
② 王贵祥:《东西方的建筑空间》,第167页。
③ 同①,第3030页。

　　承明元年八月,高祖于永宁寺,设太法供,度良家男女为僧尼
者百有余人……是月,又诏起建明寺。太和元年二月,幸永宁寺
设斋……又于方山太祖营垒之处,建思远寺。自正光至此,京城
内寺新旧且百所,僧尼二千余人,四方诸寺六千四百七十八,僧尼
七万七千二百五十八人。四年春,诏以鹰师为报德寺。①

　　十六国时期,佛教造像流行,汉地开始大规模地铸造佛像。社会上将
供养众多的佛菩萨像作为最流行的一种信仰方式,国家亦投入大量财力物
力支持佛教造像活动。在这种情形下,寺中出现了专门安置佛像的佛殿,
并且佛殿的数量、规模迅速增加。佛殿代替佛塔,成为人们新的膜拜对象,
这使佛塔在寺院中的中心主体地位发生变化。礼拜对象的改变影响着佛
寺形态的发展,舍宅为寺使佛教建筑呈现出居住的样式,这也是佛教本身
对汉地世俗生活的适应。佛寺与“四合院”形式相结合,讲究正统的秩序,
附带民居的院落规划。北朝的佛寺追求正统的观念,佛寺建筑要求规整、
有秩序,塔、殿作为礼拜的对象,置于寺院正中心;南朝佛寺出现了新的样
式,模仿东晋以禅修为主的小型禅寺的特点,选择山林胜处,因地制宜,建
筑灵活布局。这类佛寺在浙江一带比较集中,规制不严,与儒家讲学的学
院式学舍相近。都城、山林之中都有建造,相当于后世的“兰若”,这种建筑
形态也可以认为是印度与中国传统建筑相结合所产生的一种特殊形式。
　　这一阶段也是汉地佛教建筑的初创时期,将本土建筑与西域建筑相结
合,借鉴运用了西域塔、石窟寺等多种形式,同时又与中国传统民宅院落相
结合,逐步形成汉地佛寺的布局形制,奠定了后世佛寺的基本格局。

2. 石窟寺

　　中国佛教石窟寺始于十六国时期,北朝时石窟开凿兴盛,至唐代再次
形成凿窟高潮。中国一些著名的石窟寺多集中于北方地区,开凿时间一般
都集中于公元六世纪的魏晋南北朝时期。如凿于前秦时期的敦煌莫高窟,
凿于北魏时期的洛阳云冈石窟、洛阳龙门石窟、辽宁义县万佛堂石窟、河南
巩义市石窟,凿于后秦时期的甘肃麦积山石窟,凿于西秦时期的甘肃炳灵
寺石窟,凿于北齐时期的河北南北响堂山石窟,等等。
　　北朝时期的石窟寺形制一般为中心柱的洞窟形式,平面呈方形或长方

---

① 　[北齐]魏收:《魏书·释老志》,第 3039 页。

形。在洞窟的中央配置一方形的石柱,石柱四周再设佛龛(图 3-4),僧侣们环绕中心柱进行宗教崇拜仪式。这种布局以中心柱象征佛塔,这与印度支提窟在洞窟中设窣堵波形塔,两者形制相似,这在一定程度上,也是印度支提窟的一种变体。另外,作为对印度毗诃罗式洞窟形制的模仿,在中国有些石窟寺中往往还设置一些侧室与后室等辅助性空间。严格意义上的印度毗诃罗式洞窟在中国并不多见,也许当时的人对印度山林宗教修炼方式还不十分了解,也许中国的传统文化

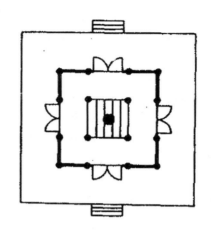

图 3-4　有中心柱的方形佛塔平面

中对孤独修行的隐遁方式并不十分支持,因而,中国的石窟寺较少有单独提供僧侣修炼的毗诃罗。中国的石窟寺多凿有大量小型的摩崖洞龛,仅容一尊佛或菩萨像,这些小型的摩崖洞龛也可以说是印度毗诃罗式洞窟的变体。

(二)规模化寺院建筑形制

南北朝后期至隋唐时期,佛教进一步中国化,并形成完整的佛教体系。佛寺在中国传统建筑布局的基础上,吸收外来文化,逐渐形成具有一定规划思想和原则的中国寺院布局模式。这个阶段,汉地佛寺在寺院性质上出现官、庶之分,佛教宗派渐多,佛寺分布趋向地域性。

随着大乘佛教的兴起,僧侣乞食野居的修行方式也开始发生变化。僧人开始定居,人数增加,佛寺也逐步扩大,寺内需要修建僧房,制定规范,佛寺也从佛教的象征体转变成为一种社会组织和经济实体。自此,佛寺开始大量出现在城市中,寺院规模开始扩大,这也使原来主体建筑物周围需要增设僧房、仓廪厨库及其他附属的建筑物,这使寺院形态更为完整。寺院更加大型化,并设置更多的别院僧舍等附属建筑,以供不同宗派僧人使用,佛寺布局形式多建筑群体化,功能更加复杂。

隋唐也是中国佛教大发展的一个时期。这个时期,印度佛教净土思想开始在中土流行并蔓延,中国的佛教徒们似乎于无涯苦海中看到与世俗愿望相契合的光芒,往来净土世界成为一般佛教徒最高的人生追求目标。"如果说,佛教初传的汉魏时期,中土人对于西来的佛教,仅仅是怀着一种

奉迎远方神明的恭敬心态,将象征佛陀的佛塔与佛像,作为专注与崇尚的偶像而顶礼膜拜。那么,隋唐时,已经开始萌发了模仿西方净土圣境,或于现实世界中再现理想佛国净土的愿望。由此,建造宏大而奢丽的寺院,成为一时的潮流。"①净土思想的发展与此时佛教的辉煌大发展,从一定意义上讲,也使隋唐时期的佛教寺院的建造进入恢宏时期,寺院建筑群规模宏大,规制完整。齐隋至初唐,中国的许多高僧大德根据释氏曾居住过的印度祇垣寺的原始形象,对中土的寺院布局和经营进行规划和构想,在当时产生了巨大的影响。

道宣在所撰的《关于创立戒坛图经》中提出了对佛教寺院的规划:一方面根据西方印度精舍的原型,另一方面遵从中国传统建筑文化,提出佛教寺院理想化的布局。寺内的中轴线布列中院、大量的别院、交通要道、功能分区等等设置,对当时的城市规划有着巨大的影响,隋唐时期的许多佛寺以及城市规划都或多或少地运用了这一理论。虽然这一佛寺形制只是一种构想,但也说明印度的佛教对中土寺院建置的影响。高僧们虽然强调描述的是印度祇垣寺的原始形象,但"其向往和提倡的,是纯粹的中国式佛寺布局,是充分体现传统规划思想、展现汉地建筑特点的寺院形象"②。这对于唐代佛寺规制的形成起到了相当大的作用。

隋唐时期寺院规模都很大,"中院"成为这个时期寺院最主要的组成部分。"中院"又称为"佛地",是佛寺发展中最先建立起来的建筑,也是寺院扩展的核心。院中设置佛塔、佛殿、讲堂、佛阁等建筑物,建筑物的类型、数量、相对位置及组合关系,都与以往有较大的变化。初唐的信仰偶像集中在释迦佛上,佛教崇拜的对象也比较简单,一般佛寺的建筑物只需要有佛殿或佛舍利塔便可满足信众的需要,随着佛偶像崇拜的慢慢兴起,汉魏时期主要礼拜对象——佛塔渐渐失去了主导地位,供奉偶像的佛殿开始慢慢成为寺院的主体,寺院佛塔的中心位置开始改变。随着净土信仰的兴起,隋唐时期的寺院追求恢宏阔达的规模,千门万户的楼院,以模仿西方净土世界的华美奢丽。

初唐,佛教中出现了另一个新的派别——禅宗,以其参修的方式,彻见心性的本源的主旨,开启了中国佛教一代宗风,中国的佛教建筑也由此萌生了一种新的建筑观念。与净土宗追求华丽宏大、中央高耸的外在空间的建筑规模不同,禅宗更注重对佛理禅机进行内在观照时所需要的环境氛围

---

① 王贵祥:《东西方的建筑空间》,第163页。
② 傅熹年:《中国古代建筑史》(第2卷),第476页。

的营造。禅宗不重文字、经典，不注重对佛像的崇拜，不追求奢华的寺院，也不要求威严的佛殿和高耸的佛塔，一切都追求内心的静谧之地。这些种种离经叛道的行为，与当时的佛教宗派规制格格不入。但禅宗在其发展过程中，显示了超强的生命力，适应了中国本土的实际情况，成为汉地佛教的主流。

从此，中国的佛教寺院开始走向简洁规化的方向，在布局模式上根据传统进行改革创新，建立一套新的寺院规制，这种寺院规制也深深影响了后世中国整个汉地佛教寺院的主要发展方向。禅宗的兴起，使禅宗寺院有别于其他寺院规式。《五山十刹图》中所描绘的灵隐寺、天童寺、国清寺等江南禅寺，以浙江的五山十刹为例，其规模宏大的建筑，复杂的空间组织关系，体现了对特殊佛教建筑的非凡探索。

二、中国汉地禅宗寺院的建筑形制演变

（一）以塔为中心

在古印度梵文里，有 samgharama 一词，音译为"僧伽蓝"，是指许多僧人的居住基地，《十诵律·比丘诵》曰："地法者，佛听受地，为僧伽蓝故，听僧起坊舍故。"①中国文字中，"寺"原指古代的官署，即为中央与地方的政事机关，招待诸侯及四方边民之所。后将安置佛像、经卷，且供僧众居住以便修行、弘法的场所称为"寺"。《大宋僧史略》卷上"创造伽蓝"曰："寺者，释名曰寺，嗣也。治事者相嗣续于其内也。本是司名。西僧乍来，权止公司。移入别居，不忘其本，还标寺号。僧寺之名始于此也。"②

"塔"这种建筑形式缘起于古代印度，称作窣堵波，原本指埋葬死者的坟墓，最初用土和砖垒砌，以后逐渐发展成由台基、覆钵、宝匣和相轮四部分组成的实心建筑物。塔传入中国后，与本土的传统建筑楼阁相结合，逐步形成如楼阁式塔、密檐式塔、亭阁式塔、覆钵式塔、金刚宝座式塔等多种形式，结构形态各异。

印度的传统佛寺，中心设佛塔，周围布置僧房，这种布局模式传入中国，与中国固有的传统建筑文化体系相结合，演变为中国早期的佛教寺院布局模式，即以佛塔为中心的廊院式寺庙建筑。在禅宗立寺以前，寺院的

---

① 《十诵律·卷56·比丘诵》。
② 《大正藏·大宋僧史略·卷上·创造伽蓝》。

传统布局模式可追溯至中国最早的寺院——东汉的白马寺。《魏书》载：

> 自洛中构白马寺，盛饰佛图，画迹甚妙，为四方式。凡宫塔制
> 度，犹依天竺旧状而重构之，从一级至三、五、七、九。世人相承，
> 谓之"浮图"或云"佛图"。①

白马寺的布局仿造了印度的寺院形制。塔是主要的礼佛对象，主要保存佛的遗物（舍利）或是佛生前的纪念物，塔即是"佛"，造塔即供佛。《菩萨本行经》曰："若人旋佛及旋佛塔所生之处得福无量也。"因此，按照印度风俗，绕塔右旋礼拜，是佛教徒最大的功德。塔位于寺院中央，塔的四角均以较低建筑围合，形成礼佛空间，这也是我国寺院的早期形式之一。随着佛教的传入，这些观念与中国本民族的建筑文化思想相融合，形成以塔为中心的中国佛寺院落式布局。

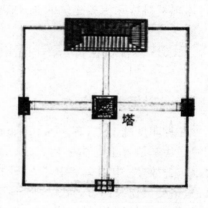

"自晋代开始，佛寺布局开始由单一的立塔为寺转向佛塔与讲堂、佛殿的组合，同时在主体群的四周增设寺门、僧房等附属建筑，形成一个完整的院落。"②北朝时，就有不少寺院按照这种方式布局。北魏洛阳最大的佛寺永宁寺，其布局即以塔为寺院正中心，四角配以较低的建筑围合（图 3-5），据《洛阳伽蓝记》载：

图3-5　永宁寺塔复原图

> 中有九层浮图一所，架木为之，举高九十丈。上有金刹，复高
> 十丈。合去地一千尺。去京师百里，已遥见之……
>
> 浮图北有佛殿一所，形如太极殿，中有丈八金像一躯，中长金
> 像十躯，绣珠像三躯，金织成像五躯，玉像二躯……僧房楼观一千
> 余间，雕梁粉壁，青琐绮疏……
>
> ……寺院墙皆施短椽，以瓦覆之，若今宫墙也。四面各开一

---

① 周国林：《魏书·释老志》，汉语大词典出版社 2004 年版，第 2443 页。
② 傅熹年：《中国古代建筑史》（第 2 卷），第 504 页。

门。南门楼三重,通三阁道,去地二十丈,形制似今端门。[①]

山西应县佛宫寺(1056)也为此类,佛宫寺为"一塔一殿制",塔建于寺院大殿之前,居于寺院中心,全寺以释迦塔为主体,塔后建有佛殿,轴线上还有钟鼓二楼,后部有配殿,厢房,四角周围布置着较低建筑,围合成一个礼佛空间。这种以塔为中心的佛寺布局为辽、金时期的典型实例,也是佛教建筑形式本土化的表现。另外还有五台山的塔院寺,为明万历年间所建,大雄宝殿位于寺前,藏经阁在后,舍利塔位居其中,周围设置廊屋,布局完整。此外,还有河北正定的天宁寺凌霄塔、临济寺澄灵塔、广惠寺花塔等。

西晋阿育王寺也是以佛塔为寺的典范,"立塔为寺是汉地佛寺初期发展阶段的特征"[②]。(图 3-6)"至南北朝后期开始,佛寺布局中出现一种新的变化趋势,即由单体建筑向多建筑群组合的形式展,在中心院落的周围,设立众多别院,并有各自的主体建筑。"[③]这种布局在山林型佛寺中使用较多,这也反映了由于佛寺功能的日渐复杂,寺院职能增多,宗派增加,寺院的总体布局及规划也向一个新的高度发展。

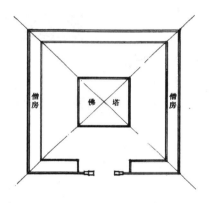

图 3-6　立塔为寺平面图

(二)塔和佛殿并重

塔殿并重在寺院布局中比较特殊,即在寺院的布局中,"塔"和"殿"同时出现在一个寺院之内,两者不按前后排列,殿建于右边,塔造于左边。佛殿供佛,而塔与殿并列,也被当作佛来看待。"在隋代,已出现佛塔体量相对减小或位置不居中的现象。"[④]唐代,佛寺规划已发展至成熟阶段,呈现出规制化的趋势。佛寺中院(中院,即佛寺内集中设置佛塔、佛殿、法堂、佛阁等建筑物的地方,是寺院的核心

---

① [北魏]杨衒之:《洛阳伽蓝记》,韩结根注,山东友谊出版社 2001 年版,第 11 页。
② 傅熹年:《中国古代建筑史》(第 2 卷),第 189 页。
③ 同上,第 504 页。
④ 同上,第 509 页。

部分)不断扩展。初唐时期,寺院中佛塔位置变化,附属建筑物体量增大,僧房数量增加。此时,出现大量塔与佛殿处于同等地位的情况。在一座寺院中,塔是奉佛的主要对象,殿是寺院供佛的主要场所,两者地位平等,因此采用并列的布局方式。如山西永济普救寺,便是塔殿并列的布局形式,塔在左,大雄宝殿在右,佛殿比塔略向后建,塔和殿的四周皆有围廊环绕(图 3-7)。又如唐代正定开元寺,也为塔殿并列式布局,塔左殿右,大雄宝殿的位置略为偏后(图 3-8)。这种塔殿并存的布局,是我国仅存的一例,是研究唐代以塔为中心转向以楼阁为中心的佛寺形制的重要实例。

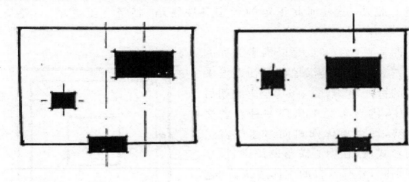

图 3-7　山西永济普救寺　　　　　图 3-8　河北正定开元寺

　　唐代的佛寺建筑形式传至日本后,深刻影响着日本的寺院布局,日本许多寺院也吸取了我国寺院中塔与殿并列的布局方式。如奈良的法降寺,即是将殿和塔并列地置于中门与讲堂之间中轴线的两侧,周围绕以回廊,形成富有有日本特色的寺院布局形态。

(三)以佛殿为中心

　　殿堂的出现首先在于它实用的新功能。当佛教建筑形制从宫塔式转变到楼塔式,随着佛教的深入发展,佛教义理的兴起,佛寺功能开始发生变化,不再单纯满足礼拜需要。寺院建筑开始增加,讲堂开始出现(后期亦称法堂)。"讲堂一般设在佛塔之后,不影响佛塔的主体地位,按照中国传统的布局形式,形成一条纵向的轴线。"[①]也即形成了一种塔堂并置的布局形式,并一直持续至北朝后期(图 3-9)。讲堂一般不供奉佛像,可能是因为佛像出现较晚。东晋十六国时期,汉地造像兴起,专门礼佛的佛殿还没有成

---

　　① 　傅熹年:《中国古代建筑史》(第 2 卷),第 189 页。

熟,所以讲堂只是满足传法的需求。

从南北朝至唐代,佛教走向兴盛,宗派林立。佛教尤为注重义理,为了满足宣讲佛法义理的需要,出现了大量的殿阁,这些建筑也为信徒提供一个听法的场所。另一方面,当时的木塔大都是方形,佛像不宜安置在塔内,浅龛内面积小,也难以安置众多侍从眷属,因此殿比塔更宜于陈设佛像来供信徒参拜。《洛阳伽蓝记》载,魏晋南北朝时舍宅为寺兴盛,民居宅院改造成佛寺往往以前厅为殿阁,后堂为讲堂,前厅作为佛阁,安放佛像,以供信徒参拜。洛阳永宁寺的主体建筑佛塔,形制高大,而佛像却安置在殿阁中而不是塔中。当佛教造像奉祀的形式逐步

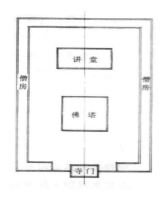

图 3-9　堂塔并立佛寺平面图

取代了瞻礼象征性建筑的形式,对佛教诵经奉佛的精神崇拜开始转向建筑内部空间,殿堂成为佛教徒新的膜拜空间,其宽阔的室内空间也给佛教徒提供了一个膜拜的场所。殿堂建筑等级最高,选择佛殿作为寺院中心还在于殿堂的政治属性。尤其是禅宗寺院兴起以后,由于禅宗排斥文字经教,不

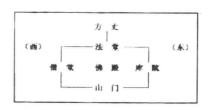

图 3-10　佛殿为中心的寺院平面图

注重对塔的供养,即使有塔也偏居一隅。此时,我国寺院布局逐渐由以塔为中心转变为以佛殿为中心,形成前殿后塔的布局。据《戒坛图经》所示,寺院布局包括:外门、中门,前佛殿、七重塔、讲堂、三重楼、三重阁。佛殿于寺中处于最重要的地位,形制也愈为壮丽,在布局上,佛寺主体注重轴线关系与廊院形式(图3-10)。到后来,许多塔都移至寺外,有些塔甚至与寺庙相脱离,甚至于后来,在佛寺的形制中不再有塔的存在了。

至唐代以后,寺院作为传统建筑,更为注重礼制的运用。汉代许多皇族官吏"舍宅为寺",其传统"四合院"式的家庭宅院与佛寺相联结,对西域式佛寺形制产生了巨大影响。其后,寺院的布局又与宫殿的布局规制相联结,南北中轴对称,以山门为始,寺院主要殿堂安置于中轴线上,从南至北每隔一定距离就布置一座殿堂,依次为佛殿、讲堂、方丈室等。全部建筑前低后高,主次分明,中间主体建筑为佛殿,其他廊房及一些楼阁、侧殿纷纷围绕佛殿为中心来布局,构成组团院落空间。

三、禅宗寺院的单体建筑

（一）供奉佛像的殿堂建筑

1. 佛殿

"佛以像教，开示群生"①，寺院建筑是佛教信仰的主要载体，寺院中与佛关系最为密切的建筑当属佛殿。佛殿也是供养和安置佛、菩萨的主要场所，也是寺院的主要建筑，"殿者，所以舍佛，表出尊特，其可缺乎？"②佛殿又称大雄殿，"大雄，即筏驮摩耶，是对佛祖释迦牟尼的尊称，意谓佛有大智慧，一切无畏，能降服'五阴魔''烦恼魔''死魔''天子魔'等四魔。"③隋唐时期的佛殿，为了满足信众对净土世界的向往，佛寺建筑规模宏大庄严，寺院中与佛有关的建筑设施大都金碧辉煌、庄重肃穆，佛殿往往耗巨资建设，华美壮丽。禅宗兴起后，以"不立佛殿，唯树法堂者"④为宗旨，不礼佛像，以主持法堂代佛说法，法堂也因此成为禅宗发展初期的主体建筑，初期禅寺中即使安置了佛殿，禅僧们也鲜少礼佛，因而佛殿门前冷落。《五灯会元》载：

> 文远侍者在佛殿礼拜次，师见以柱杖打一下，曰："作甚么？"者曰："礼佛。"师曰："用礼作甚么？"者曰："礼佛也是好事。"师曰："好事不如无。"⑤

北宋时，佛殿开始重新出现在禅寺中，如"下竺灵山教寺，北宋中期重修殿宇"⑥，龙井延恩衍庆院，"中建尊殿"以"严圣像"⑦。北宋徽宗二年（1102）重订的"崇宁清规"中，专设"知殿"一职用以管理佛殿。南宋时，佛殿重新居于寺院主导地位，与法堂比肩，其规模形制也日益宏伟壮丽。如南宋初初建崇先显孝禅院，"佛殿、云堂，无不毕备"⑧；宁宗时重建临安径山

---

① 《松隐集·卷30·六和塔记（大宋临安府重建月轮山寿宁院塔）》。
② ［宋］释居简：《文渊阁四库全书·北磵集·卷3·大雄寺记》。
③ 何孝荣：《明代南京寺院研究》，中国社会科学出版社2000年版，第163页。
④ ［宋］道原：《景德传灯录译注》，顾宏义译注，上海书店2010年版，第428页。
⑤ ［宋］普济：《五灯会元·卷4·赵州从谂禅师》，苏渊雷点校，第206页。
⑥ ［宋］强至：《咸淳临安志·卷80·寺观六·下竺灵山教寺记》。
⑦ ［宋］杨杰：《咸淳临安志·卷78·寺观四·龙井延恩衍庆院记》。
⑧ 《松隐集·卷30·崇先显孝禅院记》。

能仁禅院，"宝殿中峙，号普光明"①；南宋末年的净土院，"建殿及诸佛菩萨像施"，"创弥陀殿"②。《净慈寺志》载："大雄殿五楹，高十三丈，即净慈正殿也"，"中奉大如像三身"③。南宋时，禅寺中许多重要的法事活动和仪式都移至佛殿内举行，如楞严会、告香、讽经等。

而今，佛殿是寺院僧众礼佛、诵经、共修的主要场所，僧团集体修行的早晚课仪式性等活动都在此举行。"由于早期佛殿以佛像为主体，绕行方式为基础，所以其诵经空间往往较为拥挤。在后来的汉化中，礼拜方式逐步变为绕行和叩拜复合，并且佛殿前部礼拜空间的历史演变也逐步扩大供叩拜使用。"④

关于佛殿的形制，根据不同的寺院规模和其在寺院中的不同位置有所变化。在大型的寺院中，佛殿一般可达九间，如宋元五山禅寺都为大型佛殿，径山寺"长廊楼观外接三门，门临双径，驾五凤楼九间"⑤，中型佛殿以七间居多，如天童寺"为阁七间，高三层"⑥，而现今浙江禅寺佛殿遗构一般都为小型方三间规模，呈平面方形结构，追求大进深的效果，面阔等于或大于进深，以增加殿前礼佛的空间。

现今佛殿中所供佛像，多数情况并非仅有一尊，而是多尊。从本尊数字来看，一般有一、三、五、七尊四种。殿中供奉主佛一般为释迦牟尼佛；供三位主尊的情况较为复杂，有多种安排，有"三身佛""横三世佛""竖三世佛"，中间为主佛释迦牟尼；供五位主尊的多见于宋、辽时期的古刹遗构中，五佛通称为东、西、南、北、中五方佛，又名五智如来，应属密宗系统；七佛为过去诸佛，供奉者较少。

2. 佛阁

自汉至唐，佛阁一直是寺院的中心建筑，体量高大、雄伟。唐代《戒堂图经》所记，阁是寺院构成中心，在寺院中建筑数量众多。佛阁和佛殿的功能相同，基本都是用来供奉佛像的，而作为寺院的中心建筑佛殿，一般用来供奉本尊释迦牟尼佛，而佛阁则用来供养其他诸佛。如宋代杭州流行观音信仰，观音虽在等级上次于佛，但其汉化的美好形象却深入人心，普照救人，有求必应，深受广大信众的敬仰。因此，在汉地地位较高，成为汉地佛

---

① 曾枣庄、刘琳：《全宋文·卷 5969·径山兴圣万寿禅寺记》，第 31 页。
② ［宋］马廷鸾：《碧梧玩芳集·卷 17·净土院舍田记》，《文渊阁四库全书》本。
③ ［清］释际祥：《净慈寺志》（上），杭州出版社 2006 年版，第 35 页。
④ 袁牧：《中国当代汉地佛教建筑研究》，清华大学博士学位论文 2008 年，第 168 页。
⑤ 同②，第 31 页。
⑥ 同②，第 27 页。

教造像中的典型代表,也是寺院中主要礼拜的对象。寺院中存在大量与观音信仰有关的佛阁,如观音阁、圆通阁、大悲阁等。同时还有专供菩萨的殿宇,如圆通殿,和大雄宝殿一样位于佛教区的中央,成为整个寺院的核心建筑。

南宋王信撰《中竺天宁万寿永祚禅寺严阁记并书》载:

> 淳熙十四年被旨,祷雨大士道过其门,则杰阁岿然,群目惊异……金碧璀璨,中设千叶卢舍那像,立文殊、普贤二菩萨于其旁,五十三善知识布列左右,而翼以钟、经二台,四山环焉,如拱如卫,高欲蹑雪,俯疑临渊,石梁横陈,清流激湍,气象瑰富,非囊所见。①

南宋楼钥在《径山兴盛万寿禅记》中描述径山寺的佛阁:

> 长廊楼观外接三门,门临双径,架五凤楼九间,奉安五百应真,翼以行道,阁列诸天五十三善知识,仍造千僧阁以补山之阙处。②

《天童山千佛阁记》描述南宋天童寺:

> 门为高阁,延袤两庑,铸千佛列其上。中建卢舍那阁,尤为壮丽,住山三十年,其为久远之计,皆绝人远甚。后有慈航了朴,一坐亦二十年,起超诸有阁于卢舍那阁之前,复道联属,至今岿然相望。③

南宋时期的寺院建造的佛阁数量庞大,如下竺灵山教寺,有无量寿佛宝阁和七宝普贤阁。④ 胜相院建有五丈观音像及阁,"阁高八丈","以阁为殿,立五丈之像者二,合为十丈",建炎寇毁,"唯胜相一阁屹然云际,不堕劫火"⑤。上天竺法喜寺应真阁(即罗汉阁),"绍兴二年,住持应如建。隆兴二

---

① 《咸淳临安志·卷 80·寺观六》。
② 曾枣庄、刘琳:《全宋文·卷 5969·径山兴盛万寿禅寺记》,第 31 页。
③ 同上,第 26 页。
④ 同①。
⑤ 《洺水集·卷 7·临安府五丈观音胜相寺记》。

年九月,孝宗诏临安府尹曹澄又督建五百罗汉阁"①。佛阁中主要供养菩萨、弥勒、罗汉等各式诸佛,而供奉主尊释迦牟尼佛较少。根据佛教信仰的不同,佛阁所供的佛像也相应不同。两宋时期,浙东海域的普陀山观音道场兴盛,寺院中尤为注重对观音菩萨的供奉,这使寺院中供奉观音菩萨的观音阁、圆通阁、大悲阁等佛阁建筑也开始增多。由于密宗信仰的流行,寺院中便出现毗卢阁、无量寿阁。由于净土信仰的流行,寺院中出现弥陀阁等等。

3. 佛堂

佛堂也是寺院中供奉佛像的主要建筑,与佛殿和佛阁的基本功能一致。如南宋时下天竺灵山教寺,造旃檀观音像置三昧堂中。② 报恩光孝禅寺建五百罗汉堂。③ 还有建于宋代的灵隐寺的五百罗汉堂,因建筑呈"田字形"也称"田字殿",罗汉堂修建缘起于古印度本土的五百罗汉堂,佛陀涅槃后,尊者摩诃迦叶与九百九十九大阿罗汉结集三藏,故未生怨王为集法藏诸大罗汉建此堂宇。此类建筑多见于禅宗与天台诸宗的寺院。南宋楼钥撰《十六观堂记》,对下竺灵山教寺十六观堂进行描述:

> 中建宝阁,立丈六弥陀之身,夹以观音、势至,环为十有六室,室各两间,外列三圣之像,内为禅观之所,殿临池水,水生莲华,不离尘染之中,豁开世外之境。④

《净慈寺志》对清代所修建的净慈寺的无量忏寿堂的描述:

> 无量寿忏堂,南屏净慈寺祝禧之所也。堂既成,礼忏有日矣……于是仿云栖莲堂之制,而增广之,中供无量寿,观音、势至二菩萨;左为智觉寿祖位;右为净土列祖位。⑤

李日华《弄墨于宗镜堂,因呈堂主璧公》诗对清代净慈寺宗镜堂的描述:

---

① [清]管庭芬:《天竺山志》(上),杭州出版社 2007 年版,第 32 页。
② [宋]楼钥:《咸淳临安志·卷80·寺观六》。
③ [宋]楼钥:《咸淳临安志·卷78·寺观四》。
④ 同③。
⑤ [清]释际祥:《净慈寺志》(上),第 60—61 页。

宗镜堂在藏经堂阁后，大悲阁左……堂北向，内供大悲观音；西向，中供佛像；堂左，构堂三楹，为南巡御座。①

由此可见，佛堂和佛殿、佛阁的功能一致，是寺内供奉佛像的建筑，寺院的佛像除了安置于殿堂楼阁外，有些还供奉于露天环境中，或置于洞口或镌刻于石上，或放置于石龛中，以利于向信众弘扬佛法，布法传道。

（二）教育设施建筑

1. 法堂

法堂是住持开示说法之道场。法堂前身也叫讲堂。古印度佛陀在世时，精舍伽蓝己有讲堂，"佛在毗舍离普会讲堂所，与大比丘众五百人俱"②。关于构造讲堂的缘由，《佛本行集经》云：

有诸比丘，或在露地，说法之时，或寒或热，我许造堂，堂下说法。若虽有堂，露无四壁，风吹尘草，污诸比丘。我今当听起四壁障遮诸尘草。时诸比丘。在说法堂。若地不平，应以种种，若麻若草，泥涂其地，使令净好。③

由此可见，佛陀时期建讲堂是为了有一个遮蔽风尘、祛避寒暑的场所，便于诸比丘听佛讲法。中国魏晋时期的寺院中出现了讲堂，《魏书·释老志》载：

（天兴元年）始作五级佛图、耆阇崛山及须弥山殿，加以绩饰。别构讲堂、禅堂及沙门座，莫不严具。④

在禅宗初期的寺院里，禅宗排斥佛殿，"惟树法堂"，依禅宗制度，法堂是弟子聆听师教、证悟宗旨的地方。《五灯会元》载，住持上堂开示演法，成为丛林修行生活最重要的内容。⑤ 因此，法堂是禅寺最重要的建筑。元代

---

① ［清］释际祥：《净慈寺志》（上），第 77 页。
② 《大正藏第 2 册·增一阿含经·卷 50·大爱道般涅槃品第五十二》，第 821 页。
③ ［日］无著道忠：《禅林象器笺》，日本宽保元年（1741）刊行，第 405 页。
④ ［北齐］魏收：《魏书·释老志》，第 3030 页。
⑤ 《五灯会元》二十卷，南宋宝祐（1253—1258 年）刻本。

大龙翔集庆寺称法堂为"传法正宗之堂"。《传灯录》慧忠禅师曰：

> 后众请入城，居庄严旧寺。师欲于殿东别创法堂，先有古木，群鹊巢其上，工人将伐之。师谓鹊曰："此地建堂，汝等何不速去！"言讫，群鹊乃迁巢他树。初筑基，有二神人定其四角，复潜资夜役，遂不日而就。繇是四方学徒云集坐下矣。得法者有三十四人，各住一方，转化多众。①

由此可见法堂对于丛林的重要性，住持往往于法堂之上开示说法。这也说明了法堂对于丛林的特殊性，只要有法堂存在，住持便可说法传道。法堂在禅宗寺院里也大量存在。宋代寿圣禅寺，理宗时建演法堂。② 南宋径山万寿禅寺"开毗耶方丈于法堂之上，复层其屋，以尊阁思陵宸翰御榻"③。清代上天竺法喜寺，"隆兴二年九月，孝宗诏知临安府事曹澄督建法堂"④。

法堂的建置源于中国传统的宫殿建筑，可以说"一半是印度佛寺讲堂的演化，一半是中国宫殿太极殿的影响"⑤。《禅林象器笺》曰：

> 百丈制禅苑规绳，取意于朝制。其东西两序，犹如文武排行；五参上堂，犹如五日一参。到法堂制度，亦是拟太极殿矣。地面布砖瓦，中央有高台，皇帝即位登北座，则可四方瞻礼之。由此观今法堂制，无一所异。⑥

南北朝至隋唐，法堂的规模庞大，远超佛殿。南宋时期的五山禅寺法堂，均为重阁形式，规模雄伟壮丽。径山寺"开毗耶方丈于法堂之上"，《文渊阁四库全书》认为"毗耶"应理解为重层建筑或为毗耶方丈。张十庆根据日本藏《五山十刹图》描述径山寺法堂的规格，"上、下两层各带副阶，为殿身加副阶呈方五间的形式"⑦。至明清时代，法堂功能衰退，有些寺院或不

---

①　[宋]道原：《景德传灯录译注》，顾宏义译注，第195—196页。
②　[宋]林希逸：《寿圣禅寺记》，《咸淳临安志·卷81·寺观七》。
③　曾枣庄、刘琳：《全宋文·卷5968·天童山千佛阁记》，第31页。
④　[清]管庭芬：《天竺山志》，第31页。
⑤　张十庆：《中国江南禅宗寺院建筑》，第74页。
⑥　[日]无著道忠：《禅林象器笺》，第406页。
⑦　张十庆：《五山十刹图与南宋江南禅寺》，第47页。

建法堂,或由方丈、毗卢阁的下层兼之。明清以后,禅寺更重视佛殿,有单独法堂的反倒不多,这些没有法堂的佛寺,大型讲法一般都在佛殿举行。

2. 藏殿

历史上的"佛法僧"三宝中,"法"即经教,在佛教中备受尊崇。寺院中专门设有收藏经教典籍的地方,即藏经之殿宇,称为藏殿,其形式相当于当今之佛教图书馆。

藏殿作为传统的藏经殿宇,分为藏经楼与看经堂两个部分,前者相当于藏书的书库,后者为阅览室。在中国,经藏之制南北朝时即已设立,唐代已较为普遍。禅宗"不立文字,教外别传",以排斥佛殿和偶像经教为特色。因此,初期禅宗寺院并无藏殿。北宋时期,随着经教回归,经藏开始盛行。如余杭径山寺,"以东西序庋毗卢大藏经函"[①]。北宋《禅苑清规》载,寺院中设藏主一职,专司经藏事务,藏主下又设专司藏殿的藏殿主和掌管看经堂的看经堂首座。南宋时经藏盛行,"崇先显孝禅院,南宋初建,经阁、藏殿,无不毕备"[②]。灵芝崇福寺,乾道间重建"经藏、香积次第而举"[③]。《营造法式》小木作制度中对经藏的描述:

> 造经藏之制,共高二丈,径一丈六尺,八棱,每棱面广六尺六寸六分,内外槽、柱外槽、帐身柱上腰檐平坐平座,坐上施天宫楼阁。八面制度并同其名,件广厚皆随逐层每尺之高积而为法。[④]

除了藏殿和看经堂,南宋时还流行一种轮藏的形式。轮藏在五代时便已出现,是一种中间为轴的轮状藏书橱,为回转式,是经藏的一种特殊演变形式。《善慧大士录》载:

> 傅翕以经目繁多,非寻常之人可以遍读,乃于山中建立大层龛,每一楂格皆有八面,内中收存诸经,以机轴转动之。运行无碍,称为轮藏。并发愿言:愿登藏门之人,生生世世不失人身,或有发菩提心者,竭尽志诚以推动轮藏,则其所得功德无异于持诵

① 曾枣庄、刘琳:《全宋文·卷5969·径山兴圣万寿禅寺记》,第31页。
② 《松隐集·卷30·崇先显孝禅院记》。
③ 《咸淳临安志·卷78·寺观四》。
④ [宋]李诫:《营造法式》,商务印书馆(影印本)。

诸经。①

《释门正统》云：

> 善慧大士憨诸世人，为男女生来不识字者，或识字而为他缘逼近不暇披阅者，特设方便，以推转轮藏方式，得与看读同功的效果，甚至还更高的功效。②

此段说明轮藏的功能为用于不识字信徒或无暇读经的信徒礼经。推轮藏一圈相当于读经一遍，"推之一匝，则于读诵一大藏经正等无异"。在南宋伽蓝构成上，轮藏是一个重要内容，是禅宗伽蓝七堂的组成部分（图3-11）。

3. 方丈

禅宗又称"方丈"为住持、长老，是寺院的首脑和核心，管理寺院大小事务。长老在寺院内的居所，称为"方丈"。南怀瑾对"方丈"的解释为：取自于佛经上"维摩诘之居方一丈，能广容大众"③。禅寺中设置方丈极为普遍，

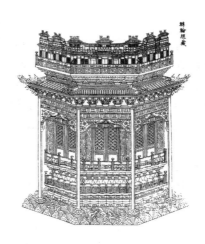

图 3-11 转轮藏

南宋理宗时于寿圣禅寺建"云堂方丈，潭潭奕奕，甲于诸方"④。灵芝崇福寺建"丈室、斋寮悉具"⑤，天童寺"又于方丈专建一阁，以藏真迹，实为禅林盛事"⑥。《净慈寺旧志》载：（方丈）可三十笏，方一丈者，三之具楼台之形。⑦南宋时期，方丈在禅寺布局中占据重要的地位，这也是禅宗尊师的表现。

方丈并非私寝，而是僧徒请益之公所。禅寺在传法教学上，犹如一所管理严格的学校，住持为所有僧徒之师，方丈室类似于老师为学生答疑解

---

① 《卍新纂续藏第69册·善慧大士语录》，第1335页。
② 《卍新纂续藏经·释门正统·卷3第75册·塔庙志》，第1513页。
③ 《维摩诘所说经》。
④ ［宋］林希逸：《咸淳临安志·卷81·寺观七·寿圣禅寺记》。
⑤ ［宋］何澹：《咸淳临安·卷79·寺观五·灵芝崇福寺记》。
⑥ 曾枣庄、刘琳：《全宋文·卷5968·天童山千佛阁记》，第25页。
⑦ ［清］释际祥：《净慈寺志》（上），第100页。

惑的办公空间。方丈的禅室独立安置于轴线的后部,而一般管理人员并不专设建筑,分别散落在不同的功能区。南宋时,丛林还在寺院里设置前方丈和后方丈,南宋时灵隐、天童及万年寺在伽蓝配置上都有前方丈和方丈之设,天童寺甚至还设置了两个前方丈。明清时期,由于禅净双修,佛殿地位加强,方丈退出中轴,多移至中轴以后的旁院中,或转移至西序的禅堂附近,不再居于"当代为尊"的地位。

(三)生活设施建筑

1. 僧堂

僧堂是禅僧参禅修行、讲法悟道的主要道场,是禅宗七堂伽蓝之一,也是禅寺中最重要的建筑之一。初期禅院布局也以"法堂＋僧堂"为核心。中唐以来,禅院将此前传统的分散僧房与食堂统一起来,将坐禅、饮食、起居三种用途集于一身。《禅林象器笺·殿堂门》称"斋堂即食堂也,食堂即僧堂也"[1]。南宋时期,僧堂在建筑群中的规模逐渐扩大,一些大型寺院纷纷建造超大型僧堂。规模大的僧堂,可以容纳数百甚至千余人,因此僧堂也称为云堂、坐堂,意即僧众云集一堂,体现了禅宗寺院注重修行的重要特色。如宋代大龙翔集庆寺的大型僧堂即称为"海云堂",形象表达了僧众一起修行的场景。南宋时僧堂的形制,《古清规序》曰:"设长连床,施椸架,挂塔道具。"[2]僧众们"所衰学众无多少无高下,尽入僧堂,依夏次安排"[3]。张十庆在《五山十刹图与南宋江南禅寺》中描绘了宋代径山寺的僧堂(海会堂)情况:

> 僧堂规模宏大,内堂面阔九间,进深四间;外堂面阔十一间,进深二间。内外堂间又设天井一间。僧堂四面又周以回廊……堂中央安奉文殊圣僧像,其前设大供案,花烛香炉,再前依次记为"参头、堂头、侍者、听叫、请客头",其左列记"陈如、首座、书记、东藏、西藏及都寺、监寺、副司、维那、典座、直岁"等,右则列记"西堂、知客、知浴、知殿、寮元、堂主、净头"等,皆为禅寺的主要职事;圣僧像后部,置《金刚经》(禅宗主要经典)及围炉,再后为"副参、维那"位。大供案前左侧的"堂头",为主持(又称堂头和尚)之椅

---

① [日]无著道忠:《禅林象器笺》,第 425 页。
②③ 《大正藏·卷 48·敕修百丈清规·卷 8·古清规序》,第 1158 页。

位……堂内排置长连床,床上设函柜,供众僧贮衣物。①

　　僧众旦暮起居都在僧堂内,每人都有一个铺位,相互连接,类似长连床。各座席上,还贴有僧人的名号,以供识别。禅僧坐卧起居的铺位,一般设于禅堂四周,中央留有空地。根据张十庆在《中国江南禅宗寺院建筑》中描述:

　　　　僧堂有内外堂和上下间之分。前堂为外堂,后堂为内堂,内外堂的左侧(北)为上间,右侧(南)为下间。外堂较小,设外座床以及鼓、钟、梆等佛具;内堂为主堂,以圣僧像为中心。圣僧像一般作僧形文殊菩萨,置于台上或圣僧龛内,前置供案。两侧上下间排置长连床。僧各有其位,坐、食、睡于一处,故又称钵位和被位。各位上挂各自的名单,故又称之为“单”。相连的“单”称长连床,长连床里侧设函柜,又称单箱,上下两层,上层收纳衣物行李,下层放置寝具。②

　　明代僧堂分解为独立禅堂、斋堂和寮舍,禅堂专用于修行禅定。后世的禅院,不再以佛塔为中心,甚至也不设佛殿(阁),而直接将禅堂作为一座禅寺的中心。后期的寺院以“佛殿＋禅堂”为核心。

　　2. 寮房

　　众寮为禅僧们看读经典之道场,是宋以后作为僧堂的附属建筑发展而来的。因此,在建筑形制上,以法堂为标准,寮内四周置读床,床上置经柜,用于读经,中央处设置观音大士像,像前设供案,上置花炉烛等。寮所内除设置佛教经典的书橱外,还配置吃茶用具等生活设施,在功能上也可看作僧众在僧堂坐禅间歇或斋后吃茶休息的地方。日本道元《辨道法》记:

　　　　云堂大众斋罢收蒲团出堂,歇于众寮,就看读床,稍经时余将晡时至,归云堂,出蒲团坐禅。③

　　在禅寺建筑中,寮的内容丰富多样。如南宋僧寺除众寮外,还设有其

---

①　张十庆:《五山十刹图与南宋江南禅寺》,第48页。

②　张十庆:《中国江南禅宗寺院建筑》,第75—76页。

③　转引自横山秀哉:《禅宗建筑的研究》(第3篇),绍和三十三年。

他诸寮,如维那寮、直岁寮、知客寮、首座寮以及蒙堂(单寮)等。寺中居于要职的僧侣有自己单独的寮房,有为病僧看病疗养而设置的寮舍,也称为延寿堂,有专门用于接待的客位寮,还有为游方行僧提供住宿的旦过寮。

3. 库院

禅宗寺院里库院即为寺之厨房,是禅寺伽蓝构成的基本要素之一,又称为库堂。《维摩经香积佛品》中称为"香积",可能为此称呼之来源:

> 日时欲至,此诸菩萨当于何食?时维摩诘知其意而语言:"佛说八解脱,仁者受行,岂杂欲食而闻法乎?若欲食者且待须臾,当令汝得未曾有食。"时维摩诘即入三昧,以神通力示诸大众,上方界分过四十二恒河沙佛土,有国名众香,佛号香积。今现在,其国香气比于十方诸佛世界人天之香最为第一。[①]

"凡三宝之地,办造饮食供养佛法僧之所,谓之香积厨"[②],因此,香积成为禅寺库院的代称。禅宗主张将禅行融于日常生活之中,吃饭、担柴皆修行。在宋代,库院与僧堂处于并列地位,佛门中有"'香积厨中好用心,五湖龙象在丛林'及'香积厨中出祖师'的训勉"[③]。

库院在禅寺中地位显著,其总管为典座,为寺之要职。唐以前禅寺初创之时,佛教传统戒律中有过午不食之规定,僧侣们不参加劳动,饮食靠化缘,"食"处于次要地位。中唐禅宗兴起后,农禅并行,"过午不食"的律制已很难维持禅僧的生活。中唐以后的初期丛林已是"斋粥随宜,二时均遍","食"的重要性日益显现,这也是丛林规制与传统戒律的区别。因此,在禅寺构成上,厨库的地位也日益重要,这也有别于传统佛寺。律宗寺院的厨房,"井亭、果子库、饭食库、净厨、油面库等位于寺院东侧小库院。而在禅寺以后,突出和形成了以库院为中心的寺东组团构成"[④]。可见库院在禅宗寺院中地位显要,其规模大小也反映了寺院的兴盛程度。

4. 东司与宣明

东司为宋代禅寺中对厕所的通称,根据其所在禅院中的位置又称为东

---

① [东晋]鸠摩罗什:《大正藏第 14 册·维摩诘所说经·卷下·香积佛品第十》,第 552 页。
② [明]德清:《卍新纂续藏经第 73 册·紫柏尊者全集》,第 151 页。
③ 黄爱月:《香积叙事:汉地僧院里的厨房与斋堂》,国立中央大学硕士学位论文,1995 年,第 2 页。
④ 张十庆:《中国江南禅宗寺院建筑》,第 80 页。

净和西净。禅宗融修行于日常生活中,视吃饭、喝茶是与坐禅修习同等重要的开悟手段,因此丛林中极重视东司之设以及相关规仪,称打扫清洁东司的役职为"净头",并选择悟境高者任之。关于东司的规制,张十庆在《中国江南禅宗寺院建筑》中对金山寺东司的描述如下:

> 东司通常设于僧堂后,并与照堂和后架,形成一组固定配置的相关建筑:所谓后架,即洗面所,接于僧堂后。因僧堂是禅僧食、坐、卧之处,故作为生活设施的东司及后架,皆紧随僧堂之后而设,以方便使用。而所谓照堂,实际上是后架前室,或连接僧堂与后架的过间。其相互关系是:"僧堂—照堂—后架"。东司、小遗处及把针处、洗衣所等则设于近旁,形成一组服务于僧堂的生活设施。[①]

宣明即禅宗寺院里的浴室,在佛教里备受重视,沐浴除了能去除污垢,还有修行、供养、除病这三个功能。丛林视沐浴为禅修实践,是禅寺构成上的一个重要建筑。南宋禅寺中专设"知浴"一职掌管浴室,《禅苑清规》中还设有一定的沐浴规则:

> 凡遇开浴,斋前挂开浴牌,寒月五日一浴,暑天每日淋汗,铺设浴室。挂手巾,出面盆鞋脚布,参头差行者直浴,斋罢浴头覆维那首座住持毕,浴圣桶内皆著少汤,烧香礼拜想请圣浴,次第巡廊鸣板三下……其入浴资次。[②]

张十庆根据《五山十刹图》中"天童寺宣明图"描述南宋禅林的浴室:

> 浴室大堂之后,附设烧水灶间,堂内正面安奉浴室本尊跋陀波罗像,其后即为浴场,以一屏风遮蔽;周壁三面长床,供脱衣放置袈裟。浴场中央为浴池,池两边置取汤浴桶,室内还设有焙脚布炉及洗手桶等用具。[③]

---

① 张十庆:《中国江南禅宗寺院建筑》,第87页。
② 《大藏经·卷48·敕修百丈清规卷第四》,第1131页。
③ 同①,第87页。

东司与宣明在丛林修行上有着特殊的意义,是禅寺建筑中具有特色的内容。

(四)寺院其他建筑设施

1. 山门

山门即寺院的大门,禅寺山门源于传统的"三门",因禅寺远离城市,多营居于山林,故寺门有"山门"之称。关于"山门"一词,《禅林象器笺》曰:

> 山门者,山对城市之言。城市俗,山林真,凡兰若反俗居,本宜在山,所谓远离处也。故从在城市者,亦用山号,夫归山向真道者,当由此而入,故言山门也。[①]

《释氏要览》曰:

> 凡寺院有开三门者,只有一门,亦呼为三门者,何也? 佛地坛云:大宫殿,三解脱门,为所入处。大宫殿,喻法空涅槃也。三解脱门,谓空门、无相门、无作门,今寺院是持戒修道,求至涅槃,人居之,故由三门入也。[②]

寺院的三个门,象征三解脱门,即空、无相门、无作门,故山门又称三门。"宋时山林禅寺根据对山地寺域范围的界定和空间的引导,山门形式相应地有外山门、中山门和正山门之分,俗称头山门、二山门和正门。"[③]宋元时期,山门在禅寺中地位特殊,丛林将山门视为寺之脸面,是寺院地位和等级的象征,在建筑规模上竭尽恢宏壮丽。南宋时,江南禅寺山门一般为重阁形制,规模之巨,超过佛殿、法堂等其他寺院建筑。如径山能仁禅寺"架五凤楼九间",天童寺山门"为阁七间"。中世日本东福寺、妙心寺、南禅寺都是现存最早的中日禅寺的遗址,山门阁规模五间。

唐代,山门供奉罗汉之制,南宋时这一形制成为定式。《禅林象器笺》曰:

> 山门阁上必设十六罗汉像,中安宝冠释迦,以月盖长者,善财

①② [日]无著道忠:《禅林象器笺》,第397—398页。
③ 张十庆:《中国江南禅宗寺院建筑》,第81页。

童子为挟持,又有安五百罗汉者。①

南宋径山寺的五凤楼上便"奉安五百应真"。明以后的山门形制发生变化,宋元古制的重层山门演化为天王殿,布置于中轴线上。

2. 钟楼与鼓楼

"钟楼为寺院悬挂大钟的楼阁,是寺院用于警示号令的重要法器。"②钟有梵钟与唤钟两种。"梵钟,又称大钟、定钟、堂钟,通常悬挂在钟楼上,系用于召集大众,或作朝夕报时;唤钟又称半钟、小钟,以其用途为通告法会等行事之开始等,亦称行事钟。"③《禅苑清规·警众》曰:"五更鸣大钟者,警睡眠也",④"次鸣大钟者,报斋时也……黄昏鸣大钟者,行者上殿念佛也……从朝至暮,钟鼓交参,非唯警悟大众,亦乃说法无间。"⑤《丛林清规》中对撞钟亦有规定,寺院中有专掌钟楼大钟的职事,称为"钟头"。

初唐,钟楼便已出现。唐代寺院里的钟楼,一般设在东侧。唐人段成式在《寺塔记》中记载:"寺之制度,钟楼在东。"⑥关于寺院钟楼的形制,《泉州开元寺佛殿碑记》一文中这样描述:

> 寺制,殿象王者之居,尊其法也。其后金地莲扃,周旋四海,乌飞兔走,或故或新,至如神运之,灵莫灵矣,亦靡得而岿然,则我州开元寺佛殿之与经楼、钟楼,一夕飞烬,斯革故鼎新之数也。仲弟检校工部尚书为兹郡之秋也……乃割俸三千缗,鸠工度木,烟岩云谷之杞梓鞭柄,投刃以时,趋功以隙,食以月粟,付以心倕,不期年而宝殿涌出……而五间两厦,昔之制也……东北隅则揭钟楼,其钟也新铸,仍伟旧规;西北隅则揭经楼,双立岳峰,两危蹑云。东瞰全城,西吞半郭。霜韵扣而江山四爽,金字骈而讲诵千来。是知天地日月鬼神,不欲一存其物,将有待于后人也。⑦

钟楼也普遍出现在禅宗寺院中,宋绍兴年间崇先显孝禅院落成,"云

---

① 　(日)无著道忠:《禅林象器笺》,第399页。
② 　张十庆:《中国江南禅宗寺院建筑》,第90页。
③ 　佛光山宗务委员会:《佛光大辞典》,北京图书馆出版社2001年版,第6839页。
④ 　[宋]宗赜:《禅苑清规》,苏军点校,中州古籍出版社2001年版,第76页。
⑤ 　同上,第77页。
⑥ 　段成式:《酉阳杂俎续集·寺塔记上》。
⑦ 　黄滔:《莆阳黄御史集》,商务印书馆1936年版,第275—279页。

堂、钟楼,无不毕备"①。宋宁宗时重建的径山寺,"前耸百尺之楼以安洪钟"②。净慈寺"钟楼高十余丈,在金刚殿西,创建无考,至正间东屿德海重建"③。"面阔三间,重层四檐,应是宋时江南寺院钟楼的典型形式。"④钟楼内悬挂大钟,如《净慈寺旧志》载:"洪武十一年,住持夷简复建以旧钟,小仍聚铜二万余斤,铸巨钟悬其上,撞之声闻远塈,西湖十景之一,所谓南屏晚钟也。"⑤宋代天童寺、灵隐寺等伽蓝配置上,也遵循唐制,钟楼一般位于寺院山门之东。钟楼与殿藏对置于山门和佛殿之间东西两侧,"左钟右藏"成为宋代禅寺伽蓝配置的时代特色。

鼓楼是明代寺院布局上的一个新要素,布置于寺院前端的"左钟楼右鼓楼"是明清两代寺院中最显著的特征。

3. 水陆堂

水陆堂是佛教寺院举行水陆法会的场所。"水陆法会,全称为'法界圣凡水陆普度大斋胜会',略称为'水陆会',又称为'水陆道场'、'悲济会',是中国佛教经忏法事中最隆重的一种。"⑥起源于印度,是一种超度亡灵、救度众生的佛事法会。据佛教经典记载,释迦牟尼弟子阿难夜梦恶鬼向其乞食,遂设水陆道场,施食救度。明代莲池大师所作《水陆仪轨》卷一说,"水陆",是指众生受报之处,水陆空三界,尤指水陆二处众生的苦难更为深重,所以称为"水陆"。"普度"是使六道众生悉皆度化,使之解脱。"大斋"是指施食,即救度者与被救度者集会于一堂,食与法都在一起,普度受苦众生。水陆法会千百年来一直是中国佛教最重要的大法会之一。

南宋时期,水陆法会是最盛行和普及的佛事超度法会。宋元丛林中专设水陆堂主之职,以管理水陆堂司务。水陆堂最早出现于梁武帝时期,传说梁武帝在梦中得到神僧指点做大陆大斋普济群灵,便于润州(镇江)金山寺修坛设会。至宋代开始大行于世,其中以南方的江浙、江淮、川广、福建尤盛。⑦ 宋元年间,由海贾到寺设水陆法会,请金山寺住持佛印了元亲自主持,影响巨大,以"金山水陆"驰名。水陆堂也是宋代禅寺的特色建筑,径山寺 13 世纪初重建时,"供水陆大斋,则列西庑,此皆一日不可缓,寺之所以

①　《松隐集・卷30・崇先显孝禅院记》。
②　曾枣庄、刘琳:《全宋文・卷 5969・径山兴盛万寿禅寺记》,第 31 页。
③　[清]释际祥:《净慈寺志》(上),第 47 页。
④　张十庆:《中国江南禅宗寺院建筑》,第 90 页。
⑤　同③,第 47 页。
⑥　圣凯:《普度众生的水陆法会》,《世界宗教文化》,2000 年第 4 期,第 39 页。
⑦　同④,第 93 页。

立也"①。

宋以后,诸宗混流,禅寺在功能和性质上也渐趋成为一座独特的世俗建筑。寺院出于经济与生存目的,经常做佛事,反映在建筑上,即水陆堂开始构成禅寺的重要内容,这也是佛教世俗化和普及化的一个显著标志。水陆道场的法会仪式,有特定的仪轨和做法,场面隆重,规模盛大。一般由施主为寺院出资举行,"在七昼夜之间,主要为结界洒净、遣使发符、请上堂、供上堂、请下堂、供下堂、奉浴、施食、受戒、送圣等。其中,遣使发符、奉请是很主要的,这是向天上、空中、陆地、地狱诸圣凡发出符牒,然后奉请三宝十位圣贤上堂"②。《五山十刹图》上所记灵隐、天童伽蓝配置,水陆堂皆设于山门入口处,位置明显,出入方便,这也反映了禅寺成为世俗社会的修行道场,成为民间宗教渗透的产物。

四、浙江禅寺的建筑布局特征与风格

(一)建筑布局特征

中国佛寺的建筑布局特征可归纳为以下几类:单元体、单轴、方阵、曲轴长线、主轴方阵。单元体为佛寺基本单元,其他形式通过单元体相互组合而成,单轴与方阵可组合成主轴方阵。主轴方阵根据地形变化还有一种变体,叫曲轴方阵,单轴、方阵和主轴方阵在佛寺布局中应用较多,其中以单轴最多。③

1. 单元体

单元体是佛寺建筑的基本单元,规模小,一般为独栋的建筑物或者小规模的院落。这类建筑可能受传统民居院落布局的影响,由一个单一的大空间构成,布局紧凑,四面围合,组成一个小小的四合院的形式。这也是中国传统建筑的一个基本组成单元。魏晋南北朝时期,舍宅为寺成为主流风尚,佛寺的基本布局与传统四合院式民宅无异,只是将正室客厅布置成佛殿,安置佛像,其余作为次殿。这类建筑也受早期立塔为寺、塔殿结合的佛寺布局的影响,有小型的开敞院落空间,周围以围廊相联结,组成一个封闭的建筑单元体。而一些规模较大的佛寺,往往由这"一院一组"的基本单元

---

① 曾枣庄、刘琳:《全宋文·卷5969·径山兴盛万寿禅寺记》,第31页。
② 圣凯:《普度众生的水陆法会》,第40页。
③ 袁牧:《中国当代汉地佛教建筑研究》,第58—61页。

反复重复组合而成。在一些规模较大的禅宗寺院里,几乎处处都布满了这种单元体结构。这种建筑不是强调个体的宏伟,而是通过空间的重复与有机组合,使平面布局更加自由多变,造型灵活。本书所考察的浙江禅寺基本都为大型建筑,这种小型佛寺的例子较少,典型的单体建筑如浙江天台方广寺,建筑围合成院,院中设置大殿,具有空间单一、布局紧凑的特征。

2. 单轴与方阵

单轴布局的主要特征也即轴线对称的布局模式,寺院主要建筑位于中轴线上,在进深方向上布置多进院落,寺院整体呈长方形。这类建筑在明清时期的佛寺建筑中体现得尤为明显。禅宗寺院历经宋元成熟完善,至明清时期,寺院整体布局由扁平形状向纵深方向发展,中轴线拉长,轴线对称更加严整,寺院规模越大,轴线越长,以体现庄严、肃穆的氛围。

和单轴型佛寺不同,方阵型佛寺往往有 2—3 条轴线,寺院建筑沿不同轴线分布,各自组成院落,其中山门——大雄宝殿组团位于寺院主轴线上。唐道宣在《戒坛图经》中所描绘的律寺的布局基本属于这种模式,寺院中不同轴线把整个寺院划分成若干空间单元,主次建筑根据功能合理分布。寺院共分为五个功能区,形成一个复合型的多空间方阵布局,这在隋唐时期的城市规划中也普遍应用。

单轴布局模式也是禅宗寺院理想的"伽蓝七堂"布局模式。浙江一般的大型寺院,如普济寺、法雨寺、七塔寺、江心寺等,这些寺院布局高度强调中轴线的长度。寺院以佛殿为主要建筑,钟、鼓楼等其他殿宇建筑按轴线对称布置,轴线拉长,在礼仪上显得庄严宏大。但过长的轴线往往影响到寺院空间的功能组织,很难做到绝对中轴对称。因此,单轴与方阵两种建筑模式并不总是单独运用,两者常常结合在一起,尤其对一些功能复杂的大型佛寺,常常在两侧安排不属于中轴对称的附属建筑,形成组团院落,使寺院布局更加灵活高效。如净慈、慧济、国清等寺院,以"山门＋大雄宝殿"形成组团建筑,寺院主要建筑依据单轴布局原理分别对峙于中轴两侧,同时,安插附属建筑形成方阵式院落布局。

3. 主轴方阵

主轴方阵是单轴与方阵两者之间的过渡模式。在这种布局中,主轴遵循传统对称布局,主要建筑布置于轴线上,若干大大小小的院落作为辅助建筑,根据不同功能自行安排,这种布局模式应地形而变,布局自由、灵活,多数大型的城市佛寺和乡村佛寺均采用主轴方阵模式。如杭州灵隐寺的布局,以中轴线建筑为主,辅助以大大小小十个组团组成。而对于一些大型山林佛寺来说,如天童寺和阿育王寺,由于山地环境复杂,寺院的布局则更多地倾向于曲轴长线模式。

（二）禅宗寺院的建筑风格

1. 非固定的建筑模式

唐代禅宗发展初期,由于怀海改制,制定《百丈清规》,其中"不立佛殿,惟树法堂"的寺院规制,反对偶像崇拜,不遵守原有建筑制度,以法堂为中心,形成自己一套独特的建筑模式,改变了中国传统佛寺崇尚奢华的建筑风格,抛弃了传统以"塔"为中心的寺院形制。这种建筑风格历经宋元时代的成熟、完善,至元明终于固定下来,并成为汉地佛寺建筑基本模式。寺院以山门、天王殿、大雄宝殿、法堂、藏经阁等主要建筑形成主轴线,山门内左右设置钟、鼓楼,中央正对山门的是天王殿,做成三间穿堂形式。天王殿后坐落着主建筑大雄宝殿,形成第二进院落。天王殿与大雄宝殿之间,一般左设有伽蓝殿,右为祖师殿,大雄宝殿后左设有观音殿,右有轮藏殿（或地藏殿）,寺院殿堂以长廊连接,形成封闭空间。主轴院落两侧布置僧房、禅堂、斋堂等僧人居住的房屋。明清以后的佛寺,虽仍是禅寺,但与不特设佛殿的寺院已有所不同。

这套与中国传统住宅、宫室、官衙的建筑空间相近的佛寺模式,虽不能代表汉唐时期大伽蓝的盛况,但也与原来宋元时期的禅寺布局相去甚远。寺院内的建筑并无特定规制,每一时期的佛寺,都是根据对佛教经义典籍的理解,再加上了诸多人为的习俗和观念而创建。随着社会历史的发展,每一种暂时适用的建筑模式,都在原来的基础上开始分化演变。随着禅宗日益世俗化,禅与民间宗教信仰及现实群众需要相结合,使禅宗的寺院构成与性质也随之发生变化,禅宗之寺与民间之庙也相互接近、相融。"除了藏传佛教寺院中,尚存一些特殊的形制之外,汉地佛寺已渐渐消除了宗系的藩篱,而趋于一种相互认同,相互容纳的形势。"①

佛教逐渐脱去其外面的袈裟,宗教色彩也日益淡薄。现实的因缘条件不断变化,禅寺的建筑模式也不断发生变化。加上历朝历代,佛寺一直在不断地扩建、改建、重建等,西域旧地的建筑模式与汉魏唐宋千余年的儒家文化碰撞、融合,早已改变了其本来面貌。方立天认为,"超越—空无—自由"是禅宗的特定逻辑和本质。自由的意义对于禅宗来说,就是要超越意

---

① 王贵祥:《东西方的建筑空间》,第 173 页。

识的根本性障碍,万事万物皆圆融无碍。禅宗的根本宗旨是明心见性,马祖道一提出本心就是平常心,道不用修,淡化甚至否定了佛教原有的修持方式。惠能认为要见性,就要走无相、无念、无住的法门,达到人心的解脱也即人心的自由,真正体悟到"个体与整体、短暂与永恒、有限与无限"的统一、无差别。"从这样一种高度超越和自由的逻辑以及修行实践出发,本质上来说是不会规定任何一种固定模式的佛寺建筑形态的。一旦落入固定的模式,不但违背了无相、无住的基本法门,其实也不符合艺术创作和历史发展的一般规律。"①

因此,禅宗兴起,在中土的佛教寺院中就萌生了一种新的建筑理念,寺院中不再追求纯外在的宏丽,而开始注重内部空间的营造,使众生得以观照佛理禅机,通过见性、通过心的觉悟来达到对自由和无差别的理解,也即明心见性。早期"呵佛骂祖"等等极端的修持方法,改变了佛塔、佛殿在寺院中的地位。晚期由于禅、戒、净同修,又重新恢复了佛殿在寺院中的地位,恢复其恢宏的建筑形制和规模,当然这和隋唐时期的规模相比,已相差甚远。

真正固定不变的事物是不存在的,禅寺建筑形态也在长期的发展中不断地根据需求和外界条件加以改进,以适应环境的变化,体现出宇宙本身万物流转变化的属性,这种非固定化的寺院建筑形态也更好地体现了禅宗思想。

2. 建筑与环境的平等融合

佛教认为诸行无常,诸法无我,否定自我,超越环境,实现自我和环境平等无差别,这是佛教环境观的一个重要方面。人类和环境平等,建筑和环境当然也是如此。众生平等,包括动物、植物甚至山河大地,它们都是有佛性的,平等无差别,在这种无我平等的观念下,山林佛寺普遍倾向于融入山林环境,以体现无我平等观念。

中国人对待自然的态度是"有情"的。天然地形环境本身所固有的独特的地形地貌,赋予了建筑以不可思议的绝响。因此,山林佛寺要与自然环境相结合,首先是顺应地形环境营造建筑,使佛寺与地形在彼此协调顺势中求得统一。在地势较平缓基地上的佛寺,建筑物通常依山就势,配合每一进庭院,层层递上,达到与天然地形的有机结合。如果不能尊重自然风景,过于强调佛寺的地位,一味地追求自身形象,不但破坏了自然风景,

---

① 袁牧:《中国当代汉地佛教建筑研究》,第 180 页。

也不符合佛教无我平等的思想。

　　3.超越景观的园林营建

　　作为山林寺院,环境景观园林化是禅寺的一大特征。一方面,园林化的禅寺一直是历史上著名的风景游览胜地,风景游览是当时禅寺公共活动的主要内容。另一方面,"青青翠竹尽是法身,郁郁黄花无非般若",花草树木竹石,一切自然现象和动植物均是禅宗常用的证悟媒介。佛寺的园林环境是佛教修行十分重要的工具,其意义超越一般景观价值。

　　因此,利用自然环境营造寺院景致和氛围,形成独特的禅境空间,体现了道家"师法自然"的思想。道家崇尚自然,自然以曲致为上,以自由灵活的园林布局方式,亭、廊、桥、楼、轩、水池、假山等园林建筑形式布景,模拟理想中西方佛国净土世界。在自然景物与禅学中感受到生命的"空",同化构建了中国禅宗特有的"无内无外""梵我合一"、虚幻神秘、超越精神与物质的返璞之美,冲淡了宗教严整规制空间的森严沉闷的气氛。

第三节　浙江禅宗寺院的空间布局

一、唐代怀海改制与《百丈清规》

　　任何一种寺院形制的发展成熟都需历经一个漫长的过程,禅宗寺院也是如此。中唐以后,随着禅宗兴起,禅宗另一位重要的宗教领袖百丈怀海制定寺院规则,宣告禅宗拥有自己独立的寺院形制。禅僧们从居无定所,到群居参学,最后形成自己独立的寺院形态。

(一)唐代怀海改制

　　怀海禅师(749—814),俗姓王,名怀海,福州长乐人,唐朝禅师。因住江西百丈山传法,世称为百丈禅师。"唐陈诩《唐洪洲百丈山故怀海禅师塔铭》称其原为太原(今属山西)人,后住福州长乐县……落发于西山慧照,进具于衡山法朝,然至庐江阅读佛经,积年不出庭宇,后参马祖,尽得心印。"[①]

　　怀海幼年出家,曾在庐江(今安徽庐江县)浮槎寺刻苦研读佛教经典数

---

　　① 　[宋]道原:《景德传灯录译注》,顾宏义译注,第427—428页。

年,佛学理论功底深厚;曾前往南康(今江西)参学马祖道一,与西堂智藏一起为入室弟子。他参禅悟道六年,积累了丰富的修行实践经验,《景德传灯录·洪洲百丈山怀海禅师》曰:

> 洪洲百丈山怀海禅师者,福州长乐人也。岁离尘,三学该练。属大寂阐化南康,乃倾心依附,与西堂智藏禅师同号入室,时二大士为角立焉。[①]

马祖道一圆寂后,怀海就成为继马祖道一之后的又一代禅宗领袖。《五灯会元》中的《百丈怀海禅师传》,《宋高僧传》中的《唐新吴百丈怀海传》以及《景德传灯录译注》中的《洪洲百丈山怀海禅师》都有较为详尽的记载。百丈怀海作为禅宗另一位重要的宗教领袖,对促进禅宗的繁荣发展以及建立禅宗道场都做出了巨大的贡献。

《大宋僧史略》卷上曰:

> 后有百丈山禅师怀海,创意经纶,别立通堂,布长连床,励其坐禅。坐歇则带刀斜卧。高木为桄架,凡百道具悉悬其上,所谓龙牙橛上也。有朝参暮请之礼,随石磬木鱼为节度。可宗者谓之长老,随从者谓之侍者,主事者谓之寮司,共作者谓之普请。或有过者,主事示以柱杖,焚其衣钵,谓之诫罚。凡诸新例,厥号丛林。与律不同,自百丈之始也。[②]

《祖庭事苑》载:

> 自达摩来梁隐居魏地,六祖相继至大寂之世,凡二百五十余年,未有禅居。洪州百丈大智禅师怀海始创意,不拘大小乘,折中经中之法,以设制范堂布长床,为禅宴食息之具,高横桄架,置巾单瓶钵之器。屏佛殿,建法堂,明佛祖亲自属授,当代为尊也。行普请之法,上下均力,置诸寮务,各有司存,斋粥二时,宾主均遍,示法食之平等也。后世各随于宜,别立规式。[③]

---

① [宋]道原:《景德传灯录译注》,顾宏义译注,第416页。
② 《大正藏·卷51·景德传灯录·卷6》,第250页。
③ [宋]赞宁:《宋高僧传·卷10·唐新吴百丈山怀海传》,范祥雍点校,第236页。

唐代，禅宗势力尚弱，在怀海之前，禅僧多居律寺。"自道信、弘忍以来的禅僧大多独来独往的头陀僧，居无定所，随遇而安。在丛林组织形式上，尚未形成独立的寺院形制，故禅僧多寄居于律寺别院中。"[①]《敕修百丈清规卷二》曰：

> 佛教入中国四百年而达摩至，又八传而至百丈。唯以道相授受，或岩居穴处，或寄律寺。[②]

马祖道一与其门徒在南方开辟丛林，经过了数十年的发展，已趋于成熟，只是尚未形成完整的丛林制度。禅僧聚集律寺，律寺兴盛，玄宗遂将禅僧聚居的诸寺院，重点改革律寺，试图将禅众控制于戒律之下。律寺严苛的戒律，使很多禅僧不能忍受，即使一些著名的高僧大德，也大多离寺别居，或岩洞，或茅庐。如著名禅师神秀，因不能忍受律寺的严苛戒律，仅寄名于寺院，离寺别觅居所。鸟巢道林就居住于一棵大树上，石头希迁于唐天宝初年，在衡山南寺之东的一块石头上结庵，《五灯会元》载：

> 师于唐天宝初，荐之衡山南寺。寺之东有石，状如台，乃结庵其上，时号石头和尚。[③]

中宗时，以神秀为首的禅宗北宗渐修一派受到皇室的重视，而惠能所创顿门一派，由于弟子神会的宣扬，而占据禅宗的正统地位，并发展为佛教各派中影响最大的一派。随着南宗势力的不断壮大，禅宗"花开五叶"，宗门大盛，禅僧人数激增，那种寄居于律寺或其他别院的方式已无法与禅宗发展的形势相适应了。当时，禅宗的发展遇到两大重要问题，第一是禅僧日益增多，大都寄居于律寺等其他宗派的寺院，却无自己独立的禅院，律寺严苛的寺院管理制度与禅宗生活方式之间的冲突日益加剧。第二是唐中叶后政府取消了对寺院和僧尼个人田产免税的规定，寺院的土地和劳动力来源发生了困难，禅僧们面临生存下去的问题。

《景德传灯录译注》载："檀信（怀海）请于洪州新吴界，住大雄山。以居

①　傅熹年：《中国古代建筑史》（第 2 卷），第 515 页。
②　《大正藏·卷 48·敕修百丈清规·卷 2》，第 1119 页。
③　［宋］普济：《五灯会元·卷 5·石头希迁禅师》，苏渊雷点校，第 255 页。

处岩峦峻极故,号之百丈。"①百丈山人烟四绝,地理环境险恶,但怀海的声誉使四方禅客无远不至,吸引来的禅僧越来越多;"安史之乱"使北方地区受到严重破坏,大量流民南迁,一部分流民加入到百丈山队伍。《传法宝纪》曰:"出家离俗,只为衣食。"②于是百丈丛林人口众多,禅僧面临着生存问题。面对严峻的形势,怀海推行大乘佛教的戒律观,《百丈怀海大智禅师广录》载:

> 不得定言有罪,亦不得定言无罪。有罪无罪,事在当人。若贪染一切有无等法,有取舍心在,透三句不过,此人定言有罪。若透三句外,心若虚空,亦莫作虚空想,此人定言无罪。
>
> 罪若作了,道不见有罪,无有是处。若不作罪,道有罪,亦无有是处。如律中本迷煞(按:杀)人及转相煞,尚不得煞罪。何况禅宗下相承,心如虚空,不停留一物,亦无虚空相,将罪何处安着?
>
> 临命终时寻旧熟路行尚不彻。到与么时,新调始学,无有得期。临终之时,尽是胜景现前,随心所爱,重处先受。只如今不作恶事,当此之时,亦无恶境,纵有恶境,亦变成好境。若怕临终之时惶狂不得自由,即须如今便自由使得。只如今于一切境法都莫爱染,亦莫依信知解,便是自由人。③

《百丈怀海传》载:

> 百丈大智禅师,以禅宗肇自少室,至曹溪以来,多居律寺,虽别院,然于说法住持未合规度,故常尔介怀。乃曰:"祖之道,欲诞布化元,冀来际不泯者,岂当与诸部阿笈摩教为随行耶?"或曰:"《瑜伽论》、《璎珞经》,是大乘戒律,胡不依随哉?"师曰:"吾所宗非局大小乘,非异大小乘。当博约折中,设于制范,务其宜也。"于是创意别立禅居。④

按照百丈怀海的观点,只要"心如虚空,亦莫作虚空想","于一切境法

① [宋]道原:《景德传灯录译注》,顾宏义译注,第 417 页。
② 杨曾文:《新版敦煌新本六祖坛经》,宗教文化出版社 2001 年版,第 178 页。
③ [宋]颐藏:《古尊宿语录·卷 1》,吕有祥校点,中华书局 1994 年版,第 16 页。
④ 《大正新修大正藏·卷 50·宋高僧传·卷 10·百丈怀海传》,770—771 页。

都莫爱染，便是自由人"，"有罪无罪，事在当人"，很好地解决了禅僧开垦荒地，斩草伐木而杀生招致的因果报应的顾虑。生存压力使怀海身体力行，领导百丈山僧团"上下均力"，行"普请制"，"一日不作一日不食"，博采大小乘戒律规制的合理部分，而不束缚于印度小乘系统的戒律、教规。根据需要，在百丈山创立禅院，实行教规改革，制定一套适合禅宗的切实可行的新规制。

随着唐代中期禅宗寺院的普遍兴起，禅宗开始创立适于自身修行和生活的寺院规制，其传道方式与传统佛教其他派别相背离，开创了新的禅林风范，也开创了一种新型的寺院形制，使得两汉以来西域式寺院从内容到形式上变为中国式寺院。

（二）《百丈清规》主要内容

《百丈清规》是一部文献的名称，是中国禅宗寺院丛林组织的规程和寺众日常行事的章则，同时它也是一个制度的指代。从怀海创制《禅门规式》至民国，中国历史上出现了十多种禅宗清规，其来源都为《百丈清规》，因而《百丈清规》也成为各种禅宗清规的代称。

怀海所创的《禅门规式》已失佚，宋代杨亿所作的《古清规序》与怀海版本较接近，保留较完整。在其后的沿革变迁中，历代都有增订改修甚或新创清规的出现。"至元顺帝元统三年（1355），江西百丈山住持德辉奉元帝敕取《崇宁》《咸淳》《至大》三本荟萃参同，增补删减而成《敕修百丈清规》二卷，成为全国通用之规则。明朝亦屡次下敕凡不入此清规者，就以法律绳之。"①后世便以《敕修百丈清规》作为从明迄今禅宗寺院日常规制的通行本。

1. 怀海时代的《百丈清规》主要内容

"在怀海时代，《禅门规式》的主要内容包括僧职设置、禅法教学、饮食起居、普请劳作、犯规惩戒等，其简约实用的风格与当时禅宗欣欣向荣的大背景相呼应。"②

（1）寺院管理方面。寺院在继承了以往佛教僧团机构建制的基础上，建立了以长老（方丈、住持）为核心的禅寺首脑制度，规定寺中德高望重的禅僧为化主，称为长老，独住一室。杨亿《古清规序》曰：

---

① 《大正藏·卷51·敕修百丈清规·卷2》，第1121页。
② 黄奎：《中国禅宗清规》，宗教文化出版社2008年版，第92页。

凡具道眼者，有可尊之德，号曰长老，如西域道高腊长呼须菩提等之谓也。即为化主，即处于方丈，同净名之室，非私寝之室也，不立佛殿，唯树法堂者，表佛祖亲嘱授，当代为尊也。①

在管理制度上，凭借领导者的人格力量的影响，以僧众自觉遵守戒律为主，创造了一套僧团自我管理的管理模式。在寺僧职务上，全院设置"十寮"，各有首领一人，将所有禅众分别组织到生产或生活服务的各个岗位上，《古清规序》曰：

置十务，谓之寮舍，每用首领一人，管多人营事，令各司其局也。②

僧职是寺院管理的重要内容，寺院里僧侣因事设职，各司其职。同时，在寺院的管理方式上，继承了佛教僧团及儒家的"德治"管理，同时兼设"法治"，实行"法治"和"人治"相结合的模式，寺院设"维那"负责监察和维持禅律，对违纪禅僧，一视同仁，严惩不贷。《古清规序》曰：

或有假号盗形，混于清众，别致喧挠之事，即堂维那检举，抽下本位挂搭，摈令出院者，贵安清众也。或彼有所犯，即以柱杖杖之，集众烧衣钵道具，遣逐从偏门而出者，示耻辱也。详此一条制有四益：一、不污清众，生恭信故；二、不毁僧形，循佛制故；三、不扰公门，省狱讼故；四、不泄于外，护宗纲故。③

这种特殊的团体规约，起到惩前毖后、以儆效尤的作用，以维护僧团的形象，护持宗教纲常，避免官方"狱讼"，使僧团保持纯洁。僧团成员之间也分工明确，平等、自由、民主。这种新的组织机构设定的严密纪律，也是完全为了适应禅众独特的群聚生活而定，很大程度上也变革了禅僧寄生和游乞的生活方式，改变了僧侣的整体性质。

（2）饮食起居劳作方面。《清规》打破了旧寺院中尊卑、贵贱分明的等级结构，调整丛林中师徒、同学间的关系。僧徒排列的次序，不问贫富贵贱，一律根据出家时间即僧龄而定。僧徒之间一律平等，"无高下，尽入僧堂"，《古清规序》曰：

---

①②③　［宋］宗赜：《禅苑清规·杨亿古清规序》，第170页。

　　　　所衰学众，无多少，无高下，尽入僧堂，依夏次安排，设长连床，施椸架，挂搭道具，卧必斜枕床唇，右胁吉祥睡者，以其坐禅既久，略偃息而已，具四威仪也。①

　　在劳动上，规定僧众必须全体参加劳动，自力更生，饮食上一天两餐，以保持体力，勤俭节约，《古清规序》曰：

　　　　斋粥随宜，二时均遍者，务于节俭，表法、食双运也。行普请法，上下均力也。②

　　中国佛教非常排斥生产经营和体力劳动，"肆力以自供"曾是一部分僧侣的理想，但始终没有真正实现过。百丈的改制，改变了印度佛教依靠政府或社会大众布施的生存方式，创造了具有中国特色的寺院模式，使寺院摆脱了对社会的依赖，独立自主，自力更生。在远离城市的山林地带，利用可开垦的荒地，建立了自己独立的经济模式，建立寺院经济基础，这也在一定程度上改变了佛教经济基础的脆弱性。

　　（3）禅法教学方面。禅宗以"空""无"为最上乘境界，要想成佛，必须离相、扫相，抛弃文字、经典、经文等。佛法不再依赖文字表象，怀海将惠能祖师的"不立文字，教外别传"的主张制度化，《古清规序》曰：

　　　　除入室请益，任学者勤怠，或上或下不拘常格，其阖院大众，朝参夕聚；长老上堂升座，主事徒众雁立侧聆，宾主问酬、激扬宗要者。③

　　禅僧团的教学与其他教派不同，教学形式"不拘常准"，活泼多样，将参禅悟道融于日常生活之中，禅法传承靠师父的启发和僧众自身的体认。

　　百丈怀海是将农禅实践制度化、成文化的第一人。这些仪范规式成为山居禅众的典型模式，适应了当时中国社会的现状，为后世丛林所因袭，成为各禅林争相效仿的典型，影响甚大。《百丈清规》的制定，创建了具有中国特色的佛教寺院僧团组织制度。这也是在新的历史条件下，禅宗争取自

　　① ［宋］宗赜：《禅苑清规・杨亿古清规序》，2001 年，第 170 页。
　　②③ 《大正藏・卷 48・敕修百丈清规・卷 8・古清规序》，第 1157—1158 页。

身独立的表现,使禅宗历经会昌法难之后,仍能屹立于乱世,在远离城市的山林,自力更生,经济上能够做到自给自足,并发展壮大,乃至传承一千多年而不衰微,为佛教在中国当时的弘扬发展做出了重要的贡献。

2. 后怀海时代的《百丈清规》主要内容

"后怀海时代佛教分为三大派:禅、教、律。禅指禅宗,律指律宗,教包括天台宗、华严宗、法相宗,但主要指法相宗。"①宋元明清时代的禅宗清规,在原有基础上增加的规制仪轨内容越来越多,内容沉重而眩目。根据《禅苑清规》《敕修百丈清规》和《百丈清规证义记》记载,"后怀海时代的禅宗寺院逐渐形成了以住持为首脑、以执事僧为中层辅翼、以杂务僧为基层网结、以全寺僧众为基础的金字塔式的寺政管理模式"②。

(1)主持制度方面。与怀海时代相同,寺院选任的住持不仅要德才兼备,而且要具备高超的管理艺术,住持为寺院的最高领导者,《百丈清规证义记》曰:

> 住持或受别寺请,或年老,或有疾病,或世缘不顺,自忖福薄,即宜知退。凡举后住,预察真实有道德者,或宗眼明白,或行止廉洁,允服众望,始可接住。若有数人堪受而一时难定者,即于韦陀前对众以阄卜之。若住持得人,法道尊重,寺门有光,决不可私商于里人老堂人及房头等,当知彼不以常常住为重,恐有树党徇私、互相挽夺之弊,切宜慎之。证义曰:丛林兴衰,在进退交关。倘一顶,常住亏损也。③

后怀海时代,住持一职对于寺院尤为重要。住持要管理寺院祝圣、祈禳、祭祖、楞严会等仪轨,要主持寺院两序进退、侍者进退,要交割砧基什物、监督寮舍交割什物,主持的名目繁多。"报谢"出入,送往官员,住持在寺中"牵一发而动全身"。住持的选任,似乎已不再是纯粹的寺院内部事务,而与政府又有着紧密关联。

(2)寺僧任职方面。怀海时代的丛林设置"十务"首领,"各司其职"。后怀海时代扩展为知事头首、东西两序,以辅佐住持管理寺务。寺院执事僧任职的数量和功能也大大拓展,《禅苑清规》中所记载的执事僧职就设有

① 黄奎:《中国禅宗清规》,第 77 页。
② 同上,第 93 页。
③ 蓝吉富:《禅宗全书》(第 81 册),文殊文化有限公司 1990 年版,第 337—338 页。

监院、维那、典座、直岁"四知事"和首座、书状、藏书、知客、库头、浴主"六头首",杂务僧职设有化主、粥街坊、米麦街坊、菜街坊、酱街坊、水头、灯头、炭头、华严头、般若头、经头、驼经头、磨头、园头、庄头、廨院主、延寿堂主、净头、殿主、阁主、塔主、罗汉堂主、水陆堂主、真堂主、钟头、圣僧侍者、炉头、直堂、寮主、寮首座和堂头侍者。

后怀海时代丛林快速发展,执事僧人数激增。一方面执事僧蜕变为寺院的官僚特权阶层,另一方面也反映了丛林过度发展有其自身无法解决的问题,在僧职任免方面往往由政府出面干预。

(3)饮食制度方面。后怀海时代,由于寺院经济的发展,早已摆脱了禅宗早期"得一口食塞饥疮"的窘境,但寺僧吃饭仍保持勤俭节约,禁止暴殄天物。寺院设典座为厨房负责人,激励禅僧立足本职工作,于平凡琐屑之处参禅悟道,《百丈清规证义记》中"厨房条规"曰:

> 寸薪粒米,当知来处之艰难;滴水残蔬,须念作时之非易。既不肯暴殄于天物,更当思调和夫众口。酸咸适味,香软得宜,慎重烹饪,勿生轻忽,以供养为怀,不贪果腹,虽随众作务,常抱道心,粥饭三时,不得一朝失误;晨昏二课,何妨数刻清修。铭曰:雪峰饭头,沩山典座,古德芳风,于今未堕,摄耳狂心,慎尔口过,运水搬柴,毋忘者个。堂内坐禅,堂外禅坐,谁知传衣,不离碓磨。故此行门,佛天所喜。求福则得,造业则失。勤谨廉隅,求福之本。偏重懈怠,造业之基,谨遵规铭,为汝良师。厨房共住者,粥饭小食,俱在厨下,同住甘苦,一概不许别处。私食及私留鲜美自食者罚,早课不上殿者罚,窃取常住油米食者倍罚出院。①

厨房条规的核心是戒贪戒惰,崇尚勤俭,《百丈清规证义记》曰:

> 主大众斋粥,须运道心,随时改变,令大众受用安乐……训众行者遵守规矩,行益普请不得怠慢。抚恤园夫栽种及时。均俵同利。二时就厨下粥饭,食不异众。粥饭上桶,先望僧堂,焚香设拜,然后发过堂。②

---

① 蓝吉富:《禅宗全书》(第81册),第373页。
② 同上,第53页。

　　（4）日常行为规范。随着丛林的快速发展，丛林礼仪规章也日益从无到有，从少到多，并日益系统化。僧众从早到晚，从起床、穿衣、叠被、洗漱，到吃饭、行走、走卧、入浴、如厕、烤火等都有详尽规定。礼仪规范主要用于维持正常秩序，为了使僧众遵守清规，寺院往往采取一定的行为规范约束僧团，甚至利用经济惩戒，使僧人通过自律以维持僧团内部正常秩序，这使僧团不完全同于一般的社会组织。《百丈清规证义记》中的"共住规约"有非常细致和严厉的规制：

　　　　犯根本大戒者出院，禅贵真参实悟，弄口头禅者出院。三五成群山门外游戏杂话，并闲坐者罚，不服者出院。吃荤酒看戏者罚已出院。若重病非酒莫疗者，白众方服。吃烟者罚。故与有过人往复、思害丛林、搅乱好人者出院。斗争是非，破口大骂，交拳相打，不论曲直，出院。一理正而忽，一过犯而瞋，理正者不罚，过犯者责出院。米麦等物不白住持私卖用者，罚赔偿已出院。侵损常住财物及砍竹木花果送人者，赔已出院。施护入寺执事私化缘者，量事轻重处罚不服者出院。无公事私走擅护及本俗者定非潜修人，即令出院，而知不举者同罚。己眼不明、妄评他人见地、出语不自知非者，即令出院。课诵坐香出坡不随众者罚。除公事有病不服者出院。禅堂讲话者罚，本堂不举、待堂外举者，堂内执事同罚。除公事，不在本寮、至各寮纵意放逸者罚，或博奕赌钱者重罚出院，执事不举者同罚。无事不得吃二堂，食时不得谈笑，不午争座位，不得不照位坐，不得未结斋先起。不得自携碗入厨取食违者罚。遇普茶听规约，除公事不随众者罚。不得托人取茶果归寮，与者取者同罚。常住经书庄严器皿，概不借出，违者罚。若不得已，白众方借。轻视耆德、恶闻直言、妄生诽谤者出院。不听执事人约束调遣及不满期告假者罚。[①]

　　后怀海时代，封建皇权空前强化，僧官、度牒制度严格，官方对寺院住持和僧职的介入也日益加深。后怀海时代日益庞杂、系统的禅宗清规，也是僧团主动适应封建秩序的深刻体现，封建皇权对禅宗的干预也使清规的政治化倾向加强。《百丈清规》也标志着禅宗寺院有了自己独立的寺院形制，"其一在寺院性质上，追求不依附于传统寺院的独立地位；其二在寺院

────────────

① 　蓝吉富：《禅宗全书》（第 81 册），第 444 页。

形式上,强调不同于传统寺院的独立形态"①。禅宗寺院的创立,也彻底改变了佛教在中国的存在形式,使西域佛教转化为中国化的佛教,使寺院形态完全中国化。

二、初期禅宗寺院的布局特点

(一)百丈式的禅寺布局

怀海禅师创立《禅门规式》,在寺院布局上规定:不立佛殿,唯树法堂。初创时期的"禅居",条件简陋,"仅设方丈、法堂、僧堂,不立佛殿,也没有佛像。方丈是长老住持的净室,法堂象征佛祖,僧堂是僧众的居室"②。布局上重内容甚于形式,强调基本的原则和精神。

唐代后期,随着禅宗兴盛,禅居规模开始扩大。太和五年(831),僧寂然在剡县沃洲山南建成禅院,"正殿若干间,斋堂若干间,僧若干间"③。至唐末,禅寺的主要建筑与规模开始齐备,如唐昭宗天夏三年(906),福州永泰县北山禅寺落成,《永泰县志》曰:

> 计方丈、法堂、禅房、客厅、香积、餐室,不下百数十楹,寺僧百余众,全永一大丛林也。④

从中可以看出,禅院的基本结构已经具备。到宋真宗时,朝廷赋予《百丈清规》这一布局模式合法的地位,并下诏在全国推行,这一布局模式也深刻地影响了自中唐至宋元间中国佛寺的发展方向。

根据日本京都东福寺所藏的《大宋诸山图》中灵隐、天童、万年、径山等南宋禅宗"五山十刹"的布局图样,可以推测早期禅寺的布局形制为:在主体形式上,和传统伽蓝布局大体一致。前堂后寝,由山门开始,从南至北沿中轴线依次布置法堂、方丈,法堂两侧分别配置大僧堂(西侧,僧众集体禅修、起居、饮食、议事之所)和厨库(东侧,厨房、库房及职事堂等)。寺院主体建筑的外围,配以相应辅助建筑,并以院落的形式布置于四周(图3-12)。

---

① 张十庆:《中国江南禅宗寺院建筑》,第39页。
② 张弓:《汉唐佛寺文化史》(上),第172页。
③ 白居易:《沃洲山禅院记》。
④ 董秉清、王沼沂:《永泰县志·卷3·名胜·寺观》,民国十一年(1922)铅印本。

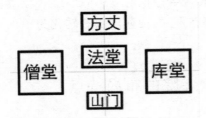

图 3-12　初期禅寺平面图

(二)初期禅宗寺院的布局特点

根据唐代百丈怀海制定的《禅门规式》推测,初期禅宗寺院的空间布局,主要体现以下几个特点:

1."不立佛殿,唯树法堂"

法堂在全寺占据中心地位,佛殿功能弱化,这种布局模式极具鲜明的个性和特色,体现着禅宗原始宗派的宗旨和教义。按照禅宗归相弃法、净心自悟的宗旨,怀海强调寺院不设佛殿,仅设法堂作为长老升堂讲法的主要场所。法堂成为禅宗初期最重要的建筑,也表示出禅宗在新禅观下对于神性的大胆破除。至宋元时期,禅宗寺院发展至鼎盛,这种布局特色很大程度上已趋淡,佛殿重新回到寺院的中心地位,法堂的功能在以后的发展中日趋弱化。

2.僧堂是这一时期禅寺的另一个中心建筑

除法堂外,僧堂是禅僧学修的另一个中心场所。在禅寺存在之前,禅师们修禅多居禅窟或禅堂,修禅的环境是孤立的。《清规》则要求所有僧众,不分高下,一律居住僧堂,"依夏次安排,设长连床,施椸架,挂塔道具"①。禅僧们集体生活、修禅、议事,甚至连睡觉姿势都统一为"右胁吉祥睡者",谓之"带刀睡"。"以其坐禅既久,略偃息而已,具四威仪也。"②僧堂作为早期禅僧的修行场所,其意义不亚于法堂。惠能的学说在于顿悟,众生是佛,故寺内僧人居住,不分年龄大小,地位高低,同室安置。与以往禅堂相比,百丈禅观下的僧堂具有以下两个功能:

(1)僧堂具有坐禅、饮食、睡眠三种职能,不再像以往禅堂单一用于坐禅,同时也不强调苦修,"除入室请益,任学者勤怠,或上或下,不拘常准"③。

---

① ② 《大正藏·卷48·敕修百丈清规·卷8·古清规序》,第1158页。
③ 〔宋〕宗赜:《禅苑清规·杨亿古清规序》,第170页。

（2）僧堂内的坐禅表现为集体行为，而非原始禅堂独处的环境，禅僧们"卧必斜枕床唇，右胁吉祥睡者，以其坐禅既久，略偃息而已，具四威仪也。"

（3）《百丈清规》强调禅寺中人员的组织结构与位序关系，这与寺院空间构成相关联。

3. 住持——东西两序的物化布局结构

在百丈禅寺中，作为东序范畴的厨库（库院）被置于位居法堂的左翼，而西序范畴的僧堂则位居法堂的右翼。这种禅寺的人员组织结构住持——东西两序，对应着禅寺中与以法堂为中心的左库院、右僧堂的布局形式，两者具有明显的"同构"关系（图3-13）。"方丈"居于中轴线上由南至北的终端，位于"首"的位置，与"法堂"相邻；大僧堂属于教育类的建筑位于西侧，表征"西序"；禅宗注重日常生活修行，因此，作为"厨库"等后勤行政类建筑在寺院中的地位同样重要。"厨库"布于东侧，表征"东序"，使组织管理与空间布局高度统一。

长老下设东西两序，这种组织方法被物化在寺院布局中。传统礼制中以"西"为尊，僧堂居西侧，代表"西序"，库院居东侧，代表"东序"，客观上形成以僧堂和厨库为中心的东西向轴线，与南北纵向轴线交于佛殿处。厨库与僧堂对峙于法堂（佛殿）两侧，也成为禅寺的固定模式。

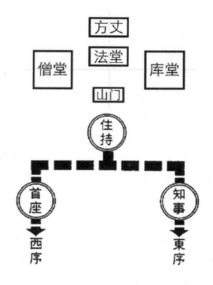

图3-13 禅寺组织与布局关系平面图

4. 后勤建筑地位提高

教育机构的僧堂——传法的法堂——生活后勤的厨库，这三者成为禅院的中心建筑。农禅结合的生存模式，僧众全体参加劳动，行普请制，自食其力，"一日不作，一日不食"。艰苦的生存环境，繁重的劳作使传统戒律中过午不食的规定很难坚持。中唐以后，"过午不食"的律制也改为"斋粥随宜，二时均遍"[1]，"饮食"在后代禅寺中变得日趋重要。在禅寺构成上，厨库

---

① ［宋］宗赜：《禅苑清规·杨亿古清规序》，第170页。

等生活后勤类建筑地位不断提高,库院总管为典座,位于禅寺要职,库院大小某种程度上也反映了后期禅寺的兴盛程度。

(三)影响初期禅宗寺院布局的因素

1. 寺院的物质环境

中国与印度在经济、文化和生活方式等方面存在着诸多差异。封建社会的中国以农业立国,高度重视农业生产,农业在社会生活中处于基础性地位,而印度僧侣不事耕种、乞食为生,这种依赖性生存方式在中国很难适应。印度僧侣凿窟修行、云游参学等学修方式与中国儒家传统文化存在隔阂,佛教一些思想和生活方式也常引起统治者的不满。"百丈"教团创制了一套农禅结合的修行方式,改革原始佛教徒的生活方式,僧人从事体力劳动,不再依靠乞食为生,经济上自给自足。寺院经济形态也由此转变,成为农禅自养型的小农经济,使远离城市供给的禅寺得以维系下去,并一步步发展壮大。与此同时,广阔的乡村山林为寺院创造了一定的物质基础,产生了一大批由僧人率先开发的名山名寺,给禅宗寺院后来蓬勃发展创造了一定的物质环境。

2. 寺院的文化环境

怀海对他的僧团成员的要求是:"粗食续命,补衣御寒暑,兀兀如愚,如聋相似。"①清苦的生活,只足以维持生命,不要求精神层面,如聋似愚。这也反映了当时整个中国个体农民的生活状态和精神面貌——把自我满足当成理想主义的自由。理想主义的自由、独立成了士大夫心中的桃花源,常令官场内的士大夫们倾心向往,从而使僧团与传统文学之间的隔阂慢慢消解,并从思想观念、学修方式与组织制度上与中国社会和文化传统相融合。

3. 寺院组织与空间

初期禅宗寺院在组织上以长老为全寺核心,负责寺院大大小小事务。长老下设东西两序,"东序"负责总务,"西序"负责教务,这种组织方式被直接物化在寺院布局中。寺院长老是一寺之主,通晓禅理,德高望重,掌管全寺的修持(教育)、寺务(行政)、戒律和清规(法律),是寺院中的思想领袖。住持每日"上堂升座",为僧众讲学说法,指导全寺僧众的修行。住持上堂,

---

① 《卐续藏第69册·百丈怀海禅师语录》,第1322页。

"主事徒众雁立侧聆，宾主问酬，激扬宗要"①。因此，长老也是全院僧众中，唯一拥有单间住房的人。"方丈"表示面积之小，但亦并非私寝之室，而是效仿维摩诘，用于接待门徒个别"请益"，"处于方丈，同净名之室，非私寝之室也"②。因此，将一寺的领导机构"方丈室"建于纵轴，似有宣扬"教化主"在佛寺中地位的意义。方丈居于寺院中轴最重要的位置，也表示其最高领导人的身份，与传法之法堂相连，又有尊师重教的含义。禅宗一方面破除了偶像崇拜，将外在信仰转化为内在修持，另一方面又为自己树立了另一个精神导师。

《清观》在思想上似在有意识地强调两序之间的平衡，整个寺院以住持为中心，住持下所有职事分为东西两序，如人之两臂，互相配合。东序管司总务，即世俗事务；西序管司教务，即宗教事务。佛教往往排斥事俗事务，而百丈新禅观将平常吃饭、喝茶也视为开悟手段，等同于坐禅修习。因此，东序的劳作被视为"间接"的宗教行为，两序地位平等。

4. 教育与信仰

寺院在教育体系上，有两级结构，长老为"师"，僧众为"生"，僧众地位平等，这也是一种单一面授的教育方式。厨库—法堂—僧堂也成为一座包括吃饭、生活、学习、议事于一体的教育机构。僧侣们集中管理，俨然类似于现今管理严格的一所大学，学修体系完整，教育方式统一，体现了原始禅宗的特色。

在信仰上，初期禅院布局最著名的革新，便是"不立佛殿，唯树法堂"这一理念。这也是禅宗寺院最重要的革新。禅宗倡导直指人心，见性成佛。禅者往往特立独行，成佛"无求于人"，那些外在的、遥不可及的西方净土世界就在自己心中，成佛就在一念之间，因此外界佛菩萨之类的偶像崇拜对于他们不再有作用，"佛性常清净，何处有尘埃"③。因此，法堂成为初期禅寺构成上最重要的建筑，是全寺的核心，是禅僧聆听师教，交流思想的中枢场所，修禅以"明性见性"，证悟体验禅宗要旨。以法堂为中心的主体构成形式，是早期禅寺伽蓝布局上最重要和最显著的特点。

佛殿是供养诸佛菩萨等偶像的场所，也是耗资巨大、饱受争议和讥评的主要设施。"废除佛殿，是禅宗将佛教的外在信仰彻底地转化为向内修持，将以佛崇拜为中心的多神结构变成为单一心学的合乎逻辑的结果。"④

①② 《大正藏·卷48·敕修百丈清规·卷8·古清规序》，第1158页。

③ 〔唐〕惠能：《六祖坛经：图文本》，王月清注评，凤凰出版社2010年版，第147页。

④ 杜继文、魏道儒：《中国禅宗通史》，第281页。

佛殿纯粹的崇拜功能与禅师追求修道的原始精神和甘愿淡泊、只以梵行砥砺学人的理性精神相违背,而代之以理性的信仰,这也使纯粹的崇拜功能的佛殿从早期的禅寺布局中退出,早期禅宗寺院几乎每个殿堂都以学修为中心,将教育与信仰相统一。

5. 生活和修行

惠能禅"直指人心,见性成佛",行住坐卧皆是禅理体现,要求僧侣在生活的每一个当下观照、体验"真如佛性",僧侣将一天中的行住坐卧、执事任务贯穿佛法,加以体悟内涵。禅宗寺院建筑理念,不再追求纯粹外在的华丽与恢宏高耸的空间,而更加注重对佛理禅机的内省观照所需求的环境氛围。奢华的寺庙,高耸的佛像与佛塔都只是外在的形式,禅僧真正需要的只是一块清净之地。

三、南宋时期禅宗寺院的空间布局

(一)基本布局

禅宗寺院在南宋时发展至鼎盛,并在此基础上建立起一套完整有效的丛林体制,寺院构成要素和殿堂形制皆发展至成熟完善,和初期的布局略有不同。表现在布局关系上,主要体现在以下几个方面:

1. 以佛殿为中心

与初期禅宗在伽蓝布局上排斥佛殿的存在不同,南宋时,佛殿重新受到了重视,再现于伽蓝构成中,并成为寺院的中心建筑,建于法堂南面。北宋徽宗二年(1102)重订的《崇宁清规》中,便专设"知殿"一职用以管理佛殿。此时,法堂在寺院中仍占有一定的中心地位,寺院布局上,或将法堂兼作佛殿,或单独于法堂前设立佛殿。南宋中期以前,寺院中法堂的规模往往大于佛殿;南宋中期以后,佛殿取代法堂,成为寺院中心建筑,呈后来者居上之势,规模渐趋庞大,最终远远超过法堂。

厨库与大僧堂也逐渐移至佛殿两侧,十字形轴线的交点也随之转移到佛殿处。南宋时,禅寺的核心构成要素主要有六:佛殿、法堂、僧堂、厨库、山门和方丈。在禅寺布局上,以佛殿和法堂为中心构成中轴,由南至北分别布置山门、佛殿、法堂、方丈,东西两侧分别布置以厨库和僧堂为中心的组团构成横轴线(图 3-14)。

"这种以佛殿为中心的纵横十字形轴结构,是宋以后禅寺主体布局上的一个十分成熟和稳定的构成关系，堪称定式。"[①]不同禅寺在布局模式和具体建筑设施上会有所不同，但寺院核心建筑布局模式却始终保持这一稳定关系。如南宋时期的五山禅寺，虽然寺院规模庞大，建筑设施内容庞杂，但寺院主体布局模式却是一致的，这也是南宋禅寺布局的一个重要特色。

2. 左伽蓝、右祖师的配置形式

宋代禅宗接纳并沿袭儒家尊师的伦理，禅院中出现祖师堂建筑。"土地堂"（亦称伽蓝堂）与"祖师堂"是禅刹中最具宗教色彩的部分。祖师堂内供奉初祖达摩、禅宗实际创立者六祖惠能、禅宗改革者百丈怀海。伽蓝就狭义而言，指土地的守护神，佛教伽蓝堂一般为护法神之堂宇，禅宗则供奉土地神。

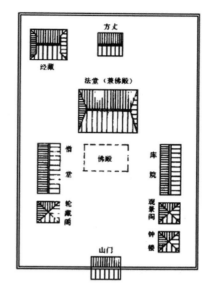

图 3-14 南宋禅寺平面图

北宋时，左伽蓝、右祖师这一配置形式便普遍存在，在轴线上呈对称布置。南宋时，随着佛殿中心地位的恢复，祖师和伽蓝二堂的位置也由原来的法堂两侧，移至佛殿的东西两侧，这一配置形式对后世伽蓝布局影响巨大。

3. 经藏、轮藏出现

"左钟曰楼，右经曰藏之制"，寺院传统的布局形式即为钟楼与轮藏呈左右对置的形态。北宋时，经藏和轮藏流行起来。经藏的形式类似于寺院中的图书馆，与钟楼在佛殿与山门之间两侧呈左右对峙布局。轮藏之制，起于转藏，就是转读大藏经之意。佛教转藏制度始创于南朝梁代善慧大士，《神僧传》卷四中记载：

> 初大士在日，常以经目繁多，人或不能遍阅，乃就山中建大层龛，一柱八面，实以诸经运行不碍，谓之轮藏。（中略）从劝世人有发于菩提心者，能推轮藏，是人即与持诵诸经功德无异。今天下

---

① 张十庆：《中国江南禅宗寺院建筑》，第44—45页。

所建轮藏皆设大士像,实始于此。[①]

转轮藏建筑的原型为藏密宗教的法器——摩尼桶演变而来。摩尼桶藏语为"古拉",高一二米,上面刻写或内装着六字真言。这种宗教法器与汉地传统的建筑相结合,便形成中间有轴,可以旋转的轮状藏书橱。这种轮藏在南北朝时便已出现,用于不识字信徒礼佛。在《浦城县志》中对于"转轮藏"记载:

> 转轮藏,高二丈,共三层。下层八大金刚浮雕;中层诸尊佛浮雕;上层小龛诸佛。藏中空,内八向。每向一十六层,每层放经书八箱,每箱二十卷,共藏经书二万余卷。底座为铁圆盘,直径丈许,盘中有铁柱。藏体外围立四个巨柱,手推可旋转。[②]

为轮藏设立的专殿,或作塔式建筑,俗称为"藏殿"。南宋时,藏殿成为南方禅寺布局的显要特色,在禅寺布局上占据重要一席。

(二)南宋禅寺的布局特色

1. 规模形制完备

禅宗寺院发展至南宋时,规模形制趋于成熟完善,呈现出全面繁盛的局面,其中以宁宗时评定的"五山"——余杭径山的兴圣万福寺(亦称为径山寺)、杭州灵隐山的灵隐寺、杭州南屏山的净慈寺、宁波天童山的景德寺(亦称为天童寺)、宁波阿育王山的广利寺(亦称为阿育王寺)等为代表。禅宗在13世纪前后,达到空前鼎盛,形成南宋禅寺庞大的规模和完备的形制。

寺院规模形制完备成为南宋禅寺一个重要的特色。根据《五山十刹图》的描述,及同时期文献资料如南宋楼钥《径山兴盛万寿禅寺记》《天童山千佛阁记》、南宋吴咏《径山禅寺重建记》等记载,"五山"中以径山伽蓝规模最为完备,建筑内容最多。绍兴七年(1137),自高僧大慧任住持以来,寺院在半个多世纪内初具规模,"虽为屋甚多,高下奢俭,各随其时"[③]。嘉泰元年(1201),寺院建设规模扩大,布局形制逐渐完善,"宝殿中峙,号普光明,

---

① 《大正藏·卷50·神僧传·卷4》,第969页。
② [清]李藩修:《浦城县志》,清乾隆八年(1743),刻本。
③ 曾枣庄、刘琳:《全宋文》(第265册),第31页。

长廊楼观,外接三门,门临双径,驾五凤楼九间,……禅房客馆,内外周备,……法器什物,所宜有者,纤悉必备,不可胜书"①。寺院以其大规模的经营,宏丽壮观的规模形制,形成空前绝后的盛况,位居天下五山之首。

天童寺的伽蓝配置,于1129年高僧宏智入寺任主持开始建造,《天童山千佛阁记》曰:"前后十四间,二十架,三过廊,两天井,下庑墙阶纵二百尺,广十六丈。"②寺院走向兴盛。30余年后,在此伽蓝基础上,又"建云章阁于方丈","起超诸有阁于卢舍那阁前,复道联属"③。中轴线上,山门阁、卢舍那阁、超诸有阁、云章阁四阁相连,并在卢舍那阁和超诸有阁之间以复道相连。绍熙四年(1193),寺院住持虚庵怀敞改建千佛阁,改建之后,规模庞大,壮丽雄奇。《天童山千佛阁记》载:

> 横十有四丈,其高十有二丈,深八十四尺,众楹俱三十有五尺,外开三山,上为深井,井而上十有四尺为虎坐,大木交贯,坚致壮密牢不可拔,上层又高七丈,举千佛居之,位置面势无不曲,当外檐三内檐四④,东南数十里亦皆推为第一。游宦者必至,至则忘归,归而诧于人,声闻四方,江湖衲子,以不至为歉。⑤

至今,天童寺仍存相当的规模,从中仍可见当年的伽蓝盛况。径山、天童的完整伽蓝配置,也反映了浙江"五山"其他寺院的共同趋势。如阿育王寺于绍兴二十七年(1157)由高僧大慧任住持,开始主持寺院建设,丛林之盛,无与为比。现存阿育王的伽蓝规模,仍可见当年身影。灵隐与净慈在宋元期间,其伽蓝配置也盛况空前。

2. 建筑尺度庞大

浙江禅寺作为天下巨刹,其殿阁规模尺度之雄伟壮观也是世所罕见的。五山寺院中以山门、法堂和佛殿等形制规模最为壮观。

(1)山门阁。宋元时期,禅寺极重视山门规模。建造山门时,极尽宏大壮丽,以显示禅寺的规模、等级,并将其作为衡量寺院身份的重要标志和象征。因此,禅寺极重视对山门的装饰,极尽可能地夸大其规模、尺度。山门阁的意义,主要体现在装饰和等级上,而非实用功能上。

---

① 曾枣庄、刘琳:《全宋文》(第265册),第31页。
②③ 曾枣庄、刘琳:《全宋文·天童山千佛阁记》(第265册),第26页。
④ 同上,第27页。
⑤ 同上,第26页。

如天童寺的山门阁，南宋楼钥《天童山千佛阁记》记载：

> 为阁七间，高三层，栋横十有四丈，其高十有二丈，深八十四尺、众楹具三十有五尺，外开山门，上为藻井，井而上十有四尺为虎座，上层又高七丈，举千佛居之。[①]

元代至元至正年间，天童寺重建的山门，其规模面阔七间，与旧制相比尺度更高，为后世所少见。

南宋时径山寺的山门阁规模为当时国内最高，规制为九间五凤楼式，超过了皇家殿宇的尺度。日本五山大寺的五间重阁山门，如现存京都东福寺山门（1336），面阔五间，仍然远远不能与天童寺山门相比，其面阔仅及天童山门一半而已。[②] 这也反映了南宋时期佛寺对巨阁规模形制追求的一种风气（图 3-15）。

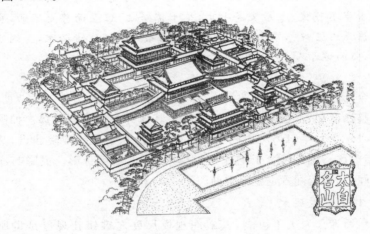

图 3-15　南宋天童寺复原图

（2）佛殿与法堂。南宋时佛殿成为寺院的中心建筑，其建筑规模形制理所应当尺度庞大。如金山寺佛殿形制面阔五间，殿身为方三间带副阶的形式。而日本的五山级佛殿尺度为方五间带副阶的形式，殿堂规模已较雄伟，主殿两侧相连土地堂和祖师堂，正面达九间，规模宏大。然而宋代五山殿堂规模都远在日本五山殿堂之上，日本方五间带副阶的佛殿还不及宋代

---

① 曾枣庄、刘琳：《全宋文·天童山千佛阁记》（第 265 册），第 27 页。
② 张十庆：《宋元江南寺院建筑的尺度与规模》，《华中建筑》，2002 年第 3 期，第 93 页。

径山寺方三间带副阶的法堂。径山寺法堂的规模就为方三间带副阶的形式，其开间尺度更大。在现存遗构中，大同善化寺三圣殿（金代）心间尺度最大，也不及径山法堂心间的 30 尺，可见南宋禅寺建筑尺度的雄伟壮观。

（3）僧堂。僧堂是禅僧们坐禅修行、参禅辩道的专门道场，是禅寺最重要的建筑之一。兼坐禅、起卧、饮食三种功能于一体。中唐以来，将传统的分散生活僧房及食堂相连起来，形成新的禅修形式。故僧堂也称云堂，作为僧团集体修行的道场，僧众云集一堂，尤其是禅林衲子云集，号有千僧，径山寺更是"法席大兴，众将二千"①。因此，僧堂多规模宏大，以版数而论，"版"是僧堂内长连床数及其位置的排列形式。如径山寺僧堂即为二十版，"清众共八百五十四员"②，僧堂所居僧众之多，反映了其规模的宏大。

端平三年（1236）建成的径山大僧堂，"楹七而间九，席七十有四，而衲千焉"②。径山寺的海会堂，规模庞大，"内堂面阔九间，进深四间；外堂面阔十一间，进深二间。内外堂间又设天井一间。僧堂四面又周以回廊。"③南宋时，灵隐寺、天童寺与径山寺的僧堂形制与室内陈设相似，径山寺僧堂规模最高，灵隐与天童规模较径山稍小，灵隐僧堂面阔七间，进深六间；天童寺僧堂面阔七间，进深七间；而径山寺内堂面阔九间，进深四间，外堂面阔十一间，进深二间，其宏伟的建筑规模成为南宋禅寺的建筑特色（图 3-16）。

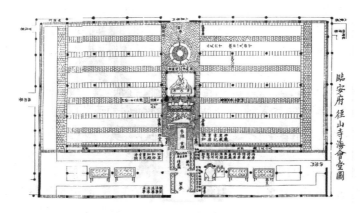

图 3-16　径山寺僧堂平面图

①② 杜洁祥：《径山志·卷 6·径山禅寺重建记》，明文书局出版社 1980 年版，第 643 页。

② 同上，第 638 页。

③ 张十庆：《五山十刹图与南宋江南禅寺》，第 48 页。

3. 以楼阁为中心

木构楼阁可能兴起于南方原始的干阑式建筑,也是中国古代多层木构建筑的一种常见形式。从汉至唐,佛寺的主体建筑大致有宫塔式、塔楼式、殿阁式等三类形制,三种样式交替传承。楼阁式塔为佛寺的中心建筑,其结构与装饰完全是中国式的,并一直作为中国寺院的象征,位居寺院的中心地位。以楼阁为中心是中国佛寺建筑的传统形制,这种布局模式在江南禅宗寺院中普遍盛行。三国两晋南北朝时期,楼阁式塔是寺院中心建筑,发展至宋元时期,楼阁的规模形制和功能不断演变,塔从楼阁建筑中分离出来,成为一种独立的建筑形制。

阁是下部架空、底层高悬的建筑,供游人远眺休息,或供寺院藏书供佛,在建筑群中占据主要位置。南北朝及隋唐时期,阁是寺院建筑构成的主体,在寺院中地位重要,建造的数量之多,规模庞大,为后世所罕见。汉代的楼阁主要为小木型结构,建筑的功能主要用于瞭望和仓储,现已无实物考证。唐宋时期的楼阁建筑为"中有都柱"式的中心结构,建筑形体高大,用原木加工的木柱与原木加工的方木组合,分为带暗层的殿阁式结构以及不带暗层的厅堂式结构。楼阁的每一层有一个"平坐层",其上再复建一层,最终形成"层叠式"楼阁的建筑形式。唐辽时期,佛寺还专为佛阁建造阁院。随着唐五代以来禅宗的兴起及禅寺的发展,楼阁式塔从寺院主体构成中逐渐退出。禅寺在伽蓝布局上,形成以山门阁和重层法堂为代表的重要特色,强调以重阁法堂为中心,以山门阁为前导,追求规模的庞大,装饰的宏丽,以突出中心建筑的形象和地位。

南北朝时期,寺院以回廊式空间为主要特征,呈"线"型空间形态。在唐宋辽金时期,这种空间形态开始横向扩展,向"面"的空间形态拓展。后来,楼阁建筑空间形态还产生了一种高大的通体空间,整体空间布局以多层流通为主,分层空间为辅。如南宋五山之首径山寺的长廊楼观接九间山门五凤楼,其庞大的规模和体量,体现着寺院无可比拟的地位。南宋早期,佛阁的做法一般采取多阁并列的形式。天童寺"中建卢舍那阁"后又在中轴线上连将山门阁、卢舍那阁、超诸有阁三阁以复道相连,形成庞大规模的佛阁区。这种复道连属的方法,在隋唐早期的佛寺中普遍存在,寺院中楼阁群组,规模超群。南宋中期以后,形成"山门阁—法堂阁"的构成形式,以法堂作为重阁。宋代禅寺中,大型僧堂也有作为重阁的形式,如径山寺的重层僧阁,空间可容纳千人。后世寺院中的许多殿堂,在宋元时期仍多做楼阁的形式,这说明宋元时期楼阁的形式和内容开始发生了改变。宋元时期,塔的中心地位消失,形成以佛殿为中心的院落式布局。寺院中楼阁建筑的类型和数量仍然较多,主要有山门阁、法堂阁、大佛阁、毗卢阁、千佛阁、千僧阁、藏经阁等。以楼阁为寺院主体的古制,发展至宋元时期,已呈下降趋势,寺院中楼阁的数量愈来愈少,高阁的位置也由中心移至北端,寺院的布局也改为纵向延伸。

明代,以楼阁为中心的古制已接近尾声,寺前山门阁解体,重层山阁向水平方向移动,法堂阁退后,形成金刚殿、天王殿。明清时期的楼阁数量更少,规模变小。但在寺院之外,楼阁的应用范围有所扩大,功能也有所深化,产生了一些特定功能的楼阁建筑,如戏楼、藏书楼之类。传统的楼阁建筑大多转化为殿堂形式,呈对称布局,如明清寺院中典型的钟鼓楼建筑。

4. 廊院形制成熟

"廊院制度是中国佛寺组群最典型的特征之一,寺院中枢或主体部分的布局及其特色,正是在廊院的限定和组织下展开和形成的。回廊区分出布局上的不同区域,并赋予相应殿堂特定的地位和意义,故回廊形式是中国佛寺布局的一个重要内容。"[1]中国佛寺的廊院制度在唐代便已成熟,主要受宫殿建筑形式的影响,表现形式是以回廊环绕各个佛殿,主体多为佛阁建筑,回廊的四角一般设角楼,正面设门,为楼阁的形式。一般佛殿居廊院正中,东西回廊由山门绕至法堂两侧,形成一个内向封闭的空间。

宋代的廊院制继承唐式,呈纵深院落的形式,并逐渐形成自己的特色。根据萧默的意见,盛唐至宋,由敦煌经变壁画上渐渐空出院落空间的构图,在单院式的平面格局里,中央设殿堂楼观和塔,四周围以廊庑,正门设门楼,四角多设角楼。佛经或壁画上所展现的世界,只是某种理想的空间形式,但是这些理想的空间观念,也在一定程度上反映了印度佛教建筑空间形式的某种特征,也对现实佛教建筑的空间产生了直接或间接的影响。隋唐时期的大型佛寺,都以回廊为基本组成单元,以多层殿阁为主体,大回廊院居中,两侧再配以多个小尺度的廊院,这也是隋唐佛寺的主要格局。

南宋以后,廊院逐渐缩小,回廊后部退到佛殿两侧,东西两侧回廊由山门开始,经过库院、法堂,连至佛殿,在构成上形成封闭空间,众僧通过山门进出,禁止闲人进入。南宋禅寺如天童寺、万年寺莫不如此。杭州灵隐寺的廊院则保留古制,中轴线上置山门、觉皇殿、千佛阁和法堂、方丈,回廊至山门左右向后绕至方丈,为多进式廊院。日本中世的禅院模仿南宋,如日本东福寺、南禅寺、相国寺等基本都为廊院形式。后期廊院逐渐消失,由回

---

① 　张十庆:《中国江南禅宗寺院建筑》,第48页。

廊构成的封闭内向空间开始开敞,由回廊构成的中庭感消失。如《南屏净慈寺志》中对净慈寺廊院的描述:

> 长廊　　一百二十楹,即寺两庑。自三门绕至毗卢阁,左右相通。显德元年建。宋钟鼎丁清溪,绘善财童子参五十三知识隐化之迹于庑壁。元季毁。今从西翼门,经应真伽蓝殿,至宗镜堂前,辇陛依然,即其故址也。①

宋元时期的廊院前后殿还以柱廊相连,将佛殿与法堂,或法堂与方丈相连,形成"工"字形空间。如南宋天童寺"起超诸有阁于卢舍那阁前,复道连属,至今岿然相望。"两佛阁通过复道连接成"工"字形,这也可视为是一种廊院形式。元代大龙翔集庆寺也是工字殿形式(图 3-17)。台州国清寺建筑全寺有近 2000 廊沿贯穿全寺,集中了我国古代建筑中各种廊沿形式,有挑檐廊、连檐柱廊、重檐柱廊、双层柱廊、单层柱廊、双层双檐廊等。日本近世的大德寺、妙心寺,其佛殿、法堂间以及法堂、寝堂间,也仍以柱廊相连。

由回廊构成的禅寺中庭也是禅宗寺院的一大特色。传统建筑中庭不种植树木,而禅宗寺院的回廊中庭以对植树木成为特色,且多植以柏树。《五山十刹图》中记载,天童寺山门前万工池便种植狮子柏。禅寺庭前种植柏树又有着深刻的寓意,"庭前柏树子"也是赵州禅宗里最为著名的公案之一。

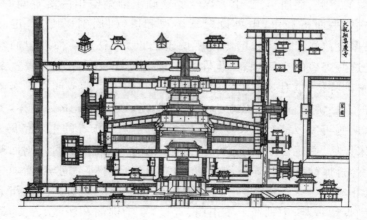

图 3-17　元代大龙翔集庆寺廊院

---

① ［明］释大壑:《南屏净慈寺志》,杭州出版社 2006 年版,第 59—60 页。

（三）典型实例分析

浙江禅宗寺院在南宋时发展至鼎盛，寺院规模形制完善，伽蓝布局严整，但其独特的建筑形制距今已有一千多年，绝大多数禅宗伽蓝建筑已不复存在或面目全非。本书从日本入宋僧侣所作的《五山十刹图》以及宋元时期的《禅苑清规》中来推测其伽蓝形制。

1. 灵隐寺伽蓝布局

南宋"五山十刹"时期，是灵隐寺最盛之时，被封为五山第二。根据南宋《五山十刹图》，寺院中轴线由南至北依次排列的建筑有：山门、佛殿、卢遮那殿、法堂、前方丈、方丈、坐禅堂。第一进院落较大，东西两厢置钟楼、轮藏，法堂与方丈两侧东为土地，西为檀那、祖师殿，佛殿两侧东为库院，西为僧堂，山门与佛殿之间，东为钟楼，西为轮藏。次要建筑散置于东西两侧，如东侧有库院、香积厨、选僧堂等；西侧有大僧堂（大圆觉海）、僧寮旗檀林、经堂、东司、洗面处等（图 3-18）。

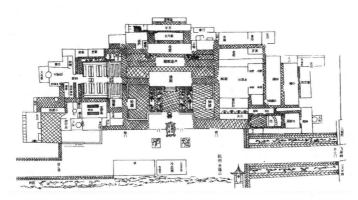

图 3-18　东福本灵隐寺伽蓝配置

至清代时，灵隐寺的伽蓝布局与南宋时已大相径庭。《灵隐寺志》卷七"碑文"描述了清代灵隐寺的伽蓝规模与形制，"碑文"曰：

> 殿之上有法堂，不及殿之高五分之一，而与殿等，踶蹬而上加于山也。殿之东为东戒堂，殿之西为西戒堂。法堂之东为东禅堂，法堂之西为西禅堂。古无戒堂而有戒堂，古无禅堂而有禅堂，栖禅者众，戒为禅本，可不东西列与？其上为直指堂，其广十余笏，其修倍寻也。直指堂之左有面壁轩，直指堂之右有青猊轩焉。

所取之面壁者取于壁也,青猊者取于石也。面壁轩之下为东禅堂,东禅堂之下为慧日轩,下为玉树林,左则浴室与诸寮在焉。浴楼之东为双桂室。双桂者,无文塔也,不欲没之也。玉树林下为金光明殿。金光明者,宋时忏仪也。蘸笔池在其下,茶与灶列焉,取其池之便也。其下大悲殿,殿之前为联灯阁。联灯者,为二僧人悟而建也。联灯阁之前为华严阁,阁之右为伽蓝殿,伽蓝殿与西之祖堂相对也。华严阁之前为焚香阁,又其前为青莲阁。青莲始之,华严其后建也,而梵音、联灯错峙焉,犹天有阁道也云尔。其前为响水楼。响水者,壑雷声也。其后为斋堂,为客堂,为香积厨,所以继藏殿而建者也。青猊轩以下,西禅堂下为罗汉殿,所为供五百应真者也。殿之下为祖堂。五者之制,左宗庙而右社稷。浮屠之制,左伽蓝而右祖堂。堂之下,择木堂。择木者,游僧所栖也,意南而南,意北而北,无所栖亦焉不可也。其下为公所,以灵隐之胜,而贵客胜游,可无税驾欤?然不置于东,而置于西,又绝远于戒与禅也,不使学人见可欲也。又其下为万竹楼,隐者之所寓目也。东有响水以听泉,西有聚竹以揽胜也,观止也,而天王殿以是成焉。天王殿者,以奉天王及弥勒焉,古之绝胜觉场,晋以来有此称也。戊戌大展灾,而辛丑与天王殿同告成焉,此天意也。于是建钟楼于殿东,助龙首焉,其在古为百尺弥勒阁也,建阁不如建楼也,视其高加于殿若寻,而高与殿齐也,乃建直指堂终焉。直指堂,和尚丈室,不欲以已加于殿,不欲以已加于众室,何为其不后之也,虽然,和尚之建置若此,其若有意者耶?其若无意者耶?而若轩焉,若轾焉,若仰焉,若俛焉,若两曜之界天,若众星之环极焉,斯真奇也。①

　　根据《灵隐寺志》,推测清代灵隐寺的中轴线上排列有天王殿、大殿、法堂、直指堂等,佛殿两侧的库院和僧堂演变为东西戒堂。清代,禅堂出现在禅寺中,灵隐在法堂两侧分别建有东禅堂和西禅堂。清代诸宗合流,直指堂出现在中轴线上,两侧建有面避轩与青猊轩。寺院东侧配有公共设施功能的建筑,如南鉴堂、伽蓝殿、华严阁、聊灯阁等;西侧配有生活设施,如罗汉堂、万竹楼、静室等(图 3-19)。

---

① ［清］孙治:《灵隐寺志》,徐增重修,第 137—138 页。

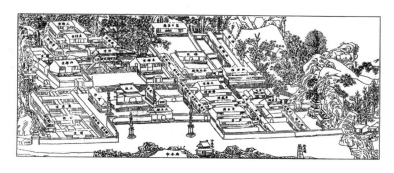

图 3-19　清代灵隐寺伽蓝配置

时至今日,灵隐寺的伽蓝布局已发生变化。历经修缮和重建后的灵隐寺,基本保持明清时期的形制特征,寺内中轴线线上主要建筑有:山门、天王殿、大雄宝殿、药师殿、藏经楼、华严殿等,另外寺内还建有五百罗汉堂、道济禅师殿、方丈楼、大悲阁和灵隐图书馆等。大部分建筑沿袭旧名如"直指堂"等,但用途已经改变。

2. 天童寺伽蓝布局

南宋楼钥在《天童山千佛阁记》中对天童寺的伽蓝配置有较为详细的描绘,从中可见宏大的规模和完备的建筑形态,《天童山千佛阁记》曰:

淳熙五年,孝宗皇帝亲洒宸翰,大书"太白名山"以赐天童山景德禅寺。寺之门甚雄,敬刻云章,尊阁其上。又于方丈专建一阁,以藏真迹,其为禅林盛事,前所未有也。初,西晋永康中,沙门义兴卓庵此山,有童子来给薪水。后既有众,遂辞去曰:"吾太白一辰,上帝以师笃于道行,遣师左右。"因忽不见,自是始有太白天童之名。山在郡东南六十里所,太白一峰高于压千岭,雄尊深秀,为一群之望。绍兴初,宏智禅师正觉欲撤其寺而新之,谋于众。有蜀僧以阴阳家言自献,曰:"此寺所以未大显者,山川宏大而栋宇未称,寺能为层楼杰阁以发越淑灵之气,则此山之名且将振耀于时矣。"觉深然之,乃拓旧址,谋兴作,内外鼎新,以次就成。智匠高妙,务极崇侈。山为高阁,延袤两庑,铸千佛列其上。前为二大池,中立七塔,交映澄澈。游是山者初入万松关,则青松夹道,凡三十里。云栋雪脊,层见林表,而倒映池中。未入窥楼阁,已非人间世矣。中建卢舍那阁,尤为壮丽,住山三十年,其为久远之计,皆绝人远甚,后有慈航了朴,一坐亦二十年,起超诸有阁于卢舍那阁前,复道连属,至今岿然相望,又大筑海涂,增益岁入,由是天童不特为四明甲刹。东南数千里亦皆推为第一。游宦者必至,至则忘归,归而詫于人。声闻四方,江湖衲子以不至为歉。皇子魏惠宪王出镇,一见慈航,欢若平生。暇日来游,顾瞻山林,登玲珑,坐宿鹭,或累日不忍去,因图以进于上。会稽郡王太师史文惠公又从容奏请,遂有四大字之赐。瑰奇绝特之观,无以加矣。十六年,虚庵怀敞自天台万年来来主是刹,百废具举,追迹二老。而千佛之阁岁久寖圮,且将弗支,犹以前人规模为未足以称上赐,欲从而振起,更出旧阁及前二阁之上,金以为难,师之志不回也。先是,日本国僧千光法师荣西者,奋发顾心,欲往西域求教外别传之宗,若有告以天台万年为可依者。航海而来,以师为归。及迁天童,西亦随之。居岁余,闻师有改作之意,请曰:"思报摄受之恩,糜躯听不禅,况下此者乎? 吾忝国主近属,它日归国,当致良材以为助。"师曰:"唯。"未幾遂归,越二年,果致百围之木凡若干,挟大舶泛鲸波而至焉。千夫咸集,浮江蔽河,辇致山中。师笑曰:"吾事济矣。"于是鸠工度材,云委山积,列楹四十,多日本所致,余则取于境内之山。始建于绍熙四年季秋之甲申,才三载告毕,费缗钱二万有奇。是岁,海莊倍稔,赢穀三千斛,如有相之者。不求于人,见者乐施,以迄于成。凡为阁七间,高为三层,横十有四丈,其高十有二丈。深八十四尺,众楹俱三十有五尺,外开三门,上为藻井,井而上十有四尺,为虎坐,大木交贯,坚致壮密,牢不可拔,上层又高七丈,举千佛居之,位置面势无不曲当,外檐三,内檐四。檐牙高啄,直如引绳。旅楹有闲,肇飞跂翼。周廷四阿,缭以栏楯,内为绮疏,表里明豁。自下仰望,如见昆阁。梵唄磬钟,半空振响。徜徉登觉,四山下瞰,河汉星斗,如在栏槛。御书金榜,巍乎中峙,翊以翔龙。护以绛绡,高出云霄之上,真足以弹压山川,传示千古。善财童子大装严藏,入见楼阁广博无量,则不可知。若经行四方,室屋巨丽,殆未见其比也。论奉祠东归,尝往游焉。惊叹杰特,目眩神骇,过于耳闻。敞请记其事,老矣学落,不能形容,姑记大概,以表吾乡之胜。海内好奇之士欲游而未遂者,览此则太白之景思过半矣。虚庵道价素高,禅子向方,岛夷亦闻其名而归之。加以顾力深重,才刃恢恢,巧匠瑰材,成此胜事,观者无不美欢。或请饰之,敞曰:"殚力竭财,幸跻登兹。行且谢去,若丹臒华饰，尚有赖于后之人云。”①

根据《大宋诸山图》和《天童山千佛阁记》记载，南宋时期天童寺整体布局向横向扩展，共分为三个部分。中部沿中轴布局的建筑有山门（即千佛阁），两侧分别布置钟、鼓楼，三世如来（佛殿）、法堂、穿光堂、大光明藏、方丈等；佛殿西侧以大僧堂（云堂）为中心，并有轮藏、照堂、看经堂、妙严堂及若干建筑；佛殿东侧以库院为中心，库院内供奉韦陀，周围配以水院堂、水云堂、涅槃堂、众寮及其他附属建筑。僧堂与库院相对，并与佛殿共同连成一条横向轴线，与南北中轴形成十字形布局（图 3-20）。

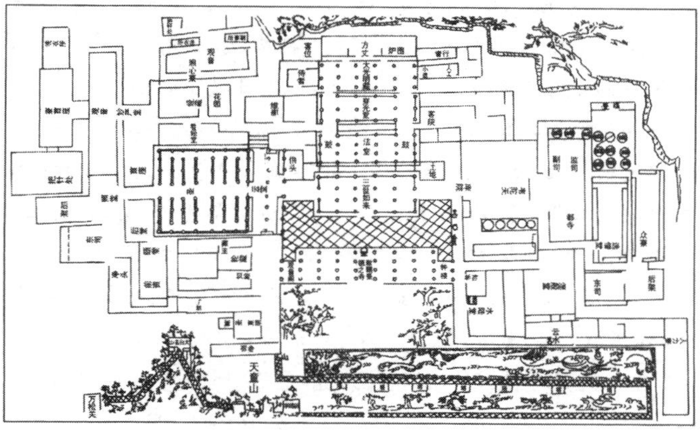

图 3-20　东福本天童寺伽蓝配置

现今天童寺的伽蓝配置仍保持明代后期的格局：中轴线上布置有外万工池、七塔苑、内万工池、天王殿、佛殿、法堂、藏经楼、罗法堂等主体殿堂，中轴线东侧有钟楼、御书楼、御碑亭。殿堂东西两侧有新新堂、伽蓝殿、云水堂、自得斋、立雪轩和客堂、祖师殿、应供堂、静观堂、观壁居等十几个僧房客寮，另外根据地形还建有东西禅房、戒堂、如意寮、库房、先觉堂、长庚楼、东桂堂、西桂堂、方丈殿等建筑。

3. 径山寺伽蓝布局

径山寺位居五山第一山，南宋时期，寺院开始大规模兴建，步入兴盛。南宋楼钥在《径山兴盛万寿禅寺记》对径山寺兴建的过程及其规模和形制有较为详细的记载：

---

① 曾枣庄、刘琳：《全宋文・卷 5968・天童山千佛阁记》，第 26—27 页。

蒙菴禅师元聪以庆元三年自福之雪峰被旨而来,道誉隆洽,不愧前人。五年仲冬,行化浙西,而回禄挺灾,烈风佐之,延燔栋宇,一昔而尽,异哉!人皆以为四百年积累之业一旦扫地,有能兴之,非磨以岁月未易就也。先是,寺基局于五峰之间,又规模不出于一手,虽为屋甚夥,高下奢俭各随其时,因陋就简,亦复有之。众为之请曰:"大慧无恙时,岂不能撤而更之? 顾其势未可。兹焉火起龙堂,瞬息埃灭,岂龙神欲一新之乎? 况祖师之像出于烈焰而不毁,开山之菴四面焦灼而茅不伤,师与国一俱姓朱氏,或疑以为后身。北移酱坛,涌泉成井,今日安知非暂废而当复大兴耶?"聪曰:"有是哉,微我谁当为之?"乃出衣盂为之倡率,学徒元韶、可达等所在缘化,两宫加以锡赍,施者闻风日集,动以万计。又命南悟等广募闽、浙、江东、西良工,伐木于山,日役千辈,斤斧之声震动山谷。凡食于山者,无问比丘、优婆塞,相与劝勉,智者献谋,壮者出力,夙夜经营,不翅已私。闻拓旧址,首于东偏为龙王殿,以严香火之奉。继为香积厨,以给伊蒲之馔。延湖海大众,则有云堂;供水陆大斋,则列西庑。此皆一日不可缓,寺之所以立也。宝殿中峙,号普光明,长廊楼观,外接三门,门临双径,驾五凤楼九间,奉安五百应真,翼以行道阁,列诸天五十三善知识。仍造千僧阁于补山之阙处。前耸百尺之楼,以安洪钟。下为观音殿,而以其东、西序庋毗卢大藏经函。凿山之东北以广库堂,辇其土石,置后山巨壑中,开毗那方丈于法堂之上,复层其屋,以尊阁思陵宸翰御榻。修复妙喜塔亭,仍建蒙庵于明月池上。为香水海以沐浴。为天慧堂以选僧,禅房客馆,内外周备。像设雄尊,金碧璀璨,法器什物所宜有者纤悉必具,不可胜书。盖其百工竞起,众志孚应,经始于六年之春,成于嘉泰改元之夏,阅月才十余,而变瓦砾之区为大宝坊,始者荡废于一弹指顷,若甚惨矣,及其兴之神速,则高掩前古,而又雄壮杰特,绝过于旧。按图而作,井井有条,云栋雪脊,翠飞层叠,迥出于烟霏空翠之表。春秋二会,来者益众,奔凑瞻仰,如见化城。惊瞿踊跃,称未曾有。径山于是乎大振矣。①

结合当地的环境条件,南宋时期径山寺的总体布局可概括为:中轴线

---

① 曾枣庄、刘琳:《全宋文·卷5969·径山兴圣万寿禅寺记》,第32页。

上建筑依次布列山门、普光明殿、观音殿、法堂、方丈。中轴线东侧的建筑有百尺楼，"凿山以北，以广库堂"，"东偏为龙王殿，以严香火之奉，继为香积厨，以给伊蒲之馔。"中轴线西侧建筑，"延湖海大众则有云堂，供水陆大斋则列西庑"，以及千僧阁（图3-21）。

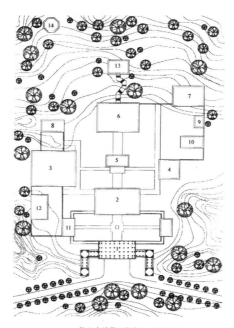

径山寺总平面想象图（嘉泰元年）

1. 山门；　2. 普光明殿；　3. 千僧堂；　4. 百尺楼；　5. 观音殿；
6. 法堂；　7. 库堂；　8. 天慧堂；　9. 龙王殿；　10. 香积厨；
11. 西庑；　12. 云堂；　13. 方丈；　14. 妙喜之塔

图 3-21　径山寺平面图

现今，历经千年的兴衰，径山寺的伽蓝布局早已发生改变，寺院现存建筑中轴线上依次有山门、天王殿、大雄宝殿、法堂、藏经楼等。钟、鼓楼对列于山门两侧，两廊围绕连通至大雄宝殿，佛殿后为法堂、藏经楼，下为讲经说法之堂。两旁东边为客舍、僧舍、禅堂、方丈室、龙王殿，西边为祖堂、迎客楼、香积厨、斋堂。

4. 万年寺伽蓝布局

浙江天台万年寺，最早建于唐太和七年（833），僧普岸建平田禅院，以弘扬临济宗黄龙禅法，为天台山著名古刹。关于万年寺的伽蓝布局文献鲜有记载，南宋时期日本僧侣测绘的《五山十刹图》，较为直观地描绘了南宋时期万年寺的伽蓝配置。从图中可见，万年寺的布局为：中轴线上由南至北排列中门、正山门、佛殿、罗汉殿、法堂、方丈。库院和僧堂左右对置于佛殿两侧,中门与正门间连以三十一间廊庑,形成廊院,正山门左右两侧为知客寮和且过寮(图 3-22)。

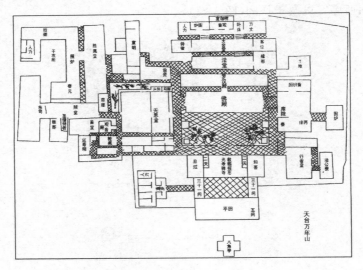

图 3-22　万年寺平面布局

四、明清时期禅宗寺院的布局形制

(一)伽蓝演变

　　禅宗寺院经过宋元两百余年的繁盛,至明开始由盛转衰。明太祖朱元璋从 17 岁时便在自觉寺为僧,对佛教有一定的认识。"明太祖个人复杂的性格因素和对佛教的认识使他在位期间对佛教采取了既管制又提倡保护的政策。"[1]明初,政府对江浙一带佛教的支持,使金陵京师禅寺成为明代佛教的中心。朝廷对浙江的杭州和宁波府的青睐和扶持,使该地区的禅宗寺院、僧侣密集。洪武年间在浙江出现了一场大规模的寺院兴建高潮,浙江一带无数元末毁于兵火的禅寺得以重新修缮和重建。如杭州大报国禅寺"至正末毁,归并于此"[2],还有杭州长明寺"元庚子年毁,国朝洪武十八年重

---

① 何孝荣:《明代南京寺院研究》,中国社会科学出版社 2000 年版,第 29 页。
② 万历《杭州府志·卷 97》。

建归并于此"①。

明初政府的扶持只能给佛教发展带来短暂的繁荣,并不能从总体上阻止其走向衰退的必然趋势。明太祖的一系列佛教政策,将佛教牢牢维系在政府的控制范围之内,设立僧录司、僧官,禅寺、讲寺、律寺强行分开,将寺院大规模并归,严格度牒制度,禁止私创寺院,等等,这些专制制度使佛教难有自己的独创性和生命力。虽然这种控制从南禅宗发迹时代晚唐五代便已开始,但这种控制与反控制的斗争也从一定程度上说明宗教在与政治的博弈中很难获取胜利,政治强势常常使宗教无力抵抗,任何一个统治者对宗教的扶持都是有限的。明后期专制帝王对佛教的控制,以及禅宗高僧的政治投机使得禅宗的内在思想性和生命力不断衰落。

明初,在寺院伽蓝配置上,其他各宗纷纷效仿禅宗,形成禅戒双修或禅定双修的形式,诸宗杂糅。禅师们大力推行的"禅净双修",其实从某种程度上也是禅宗自身生命力衰微的一种标志。至明代,佛教寺院渐渐形成定式,虽然在伽蓝配置上受宋代"五山"的影响,同时又增加新的内容。诸寺规制不同,但都大同小异。明代净土宗的念佛法门独兴,佛殿成为禅寺的主要建筑,"念佛堂"出现,重层山门演化为天王殿,毗卢阁也出现在中轴线上。

后百丈时期的禅寺布局也呈现出各宗派融合的特点,全寺以山门、金刚殿、天王殿、大雄宝殿、法堂、毗卢殿与方丈形成南北主轴线。寺院门前的山门,多设外南门、中门与内门三座门殿。山门内左右设置有钟鼓楼,以象征"晨钟暮鼓",警醒尘愚。金刚殿内置金刚、力士像二尊,天王殿内置四大天王像,其后设韦陀像。有时,山门殿、金刚殿或天王殿合而为一,称为山门殿,将寺院内外划分为两个不同区域。大雄宝殿是寺中最主要的建筑,

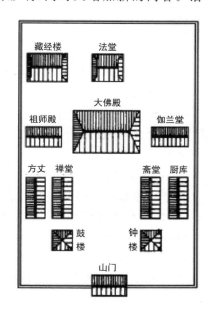

图 3-23　明代禅寺布局图

---

① 万历《杭州府志·卷97》。

规模庞大,殿内一般设释迦牟尼像。明代以后,殿内多设三世佛。天王殿与大雄宝殿之间,一般左设有伽蓝殿,右为祖师殿,大雄宝殿后左设有观音殿,右有轮藏殿(或地藏殿),寺院殿堂以长廊连接,形成封闭空间。宋元时期佛寺以禅堂为主要建筑。元明以后,禅堂内改设毗卢像,禅堂与斋堂对称布置。明代寺院多设毗卢殿,为一座二层建筑,内藏经卷,故又称为藏经楼或万佛楼。藏经阁置于中轴线的最末位,轮藏殿消失,方丈室移至南北轴线的后部。此外,还设有弥勒殿、韦驮殿、舍利殿、转轮藏殿,还设有开山堂、罗汉堂、念佛堂、水云堂、忏堂,模仿天台宗建放生池,等等(如图3-23)。

唐代律宗常在寺院内设戒坛,寺院戒律严格,传戒之法多于佛殿中进行。明代,律宗的"戒堂"出现于禅寺中。明代中叶,戒坛曾遭封闭。万历年间,又开戒,设坛传戒之风又起。除律寺外,禅寺、净土寺院中也相继开坛设戒。

清代诸宗合流,浙江的佛教在政府的支持下继续繁荣,顺治、康熙、雍正对浙江杭州府、宁波府等地的禅宗寺院及高僧大力扶持。《净慈寺志》中就记载着雍正帝对浙江禅宗采取的各项政策措施,《净慈寺志卷七》"清复寺田碑"曰:

> 户部咨文内开:皇上因各处丛林寺院斋田,或为不孝僧徒,私行变卖,损毁常住,于雍正十二年十一月二十八日奉上谕,直省向来各处丛林寺院,有斋田者,皆系历代住持优僧募化所置,或系地方善信所施,永存常住,为香灯僧斋之用,或为本寺之不孝僧徒,施主之不孝子孙,私行变卖,以致财缺善缘,损毁常住。着地方官,留意查清其已卖出者。若一概令还,则滋烦扰。至于典出者,应令设法募化,给价赎回,归于本寺。其各丛林寺院,即今现有斋田,俱着查明登记档册,因为常住产业,不许售卖。将来有续置者,亦报明地方官,申明上司,载入册内,该督抚等流心访察,保护,倘有仍蹈前者辙,似相授受者,将卖田及买田之人,一同治罪。或不安分僧人,因朕此旨,借端生事,亦一同严惩。特谕,钦此。[1]

雍正对禅宗制定的诸多政策,也反映了政府对禅宗文化的专制。明朝禅僧们主张将"参禅"转为"念禅",这成为净土宗的一大特色,这与禅宗"不立文字,教外别传"的祖训相背离,而这种趋势在清初已成为普遍的倾向。

---

① [清]释际祥:《净慈寺志》(上),第164页。

经过上千年的发展,世俗化已深入到禅宗的方方面面,并且形成一种强大的社会力量,禅宗寺院再难以专门以禅为宗,禅净双修成为禅僧们的首选。民间信仰也在禅寺中体现出来,"禅寺混合成内则禅讲律净,外则经忏齐焰,即禅讲净律以究真,经忏齐焰以应俗。一方面参禅、讲经、传戒、念佛,另一方面念经、拜忏、设斋、放焰,应世俗一般人的要求"[①]。

清初禅寺在伽蓝配置上亦失去了独立禅宗寺院的特征,建筑配置不守常规。与宋元禅寺相比,明清禅寺大型寺院的主体建筑配置格局趋向复杂,寺院整体布局拉长,东西两侧对置建筑的配置形式进一步强化。小型寺院,其伽蓝配置较全的主要有山门、佛殿、法堂、左观音殿、右轮藏殿及禅堂等,寺院格局简单,配置不全的甚至省去法堂、轮藏殿和观音殿,而仅存佛殿和禅堂院,这两者也是明清禅寺的核心(图3-24)。

清代以后,浙江禅寺基本就在"佛殿＋禅堂院"的基础上增减演化。法堂、禅堂不受重视,整体伽蓝布局呈由简到繁的趋势,失去了佛教建筑的传统面貌,"百丈禅居"的原始面貌和精神已丧失殆尽,因此亦将该时段的禅寺布局称为后"百丈禅居"。

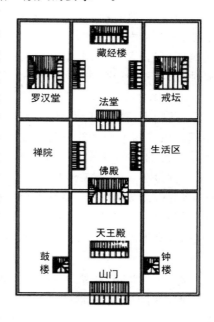

图 3-24　清代禅寺布局图

(二)明清禅寺的布局特色

1. 中轴"纵深式"发展

和禅寺初创时期呈扁平形状的寺院布局相比,明清时期的布局则明显拉长,往纵深的方向发展,整体呈长方形。寺院从山门开始,沿中轴线纵向布列钟鼓楼、天王殿、大雄宝殿、各宗所尊的佛殿、法堂、藏经阁等主要建筑,形成中部佛殿区,中路两侧再附设寺院内部生活区,中间以横廊相连,划分成几进院落。这种布局模式在继承传统"百丈"式佛寺的规划理念和精髓的同时,在结构上也开始了自身的变异。"百丈"式以十字轴线呈中心相交的模式形成一个中心庭院,以强调团体的团结和凝聚力,这种强调人性化的表达到明清时期已转化为对一种对神权的膜拜,长长的中轴佛殿区体现着君权的神威。

如明代嵩山少林寺初祖庵禅院沿中轴线依次布置的建筑有:山门、天王殿、大雄宝殿、法堂、方丈室与毗卢殿;清代福建广化寺中轴线上布置的建筑有山门、天王殿、大雄宝殿、法堂、藏经楼等,中轴两侧对称设置的建筑有钟楼、鼓楼、禅房、方丈室、客房、膳室等。中轴线佛殿区的建筑增加,形成一个长长的礼佛区。再如灵隐寺的中轴线上布置有山门、天王殿、大雄宝殿、药师殿、藏经阁、华严殿等,形成寺院中部佛殿区。寺院中轴线拉长,中部区域增加了许多礼仪性和崇佛的殿堂,大雄宝殿为寺院的中心建筑,也是主要的学修殿堂。寺院"进"数增多,每一座院落成为一"进",若干"进"串联成一"落",或称"路"。有些大型寺院在整体布局上形成三条轴线,将寺院分成中路、东路和西路,除了以中轴形成的中路佛殿区,东西两侧为学修服务的"内部生活区"。这样的纵深布局有利于更好地显示寺院的权威,更能迎合崇拜和礼仪的需要,引导着信徒逐次达到礼拜和信仰的高潮。

2. 礼仪性殿堂增多,学修价值减弱

明清时期寺院中轴线佛殿区上增加了许多礼仪性的殿堂。民间对佛教信仰的需求改变,希望通过念佛的简便修行达到西方净土世界,使寺院的布局也随之改变。这一简化实用的"捷径"吸引了更多信徒,使佛教成为汉地最普及的信仰。寺院学修价值减弱,如灵隐寺除了中轴线上天王殿、大雄宝殿、药师佛殿、藏经阁(兼法堂)、华严殿等主要建筑外,还有五百罗汉堂、道济禅师殿、方丈楼、灵隐学堂、华严阁等等,但这些殿堂中只有大雄宝殿是僧众们早晚诵经共修的场所。大雄宝殿耗巨资建造,装修华丽,殿内供奉释迦牟尼像,但由于法像体积过于庞大,占据了佛殿内大部分空间,"禅修"的意义减弱。其他如天王殿、药师佛殿、五百罗汉堂及道济禅师殿等建筑,主要用作观赏、供祭和礼拜,且空间狭小,学修意味也大大减弱。

此时的学修情形,与百丈禅师所制定的以法堂为主并重僧堂的学修情形已相去甚远。禅寺的布局不再重视法堂,法堂体积减小,地位低下,往往与藏经楼合并为一幢二层建筑,只用于举办一些大型的讲经法会活动,平常关闭。僧堂分解为禅堂、斋堂和寮舍,禅堂专用于坐禅。方丈室退出中轴,不靠近法堂,转移至西序的禅堂附近,"以师不可远其徒也,故方丈近于禅堂"①。这说明禅宗原始精神——方丈"当代为尊"的崇高地位已被佛殿代替。这也是明清佛教衰落期思想上人佛二元化的结果。

整座寺院只有禅堂与念佛堂还具有较浓厚的学修意味,但建筑规模和僧团人数大大减少。在一些大型寺院里,可容人数也不足百人,这和百丈时期众僧云集,集体起居、坐禅、议事的"大僧堂"相比,学修意味已相去甚远。且专用于学修的大雄宝殿、禅堂与念佛堂布局也相当分散,足以显示后世传法活动的冷清。

3. 寺院空间功能改变

传统寺院中轴前部分为参佛礼拜的空间,后面为僧人研习、禅修空间,在整体空间上则按照东生活、西接待的格局进行布置。东侧为僧人居住生活区,西侧为客堂等接待区,各功能区自成一体,又有联系。

明清时期,大多数寺院仍然保存四个功能区:由山门到大雄宝殿所形成的佛国区;禅堂、律堂、方丈室等形成的僧人修行区;僧房、香积厨、斋堂等形成的僧人生活区,以及用于宴请宾客、施主的俗客接待区。与传统寺院相比,寺院各区的功能发生了改变。

初期禅宗寺院布局完全服务于寺院内部,以僧众使用和宗教活动为主。明清时期,寺院的服务对象转向社会,以世俗社会为主,同时兼顾僧人、信众的宗教活动,以及满足普通游客的宗教、信仰乃至观光的需求。寺院的神圣性特征由佛国区、修行区、生活区至俗客接待区逐渐减弱,尤其是将寺院开放为旅游景点,大量的游客对寺院佛国区的神圣空间造成一定的破坏,使寺院整体空间环境走向世俗化和民众化。

(三)典型实例分析——净慈寺伽蓝布局

关于净慈寺的伽蓝布局,资料甚少。根据《南屏净慈寺志》记载,可以推断明清时期净慈寺的布局建置,《南屏净慈寺志》中《形胜》篇"池台"曰:

> 万工池 在寺门列柏外,两坊夹之。宋建炎以前,寺累遭回禄,鞠为荆墟。熙宁间,有善青乌术者云:"雷峰火星,须凿池以禳之。"圆照本禅师乃募有力者万人浚,未终日而成,故名池。②

《南屏净慈寺志》中《建置》篇"殿堂"曰:

---

① [明]葛寅亮:《金陵梵刹志》,何孝荣点校,天津人民出版社 2007 年版,第 108 页。

② [明]释大壑:《南屏净慈寺志》,第 23 页。

　　大雄殿　　　五楹,高十三丈,即净慈正殿也。飞檐鸱尾,藻井虹梁,结构庄严,气象闳伟,中奉大如来像三身,青螺绀目,趺坐金莲,金色晃耀,焰网腾煜,妙相无比。迦叶、阿难立侍左右,梵王帝释旁列其前。又十地菩萨暨十八诸天,周绕拱卫,俱相好殊,特妙丽光明,瞻仰肃敬。①

《净慈寺志》中《兴建一》篇"伽蓝殿钟楼"曰:

　　《净慈寺旧志》:伽蓝殿三楹,在毗卢阁基之左,内供护教明王华光修利及六甲诸神。万历乙卯辨才增葺前轩,殿左庑为客堂,堂北为伽蓝殿,伽蓝殿北为钟楼。②

《南屏净慈寺志》中《建置》篇"殿堂"曰:

　　三大士殿　　　三楹,在应真殿后,奉观音、文殊、普贤三圣。其始与应真同建。至元住持处林修。永乐间住持师赜重建,并塑三十二应于两壁。成化二十年住持智源修。万历二十八年住持文英性莲重建。

　　观音殿　　　在正殿左。景定间住持德昼建。洪武二十五年毁。住持道联重建。今废。

　　藏经殿　　　在正殿右。泰定间住持善庆建。今废。

　　伽蓝殿　　　三楹,在毗卢阁基之左。内供护教明王华光修利,及六甲诸神。万历乙卯辨才增葺前轩。

　　祖师殿　　　三楹,在毗卢阁左。内供达摩及清凉益、天台韶、定慧潜、智觉寿五祖像。万历丙午圆岳重修。

　　望祭殿　　　旧在南屏绝顶,今废。……

　　接引殿　　　三楹,即旧十方堂也。在钟楼前,旧奉大接引佛,今更玄武殿矣……

　　宗镜党　　　五楹,在毗卢阁后,即演法堂也。显德元年建,后为永明寿禅师,会三宗义学,集《宗镜录》于此,因改今额……

---

① ［明］释大壑:《南屏净慈寺志》,第37—38页。
② ［清］释际祥:《净慈寺志》(上),第47页。

禅堂　　　五楹在大雄殿之东北，距十余丈，延接十方云水。天顺间住持一演重建，万历庚子真玉修。

忏堂　　　旧在永明室南，久废。万历庚戌大壑别建，法华台之阴矣。

蒙堂　　　即训沙弥习三学处。久废，无考。①

《南屏净慈寺志》中《建置》篇"楼阁"曰：

钟楼　　　高十余丈，在金刚殿西，创建无考……

鼓楼　　　旧在金刚殿右，与钟楼并峙。洪武间监寺智謷重建，寻毁。

圆照楼　　在西隐庵，即今万峰深入。熙宁间圆照建，故名。楼之下有丛玉轩，今并废……

天镜楼　　兴废无考。姚少师广考有寺，别见。

毗卢阁　　五楹，在大雄殿后……

慧日阁　　三楹，旧在宗镜堂后，即今永明塔址也……

千佛阁　　五楹，高十余丈，在香积厨之西北五十武。显德元年建。嘉泰间毁……

文昌阁　　三楹，在妙因房右……②

《南屏净慈寺志》中《建置》篇"廊宇"曰：

长廊　　　一百二十楹，即寺两庑。至三门绕至毗卢阁，左右相通。显德元年建。宋钟鼎丁清溪，绘善财童子参五十三知识隐化之迹于庑壁。元季毁，今从西翼门，经应真伽蓝殿，至宗镜堂前，辇陛依然，即其故址也。③

《南屏净慈寺志》中《建置》篇"厨库"曰：

香积厨　　五能，在玄武殿后，显德初建，内有神运井，事祥

---

① ［明］释大壑：《南屏净慈寺志》，第51—56页。
② 同上，第56—59页。
③ 同上，第59—60页。

灵异……

西库司　　即今云麓旃林址。南库司，即净居址，俱景定间住持德昼建……①

《南屏净慈寺志》中《建置》篇"廨院"曰：

方丈　　经万峰而上，石道无磴，横过伽蓝殿，磴道而成，先抵宗镜堂，由堂外左阶，通焉室，可三十笏，方一丈者三，之具楼台之形。下视田字殿，五百应真，顶相似可摩可灌……

众僧院　　尝考永明开山以来，殿堂之外别建禅堂，以参禅，法堂以演法选佛，以接机，蒙堂以训稚。东西两寮，以居化主。西南两库，以储资粮。余则香积湢圊而已。此外无别，所谓众僧院，具为诸祖退闲栖息之所，则有三庵，曰西隐，曰净居，曰堆云。二居：曰藕花，曰松月。所以庵、居异称也。今则世远僧殊。遂分房为二十八矣。其名凡十有九，今以方丈左右次第，所领如两序云。

石隐　　在方丈左，旧名西隐庵，即万峰深处。内有法华台、圆照井、竹阁、忏堂，岩岫透迤，轩牖疏敞，湖光翠色，逗映竹间，致堪临憩……

护尊　　在应真殿右。

普照　　在应真殿北，有四房。旧在雷峰西湖之滨，名藕花居……

旃林　　在普照后。内有观音像，凡祷辄应。

竺国　　在旃林之北……②

综上描述，可大致推断出净慈寺的整体布局：寺院中心建筑为大雄宝殿，其左右分别布置观音殿和藏经殿，西边还有应真殿，供奉五百罗汉，应真殿后面有三大士殿，奉观音、文殊、普贤三圣。中轴线上大雄宝殿后建有毗卢阁，其左右两侧分别布列伽蓝殿和祖师殿，后为镜宗堂，即演法堂。另外寺院还有接引殿、禅堂、忏堂、蒙堂、方丈等。阁的建筑有鼓楼、圆照楼、天镜楼、慧日阁、千佛阁、文昌阁等；亭室有居然亭、飞泳亭、永明室、三宗室、台温寮；厨库有香积厨、西厨司等。

① ［明］释大壑：《南屏净慈寺志》，第 62 页。
② 同上，第 63 页。

第四节　传统文化对禅寺空间布局的影响

　　佛教自汉朝传入中国之后，不断与中国本土文化相融合，吸取中国传统建筑空间形态，形成了中国式的佛教建筑类型。因此，中国的佛教建筑与中国的传统文化是一脉相承的，中国传统文化中的儒家礼制思想、佛教思想以及传统审美观念等等影响着佛寺建筑的选址、空间布局、建筑形态、空间序列等。

一、传统儒教思想的影响

（一）儒教"宇宙"模式的影响

　　《管子》书中《宙合》篇，后人解曰：上下四方曰合。"合"即抽象意义上空间概念。老子曰："古往今来谓之宙，上下四方谓之宇。"[①]宇宙是时间和空间的综合。宇者，屋宇也。在中国古人的思想中，宇宙就是一个扩大的有四方与上下等界面限定的屋宇。这个宇宙观，把天地拉近人心，人与自然融合一体，形成中国传统建筑"四合院"式空间布局的雏形，强调室内和室外空间的转化，既封闭又融入自然。

　　对一个建筑群而言，通过恰当的建筑布局，以求天地和合和阴阳协调，这就需要建筑群内部有着严格表征社会尊卑关系的等级秩序。以儒家文化为主要宗旨的中国建筑，尤为重视君臣父子、中外华戎的等级尊卑关系。为了维护这些关系，从先秦时代便开始规制一套繁缛的礼制规范，并在各个朝代逐渐完善。根据《礼仪》的记载，古代卜筮、迎宾、乡射、丧葬等仪式规范，对建筑空间的布局都产生了一定的影响。一切礼仪的设置，都有一种空间关系与之相影射，在这种礼仪环境中，将社会成员的长幼尊卑等级规定在各自相对的位置，这使建筑空间的布局与经营者之间建立了某种联系。如《历代宅京记》便记载了上古时代诸侯朝觐周天子的礼仪中所产生的建筑空间秩序：

　　　　天子负斧依南乡（向）而立，三公中阶之前，北面东上。诸侯

---

　　① 　王利器：《文子疏义·自然篇》，中华书局 2000 年版，第 346 页。

之位,阼阶之东,西面北上。诸伯之国,西阶之西,东面北上。诸子之国,门东,北面东上。诸男之国,门西,北面东上。九夷之国,东门之外,西面北上。八蛮之国,南门之外,北面东上。六戎之国,西门之外,东面南上。五狄之国,北门之外,南面东上。九采之国,应门之外,北面东上。①

这种礼仪性的上下尊卑位序的排列往往转变成一种空间形态,限定建筑的尺度规模,堂基高低,柱楹色彩,屋顶造型,装饰纹样等,如《历代宅京记》里关于明堂的记载:

> 明堂也者,明诸侯之尊卑也。武王崩,成王幼弱,周公践天子之位,以治天下。六年,朝诸侯于明堂,制礼作乐,颁度量,而天下大服。七年,致政于成王。考工记曰:周人明堂,度九尺之筵,东西九筵,南北七筵,堂崇一筵。五室,凡室二筵。周书明堂解曰:明堂方百一十二尺,高四尺,阶广六尺三寸,室居中,方百尺。室中方六十尺,户高八尺,广四尺。东应门,南库门,西皋门,北雉门。东方曰青阳,南方曰明堂,西方曰总章,北方曰玄堂,中央曰太庙。②

这种基于儒家思想的等级规范,将表面上混沌无序的天地宇宙与现实世界规范化、制度化,不仅体现在天下四方的大范围内,更深刻体现在每一个建筑组群的空间组织规则中。在中国思想文化中占据统治地位的中国儒教,一方面通过"君权神授",使宇宙秩序社会政治化,"天"被抽象成高居于人之上的神化的空间,使最高代表"天子"居于这一系列的最上端,形成天子至庶民自上而下的等级系列。另一方面,人们又根据"法天象地"的原则,按照天象中紫微、天市、天垣的布列与四神、五曜、四方二十八星宿的平面五方位格局来布置地上的建筑,在人世间再现天宇的宫室城垣。这种平铺于天界和地面的两种基本布局,相互对应,相互同构,这两种相互映衬的平面空间体系始终存在于中国古代的宇宙模式观念中。中国人尤为重视这种平面五方位的空间图式,中国古代无论何种建筑,从住宅到宫殿,几乎都是这种空间布局,体现一种秩序规律,融合了中国古代特有的祭祀祖宗、

---

① 顾炎武:《历代宅京记》,中华书局 1984 年版,第 36—37 页。
② 同上,第 37 页。

天地的功能,表达了古人的宇宙观念。

中国古代的思想中,并不是只简单地追求平面五方位空间格局。在中国的民间信仰中,还存在一种带有宗教神学意味的"天堂"与"地狱"的垂直空间划分,强化了天、地、人的纵向空间序列。这一垂直的空间形态呈弱化趋势,使平面上中央与四方的空间布列秩序加强,最终形成儒家色彩深厚的等级森严的空间图式,与宗教宇宙模式相同。这一空间序列平铺于大地之上,作为天界空间一个映象,强调以北向为尊的南北轴线。位于四个正方位的四座单体建筑与中央一个露天庭院组成"四合院"式建筑群,在这一四合单元的中央,布置着一座威望最高的建筑物,并用四周回廊的形式将四座单元建筑相联结。这种中心庭院的四合式空间的处理方式,后来居于建筑发展的主导地位。

整体建筑群通过纵横交错的轴线将这些大大小小的四合院式空间单体组织在一起,并以一条居于组群中心的南北中轴线贯穿始终。不仅仅是佛教道场,历代帝王都城的城市与宫殿的中轴线也是如此。北端或穿透宫墙与城市,或通过帝王的宝座,向上界天宇直接延伸至北辰,而南端则延伸至无限。建筑群里其他一些次要的轴线构成层次较低的大小不一的空间组团,中间还穿插一些廊道。在每一个四合式单元组团中,都有一个主殿及左右配殿和门廊构成东西向轴线,无数个这样的轴线被中央轴线拉结在一起,将松散的单个组团组成一个庞大的整体。这样便使得天下四方的院落组团被纳入一个统一的具有宇宙意义的空间秩序中,"使得中国建筑的空间组织具有了某种可以囊括天地六合的弥漫性。正是从这种弥漫性的,涵盖天下四方的,具有级差序列之韵律感的空间组织方式,透析出一种神秘的'宇宙图案'的感觉"①儒家所主张的严格而理性的等级尊卑观念,反映在建筑中,形成了空间形态渗透着天地和合与宇宙秩序的文化精神。

(二)儒教"礼"制思想的影响

除了建造时的地理环境因素外,影响建筑最重的因素便是当时的文化环境。佛教建筑作为中国传统建筑的组成部分,其平面布局理所当然地影射着中国传统儒家文化的内容。儒家讲礼制,崇尚礼仪,崇尚人伦关系,遵守行为准则。《左传》曰:

　　　礼,上下之纪,天地之经纬也,民之所以生也……礼之可,以

---

①　王贵祥:《东西方的建筑空间》,第 384 页。

为国也久已,与天地并。君令臣共,父慈子孝,兄爱弟敬,夫和妻柔,姑慈妇听,礼也。[1]

礼使人们端正风俗,分辨是非,明确群臣、上下、父子、兄弟名分,是规范国家和家庭生活中一切活动的行为准则。乐表现的是天地和谐,礼表现的是天地的秩序。乐在于内在精神的培育,礼体现在外在行为规范。中国古代建筑更是处处体现了这种"礼别异,尊卑有分,上下有等"的礼制思想,这种礼制精神又"居移气,养移体",融合到各种形制的建筑中去。

佛教初传东土时,其经典教义所反映的印度风俗、主张和社会人伦关系与中国有很大差异,甚至在传统的伦理道德上也与中国相抵触。为了扩大佛教在中国的传播,建立稳固的根据地,译经者势必将印度佛经的有关译文进行删减调整,考虑中国传统伦理道德中男女、家庭和君臣之间的关系,以适应中国的儒家伦理道德观念。中国的传统建筑布局中也充分体现了君臣、父子、兄弟、朋友、夫妇之间尊卑有别的家庭秩序。儒家文化的伦理等级观为上下有序、中庸之道(不偏不倚),崇尚中庸的对称之美,这种秩序体现在建筑的布局、形制、规模、装饰等方面。中国的社会生活的组织关系中以血缘为纵向,从高到低体现一定的尊卑位序,而家族关系表现为横向,这种社会制度体现在建筑布局和城市布局上,使中国社会的群体组织关系物化在传统建筑中。"在轴线设计上,以南北纵轴线为重要布局,以东西横轴线为辅助轴线。以中轴线为中心,按照轴线对称的方式进行,在不同坐标点上的建筑,直接体现出主人社会地位的高低及等级,轴线对称布局是中国传统儒家思想中等级观念及中庸思想物化的集中体现。"[2]

《考工记》中有一段对都城、城中建筑、宫室的内部空间的规划的描述,可以看到,宗法制度、上下尊卑和等级关系已成为国家和社会的基本准则,礼制思想和等级制度被完全贯彻在国家城市规划中,体现在每一座建筑的方方面面:

夏后氏世室,堂修二七,广四修一。五室三四步,四三尺。九阶。四旁两夹窗,白盛。门堂三之二,室三之一。殷人重屋,堂脩

---

① 王守谦、金秀珍、王凤春,《左传全译·昭公二十五年》,贵州人民出版社 1990 年版,第 1342 页。

② 席田鹿:《中国传统文化儒家、道教对中国建筑、园林及城市规划设计的影响》,《美苑》,2007 年第 4 期,第 79 页。

七寻,堂崇三尺,四阿重屋。周人明堂,度九尺之筵,东西九筵,南北七筵,堂崇一筵。五室,凡室二筵。室中度以几,堂上度以筵,宫中度以寻,野度以步,涂度以轨。庙门容大扃七个,闱门容小扃叁个,路门不容乘车五个,应门二彻叁个。内有九室,九嫔居之;外有九室,九卿朝焉。九分其国,以为九分,九卿治之。王宫门阿之制五雉,宫隅之制九雉。经涂九轨,环涂七轨,野涂五轨。门阿之制,以为都城之制;宫隅之制,以为诸侯之城制;环涂以为诸侯经涂,野涂以为都经涂。①

《礼记·正义》曰:"明堂也者,明诸侯之尊卑也。"②严密的等级制度,不仅体现在建筑布局中,甚至连建筑细部装饰、规模组成、间架等都被纳入了等级的限定,并在长期的发展过程中形成固定的形制。中国古代建筑以群体组合见长,因此,中国佛教寺院继承了中国传统合院式布局模式,以南北中轴线贯穿全寺,中轴线上布置有山门、前殿、后殿及大雄宝殿等主体建筑,主轴线两侧建筑对称布置,左右有东西配殿,主殿大雄宝殿是寺庙中最重要的部分。院落与东西配殿层层递进,形成对主殿的烘托与陪衬。同时,寺院的院落空间也有自己的特色,根据选址的山地环境因素,依山取势,布局灵活,既考虑到了传统礼制的要求,又有独特的创造。

到了宋代,遵循《营造法式》的规定,我国的建筑逐渐走向规范。寺院以南北轴线为主,建筑坐北朝南,轴线两侧左右对称,寺院的布局也由早期印度以塔为中心的伽蓝形式发展成为中国本土式的以"堂"为主的合院式的布局形式。因此,佛教寺院的营建注定也要遵循中国传统的儒家礼教,合乎礼教的约束。这一点在《周礼》《仪礼》《礼记》中都有体现,后来又有儒学的补充,加之"阴阳五行"与"风水"之说,使建筑在形式与布局上形成一个不可逾越的标准。诸侯大夫的宅第标准已经作为一种国家基本制度,都城、宫殿、民宅的建造内容与形制都各不相同。所谓"前堂后室","北屋为尊,西厢次之,倒座为宾"等建筑标准直接影响了寺院的布局。

礼制还严格体现在建筑的比例规模上,《礼记·乐器》曰:

> 礼以有多为贵者。天子七庙,诸侯五,大夫三,士一……礼有以大为贵者。宫室之量,器皿之度,棺椁之厚,丘封之大,此以大

---

① 闻人军:《考工记译注》,上海古籍出版社1993年版,第130页。
② [汉]郑玄:《十三经注疏·礼记·明堂位第十四》,北京大学出版社1999年版,第934页。

为贵也……有以高为贵者。天子之堂九尺，诸侯七尺，大夫五尺，士三尺，天子、诸侯台门：此以高为贵也。①

　　建筑的体量越大则地位越高，禅寺建筑规制雄大宏丽，气势壮观，其单体建筑中以山门、法堂、佛殿规模尺度最大。在中国古建筑中，常常用"间、架"来决定建筑的规模，间架的数量也限制了单体建筑的平面和体量。基于礼制，建筑在间架数量上都有明确规定，在面阔上用阳数"一、三、五、七、九"。数字具有标识等级序列的功能，阳数又称天数，易理认为"九"处于阳爻最高位，是天的象征，"五"是阳爻的阳位得正。因此，"九"和"五"用于建筑，表示皇权的尊贵和威严，建筑开间以九间为最大，依次降为"七、五、三、一"，如《天童山千佛阁记》记载其山门规模：

　　　　为阁七间，高三层，栋横十有四丈，其高十有二丈，深八十四尺、众楹具三十有五尺，外开三门，上为藻井，井而上十有四尺为虎座，上层又高七丈，举千佛居之。②

　　天童寺以其山门面阔七间，进深四间，上下五层，中间暗层的巨大规模而闻名。然而其山门规模还比居于"五山"之首的径山寺面阔少两间，由此可知径山寺的等级规模，《径山兴盛万寿禅寺记》描绘南宋径山寺：

　　　　长廊楼观外接三门，门临双径，驾五凤楼九间，奉安五百应真，翼以行道。③

　　宋元江南一带禅寺山门以五间较为普遍，小寺则为三间，而级别更高的超大型寺院则为七间甚至九间，这也反映了南宋寺院的等级制度。"宋元时期禅寺以山门为寺之脸面，极尽宏大壮丽，为其显著特征和时尚。山门形制实际上成为禅寺规模、等级的一个重要标志和象征。"④山门阁的规模、尺度主要在于装饰等级上，而非实用功能。关于建筑的尺寸的比例设定，历代都有严格规定，隋唐时期的典制《营缮令》载：

---

① 杨天宇：《礼记译注》，上海古籍出版社 2004 年版，第 286—289 页。
② 曾枣庄、刘琳：《全宋文·卷 5968·天童山千佛阁记》，第 27 页。
③ 同上，第 31 页。
④ 张十庆：《宋元江南寺院建筑的尺度与规模》，第 93 页。

三品以上堂舍不得过五间九架，厅厦两头，门屋不得过五间
五架；四、五品堂舍不得过五间七架，门屋不得过三间两架；六、七
品以下堂舍不得过三间五架，门屋不得过一间两架。[①]

传统建筑无论是都城规划，室外建筑规模形制，或是室内台基、屋身、
屋顶，每个部分都有一定的比例及标准做法。古代对宅第的严格限制也体
现了礼制的等级森严，这一制度甚至还渗透到结构技术的方方面面，使得
整个建筑体系呈现出建筑形式和技术工艺的高度规范化。佛教建筑是中
国传统建筑的一部分，这一规范化做法也保证了佛教建筑体系的持续性和
独特性。

二、古代佛教思想的影响

(一)佛教宇宙模式

佛教文化中的宇宙模式是一个十分复杂的体系。佛教认为宇宙空间
具有无限性，下至地狱上至梵天所组成的空间模型同样影射在佛教寺院的
平面空间里。在佛教宇宙模式里，"世界"一词包含着"天地万物"和"宇
宙"，《楞严经》卷四云：

> 阿难！云何名为众生世界？世为迁流，界为方位。汝今当
> 知，东、西、南、北、东南、西南、东北、西北、上、下、为界。过去、未
> 来、现在、为世；方位有十，流数有三。一切众生，织妄相成，身中
> 贸迁，世界相涉。而此界性设虽十方，定位可明。世间只目东西
> 南北，上下无位，中无定方。四数必明，与世相涉。三四四三，宛
> 转十二。流变三叠，一十百千，总括始终，六根之中，各各功德，有
> 千二百。[②]

佛教认为宇宙由无数个小"世界"所构成，一个小"世界"中包含时间和
空间，空间包含着时间，时间扩充着空间，相互虚妄交织。众生也就在这当

---

① 李合群：《中国古代建筑文献选读》，华中科技大学出版社 2008 年版，第 100—140 页。转
引自王益：《"和"与传统建筑空间形态》，《合肥工业大学学报》2010 年第 6 期，第 147 页。

② 《大佛顶首楞严经·卷 4》。

中迁移转化,生命轮回不息。一个"小世界"的中心是一座大山——须弥山。须弥山由所谓四宝即金、银、琉璃和玻璃构成。须弥山呈长柱形,中腹内收,两端长十六万由旬,直插海中,入水八万由旬,出水八万由旬。须弥山的周围有九山、八海、四大洲环绕着,七香水海和七金山作为内围。七香水海飘满了各种香花,为香功德水。七香水海之外为七金山,七金山又称为七轮围山。从里层到外层,分别名为双持山、持轴山、担木山、善见山、马耳山、障碍山(亦名象鼻山)、持地山(亦名持边山),与"七香水海"依次交替排列,山上多住的是圣贤鬼神。七金山加铁围山加须弥山就是所谓的九山,七香水海加大咸海即为八海。

七金山外又有铁围山,它们之间隔着咸海。咸海中有四大洲、八大洲和无数小洲。四大洲按东、南、西、北四个方向分布,东咸海为胜身洲,以身形神,故名;南咸海为瞻部洲,又称南洲,又称阎浮提;西咸海为牛货洲,传说此洲以牛为货,形如满月;北咸海为俱卢洲,又名胜处,据说四大洲中以此洲为最胜。每一大洲又各有两个中洲,共有八个中洲,这样就形成了平面十二方位的空间布列图式。以上种种,九山、八海、四洲是一小世界的"物质"部分,由于众生共同造的"业力"作用,使无尽的虚空形成盘状大气层,形成"风轮"。大气层上空中心,由风所集,水气凝结成雨。由于业力的缘故,维持住水层,形成"水轮",水轮之内逐渐形成硬石,成为"金轮",金轮的表面是山、海洋、大洲等,即为大地。

佛教宇宙世界又分为由有情的生命体构成的有情世间和由无情识的事物如日月星辰、山河大地、草木植被等构成的器世间。有情众生所存在的处所,又被分为佛国世界与世俗世界,即欲界、色界、无色界三界。"欲界"是指世俗人居住的地方。"欲界"众生种类又依等级分为地狱、饿鬼、畜生、人、阿修罗、天人六道。地狱居于须弥世界的底层,然后渐次提升,住着饿鬼、畜生、人、阿修罗等。其中欲界六天分别为:四大王众天、忉利天、夜摩天、兜率天、化乐天和他化自在天。从须弥山的山腰处开始,住着四大天王,顺序依次上升有夜摩天、兜率天、化乐天和他化自在天等,山顶是"忉利天"。"色界"高于"欲界",指断绝世俗欲望的人居住的空间,居住者仍具有物质的形态,依序分为四禅天、梵天、五那含天、无想天。"色界"之上是"无色界",是一个绝对"寂静的空间",在这个层次没有任何物质,是既无欲望又无形体的存在物居住的住所。无宫室与自然国土等物质性的东西,即"佛国境界",是"佛"居住的地方。这个纯粹的精神世界里,共有四天,即空无边处天、识无边处天、无所有处天、非想非非想处天。大乘佛教强调众生通过修持、解脱现实困境,才能进入涅槃境界,到达"佛国境界"。三界为六道众生所居,由欲界至无色界,是一个垂直系列的空间格局。

古代印度人认为宇宙空间是由下至地狱、上至梵天组成的以须弥山为中心的垂直空间体系,中间再辅以层层分布的水平系列空间,构成一个独立的世界。一千个世界称为小千世界;一千个小千世界称为中千世界;一千个中千世界称为大千世界;三个大千世界称为一佛土,宇宙则是由无数个三千大世界所构成的无限空间。在这个格局严整的宇宙空间中,各种佛、菩萨、天王、协侍都有各自的位置。在某种程度上,这反应在佛教建筑的空间构成上。整座佛教寺院是佛、菩萨、诸天等居住的世界,象征着无边无际的宇宙。佛国世界里根据众生的等级排序,确定建筑的等级秩序,人、天以及供奉佛和菩萨的殿宇都有相对应的位置。神和俗众都有自己的位置和居住。山门以内,中门以外被划为外院,成为"五道",即地狱、恶鬼、畜生、人、天;中门以内划为内院,为主体院落的佛国世界,唯佛独居;而中门东西两侧的配殿则为诸菩萨像和僧人居住的地方。① 整个内院象征十方三世诸佛的世界,体现着佛国净土的佛与法,引导千万僧众修持、觉悟并达到涅槃之境。

(二) 佛教"中"心思想的影响

"几乎所有的具有形态特征的文化中,都蕴藉着某种'宇宙中心'的象征性空间内涵。"②正如罗马尼亚宗教学家埃利亚德所描述的那样:没有事先的定向,什么事也不能开始,什么事也不能做——而且任何一种定向,都意味着需要一个固定的点。正是由于这个原因,宗教信徒才"总是试图在'世界的中心'确定它的居所"③。"如印度人把宇宙之山弥卢山视作宇宙的中心。而弥卢山又象征性地坐落在他们城市的中心。柬埔寨吴哥窟有着同样的意义。吴哥窟中的五座塔,象征弥卢山的五座山峰,因而,也象征着宇宙的中心。"④

在古代印度就有一种象征神圣意义的献祭柱,或称为宇宙之树,这是古印度创世神话中象征世界中心的巨柱。在古印度诸多创世神话中,有一则神话这样描述世界之柱:在世界初创之前,一条巨蛇弗栗多看护着孕育天地万物的太初之丘,以防太初之丘中的繁殖与丰产之水流失,创世之神

---

① 王媛:《江南禅寺》,上海交通大学出版社 2009 年版,第 132 页。
② 王贵祥:《东西方的建筑空间》,第 59 页。
③ 转引自 1991 年 6 月 22 日《参考消息》译文《沙漠的主人》,第 27—38 页。
④ 王贵祥:《东西方的建筑空间》,第 60 页。

因陀罗与弗栗多经过激烈的搏斗之后,杀死了弗栗多,放出繁殖之水,并用一根神针插在太初之丘的底部,将紧密挤压在一起的天地分开,这根神针成了分开天地的世界之柱,或称为宇宙之柱。①

因此,在远古先民的心里,稳定大地与支撑天宇的祭献活动具有一定的普遍意义。古印度祭司们常常通过隆重的仪式,到森林中采伐神树,并将之精研细刻而成献祭柱,柱顶做成圆形,象征天宇,柱底端刻成四边形,象征大地,柱的中部呈八边形或十二边形,象征大地与天空之间。据说这种献祭树具有稳定大地、支撑天宇的作用。这种献祭树最后被物化成房屋中心,随着历史的发展,这种直立的建筑形式被赋予了新的功能,演变成石柱、墓表、经幢、华表、佛塔等等,成为独立的建筑。

"宇宙之柱"表现的主题便是"中心"观念,每一座建筑及城市,每一座寺院或宫殿,都有一个神圣的中心,有其自身的价值和象征意义。北朝时期的石窟,多数是中心柱式的洞窟形式。在方形或长方形的洞窟中,中央立一方形的石柱,将石柱比喻成佛塔,有时干脆将这种中心柱凿成佛塔的形式,称为塔心柱。整个洞窟象征一个宇宙,佛塔或中心柱为立于世界天地之间的宇宙之柱。以中心柱为中心,到以塔或大尺度的佛像为中心的寺庙建筑,其宗教象征意义是一脉相承的。四周围绕,中央高耸的建筑形式,在一定程度上象征了环绕须弥山而立的佛教宇宙"中"心模式。

佛教将整个寺庙比喻成一个佛国宇宙,建筑呈"宇宙之轴"的垂直结构布局,"轴"在佛教思想中意味着生命的轮回,连接天堂和地狱,象征着宇宙的秩序。中国传统思想中,北为阴,南为阳,南北贯通方为上,而中国的佛教建筑也大多遵循此信仰。按照典型的佛教观点,空间上的中心位置是最重要和最神圣的场所。正如佛教初传中土时的寺院建筑以"塔"为中心,周围绕以其他殿堂、僧舍等次要建筑,并以围廊相互联结成四方形的建筑空间。在此布局中,"塔"成为世界中心须弥山的象征,四周围合的空间代表着佛教的宇宙。

在这一布局模式里,汉唐间佛寺平面布局发生变化,塔的宗教地位渐渐减弱,而设有佛像的佛殿的位置却变得日益重要,僧徒们由原来右旋环绕崇拜佛的象征——佛塔,逐渐演化到崇拜偶像本身。尤其到了宋元时期,"伽蓝七堂"式的禅寺布局对佛教"中"心思想的体现更为突出,对佛教思想中的"轴"的观念也表现得更为明显,作为佛教偶像的安置建筑——佛殿在寺院中的地位得到提升。所以中轴线的中央处设置的寺院也由原来

---

① 王贵祥:《东西方的建筑空间》,第 60 页。

的佛塔转变为佛殿或法堂，其他分散四角的次要建筑形成对佛殿的围合，以此体现建筑中有关神圣空间的基本理念。

在禅寺中心式布局空间里，寺院的建筑基本都要沿南北轴线对称布列。中轴线上的建筑都坐南朝北，主要建筑围绕一个中心庭院设置，同时以大僧堂、厨库为中心，形成横向轴线，南北两条中轴线交会于法堂前的中心庭院内。因此，当轴线两边有重要建筑时，它们必须在位置、大小、排列上相互平衡，使北和阴、南和阳相关联。因此，寺院的主要生活区常常集中于中轴线左侧（东侧），如僧房、香积厨（厨房）、斋堂（食堂）、茶堂（接待室）等。中轴线右侧（西侧），一般为接待区，如设水云堂（禅堂），以接待四海游客。

这种中心式布局象征着一种团结和向心力，更在于对居于其中的人们进行心理引导和教化。因此，中心庭院是全体成员共同修行、生活的中心空间，所以佛寺以法堂（后为佛殿）为中心，而法堂这一空间的中心又是"长老"（方丈），"长老"是整个寺院领导集团的核心，所以一些寺院将法堂和方丈相连，表示二者的一致性。

三、中国传统审美观念的影响

建筑是人类物质文明和精神文明的产物，也是人类精神、情感直接构建和传达的物质形态。建筑的美学深刻体现了一个民族的文化背景，中国人的审美观念尤为重视人的内心主观感受。悠久的华夏历史文化积淀，使人们对客观事物极为敏感，并引发联想作为精神寄托。在中国的传统文化中，都以秩序、和谐作为审美理想。中国的传统建筑追求的是"人人之和"，它秉承"天人合一"的传统哲学理念，折射中华以"和"为美的审美心理。只有天地和谐，完善调和的建筑，才能满足中国人心中对神灵居所的向往。

首先，从中国传统建筑的空间布局来看，中国无论何种建筑，从住宅、寺院到宫殿，几乎都是一个格局，即类似于"四合院"的模式。这样一个封闭的空间格局，在地面平面铺开，侧重于空间美的体现。在佛寺建筑中，作为主建筑的佛殿和作为辅建筑的殿堂、僧舍构成庭院的空间，这种内向空间的景象构成了建筑的表现主体，并通过群体组合，形成空间层次上的丰富多变。佛寺中山门与正殿的空间对比、香道承接等等，营造了寺院整体空间序列，山门殿—天王殿—大雄宝殿—本寺主供菩萨殿—法堂—藏经楼这条南北纵轴线将整个佛寺空间贯穿其中，并顺着山势逐渐升高。天王殿、佛殿、法堂、藏经楼、罗汉堂等主体殿堂，依山势而建，地基逐级高升，一殿高于一殿,气势磅礴。寺院院落作为一个整体,协调、统一、顺应山势,采用了自由式组合。寺院空间层次分明,重点突出,体现出了建筑的秩序感和层次感,重视对中和、平易、含蓄而深沉的美学性格的追求。庭院里门、廊、檐这些单体建筑以自身独特的节奏,构成一个流动的空间,让建筑时空合一,使人们的感悟在静态空间里流动,形成建筑对人的反包围,使人们用心去体会佛教宇宙时空。这一内向的庭院空间美也是中国传统建筑的一大特色。

其次,在中国传统建筑的平面布局中,具有强烈的尚"中"情结,以中轴线为主线,贯通全寺。禅宗寺院将主殿大雄宝殿放在轴线的重要位置上,配殿居前后左右,次要建筑位于轴线两侧,左右对称布局,秩序井然,表现了一种现实的理性精神,体现了"中"的对称之美,这在中国的传统审美观念中被视为最高境界的美。根据考古资料,早在周代,南北方位与东西方位就已经出现分野,在建筑中就已出现中轴线。重要建筑位于主轴线上,次要建筑在轴线两侧呈严格对称布列,有序列的整体对称、富于节奏感也是中国古代建筑中的审美标准。西方著名美学家乔治·桑塔耶纳认为,对称从视觉角度对人的心理机制造成影响:

> 对称所以投合我们的心意,是由于认识和节奏的吸引力。当眼睛浏览一个建筑物的正面,每隔相等的距离就发现引人注目的东西之时,一种期望,象预料一个难免的音符或者一个必需的字眼那样,便油然涌上心头。在对称的美中可以找到这些生理原理的一个重要例证,为了某种原因,眼睛在习惯上是要朝向一个焦点的,例如,朝向门口或窗洞,朝向一座神坛,或一个宝座,一个舞台或一面壁炉,如果对象不是安排得使眼睛的张力彼此平衡,而视觉的重心落在我们不得不注视的焦点上,那么,眼睛时而要向旁边看,时而必须回转过来向前看,这种趋势就使我们感到压迫和分心,所以,对所有这些对象,我们要求两边对称。①

中国人对审美对象侧重于审美心理属性,追求"人人之和"。建筑的轴线对称布置符合人们对秩序、和谐、节奏、韵律、比例等视觉审美意向的想象,能够直接被感官审美所把握,从表层的形式美渗透到深层次的精神美。

---

① 乔治·桑塔耶纳:《美感》,北京:中国社会科学出版社,1982 年,第 61—62 页。转引自刘月:《中国传统建筑审美之维》,《华中建筑》,2004 年第 4 期,第 122 页。

中国悠久的文化积淀使人们可以对客观事物极为敏感,并引发联想或作为精神寄托,并将这种直觉渗透到中国人生活的方方面面,成为中国人审美传统的一个重要部分。

但是建筑的布局并不是绝对理想化的模式,它往往受到具体场地、地形、交通等的限制,在一些建筑群中轴线无法保持绝对对称。一些佛寺由于山地环境的影响,在平面轴线上往往通过转折与平移从而取得整体均衡的视觉效果。

最后,佛寺的魅力还在于它的建筑的组合。佛寺总体布局上三面环山,正面朝南,景观富于层次感:基址背后的祖山(起始山脉)、少祖山(祖山之前的山)及主山(少祖山之前、基址之后的主峰,又称来龙山);案山(基址之前隔水的近山)外之朝山(基址之前隔水及案山的远山);左辅右弼的青龙(基址之左的次峰或岗阜)、白虎(基址之右的次峰或岗阜)山之外的护山,重峦叠嶂,山体层次丰富,具有一定的空间深度。这种风水格局的追求,在景观上体现了中国传统绘画"计白当黑"的技法特色,建筑个体是"间",空白之处为"院",组合的"间—院"结构体现了"平直、高远、深邃"的意境,蕴藏着中国人的计白当黑的审美经验。

佛寺整体呈四面围合的布局形态,主体突出,次要建筑围合。同时,它又兼具园林的因素,建筑与园林相结合,使佛寺布局更加考虑与环境的空间关系,在佛寺建筑空间布局上更多地注入室外元素,不把自然排斥在外,而是纳入其中。注重景观的序列,步随景移,曲折起伏,构成一副流动式的空间观赏序列,一层一层地将景观推向高潮。山林和谐统一,寺既藏于深山,也就成了深山的一部分。

本章小结

本章重点论述了禅宗寺院的建筑及其布局形态的演变。文章首先论述了印度原始佛教建筑的形态,探讨印度佛教建筑窣堵波、精舍、毗诃罗、石窟等建筑形态对中国佛教建筑形制形成的影响。并详细论述了汉地佛教寺院的形成与发展的过程,探讨禅宗寺院的建筑形制的形成。任何一种佛寺的建筑形态都是随着历史的发展而不断变化,没有固定的模式。印度佛寺中以"塔"为中心的布局特色成为中国传统寺院的范本。魏晋南北朝时期舍宅为寺的风潮,使中土的寺院形制与中国传统四合院的民宅相结合,佛教寺院从以"塔"为中心逐渐发展到以"佛殿"为中心。本章主要研究了浙江禅宗寺院的主要单体建筑及其布局模式和风格,对禅寺中存有的单体建筑类型包括佛殿、法堂、方丈、僧堂、库院、东司、宣明、钟楼和鼓楼等的功能与结构进行了详细论述。

同时,本章还重点研究了禅宗寺院的布局形制,对禅宗发展初期、宋元时期以及明清时期的寺院布局进行详细的论述。初唐禅宗兴起,并发展成为唐代以后中国佛教发展的主流方向。禅宗对传统寺院进行改制,一方面"不立佛殿,唯树法堂",破除了传统寺院的偶像崇拜,将外在信仰转化为内向修持;另一方面禅寺排斥偶像经教,在伽蓝构成上,改变了传统以佛殿为中心的形式,形成以"法堂—僧堂"为核心的形式。但寺院在布局上仍然摆脱不了佛殿(阁)、讲堂同设的局面,只是佛殿规模相对缩小了。这种新的寺院布局形制历经宋代的成熟、完善,元明的定型,最终发展成具有自身宗派特色的建筑布局。禅宗寺院的布局形制不但成为宋以后明清寺院布局的基础,而且影响和决定了其后整个汉地寺观的基本格局。

禅寺空间布局的演变也反映了禅宗思想自身的完善、发展和衰落的过程,也使我们更好地了解寺院建筑所承载的文化内涵与宗派教义和修行方式一致,是寺院建筑的本质所在。但禅宗在发展壮大的同时,其原始尊教精神不断与世俗社会相妥协;而寺院规章制度进行改革和创新的同时,寺院布局逐渐失去了原有的思想内核,追求外在表象,最终由盛而衰。

第四章　浙江禅寺与其他地区和宗派禅寺的比较

第一节　浙江禅寺与其他地区禅寺伽蓝比较

　　浙江禅宗寺院由于其得天独厚的地理环境、良好的小气候、背风向阳的山地环境、丰富的水资源以及深厚的人文历史，使该地区佛寺倍增，集聚了历史上最有名望的"五山"。浙东浓郁的地方人文气息，使该区域的禅寺形成自己独特的建筑形制和平面布局。不同地域的禅寺，由于其不同的人文环境因素，在地理环境、建筑形制和寺院景观营建方面都表现出不同于其他地区的特色。

一、浙江禅寺的环境特点

（一）地理环境

　　根据《中国地形区划草案》，浙江省被划入长江中下游平原、江南丘陵和东南沿海丘陵地带。浙江地形以山地为主，平原次之。全省西北部为丘陵地带，约占全省面积的十分之七；海拔 500 米以上的山有天目山、龙门山、金华山、千里岗、金紫尖、百丈峰、昱岭和白际山；低于 500 米以下的丘陵则遍地都是。丘陵生物资源十分丰富，山地高峻，谷地幽深，小气候多样，水资源充足，布满了亚热带阔叶林和混交林，这样的地形条件满足山地佛寺对于生存的几乎全部的要求。

　　浙江地区天然的山体地貌，给喜爱山泉的佛教徒提供了建寺的良好环境。如晋代兴建的著名佛教寺院阿育王寺，建于鄞州区的育王岭上；天童寺开山义兴大师在太白山东谷开辟精舍弘法；雪窦寺建于奉化西北雪窦山,见山川瀑布景美,故寺院取名"瀑布院";灵隐寺建于西湖灵隐山麓飞来峰前,印度僧人慧理见灵隐峰时,感慨其环境优美:"此乃中天竺国灵鹫山一小岭,不知何代飞来? 佛在世日,多为仙灵所隐。"①遂面山建寺,名曰灵隐寺。

魏晋时期崇尚玄学,佛学义理趋向清谈之途,出现玄谈佛学。两晋之际大批名僧南渡,玄谈之风席卷江左。使吴会之地的佛寺也附会清谈,成为义林滥觞。《浙江省宗教志》载:

> 东晋中期(约公元 331—360)　佛教般若"即色"义创始人支遁(约公元 314—366)隐居余杭山间,研究《道行般若经》和《慧印三昧经》等。后在吴地建立支山寺,旋住绍兴灵嘉寺(永和六年即公元 350 年),又至石城山栖光寺。常与名士谢安、王羲之等交游。②

两晋时期,中国南方地区已有禅僧出现,浙江地区会稽、四明、天台等秀丽的山地环境,成为禅僧习禅建寺院的首选地带。天台县为一封闭的盆地,城北有赤城山等高丘。四明山位于浙江省东部,系曹娥江与甬江的分水岭,山体呈孤峰状,地势险峻。天台山位于东北部,与四明山之间以剡溪和沙溪为界,天台山有丰富的旅游资源,可与普陀山媲美。《浙江省宗教志》载:

> 永和元年(公元 345)　僧昙光(287—396)到剡县石城山下石室修持,创隐岳寺。僧竺昙猷入石城山习禅。后移始丰城山石梁上石室坐定。
>
> 太元中(公元 386)　支昙兰(公元 338—420)至剡,后住始丰赤城山修禅,有众十余,兴天台诵经习禅之风。
>
> 义熙十三年(公元 417)　余杭人僧释昙翼(公元 381—450)从庐山修学回来,与同学昙学游会稽,在秦望山西北结草成庵,翼善诵《法华经》,故称法华精舍。
>
> 陈至德元年(公元 583)　名僧灌顶(章安人)至天台山修禅

---

① ［明］田汝成:《西湖游览志·卷 10》,陈志明注,东方出版社 2012 年版。
② 《浙江省宗教志》编辑部:《浙江省宗教志》资料汇编(三)宗教大事记,浙江省新闻出版局 1995 年版,第 7 页。

寺,礼智觊为师,"禀受观法"。①

　　天宝元年(公元 742)　　"牛头宗"六祖再传弟子法钦(公元
741—792)入浙,在天目山东麓径坞结庵修行,临海令吴贞舍山中
别墅以助,唐大历四年(公元 769)下诏建寺,定名"径山禅寺",弘
传"牛头禅"。南宋乾道二年(公元 1166),宋孝宗手书寺额"径山
兴圣万寿禅寺"。②

　　浙江海域广阔,沿海岛屿星罗棋布,一部分分布于今舟山群岛地带,另
一部分主要分布于今余姚、宁波、镇海与慈溪的交界处。浙江省内的水资
源丰富,主要河流有钱塘江、曹娥江、甬江和杭嘉湖平原内的天然湖泊西
湖。今天的杭州市在秦时为钱塘县,位于灵隐山下,也无西湖之名,原为钱
塘湖。天然的海域地理环境给佛寺营造了"海天佛国"的胜景,境内瓯江水
系流经浙南山地,温州江心寺建于瓯江的小岛屿上。普陀山位于舟山群岛
东部海域,山上普济、法雨、慧济三大禅寺四面环海,风光旖旎。《浙江省宗
教志》载:

　　　　日僧慧锷从五台山迎观音像一尊返国,船经普陀山莲花洋受
阻,以为观音不肯东去,留像于潮音洞侧,居民张姓舍宅供养,世
称"不肯去观音院",为普陀山供观音之始。③

　　浙江地区的禅寺,由于其独特的地理环境因素,成为历史上佛教发展
最盛的省份之一,其禅寺的建筑形制和布局也成为江南禅寺的典范。

(二)人文历史

　　"秦汉时代,秦会稽郡在钱塘江以北今浙江境内建有海盐、由拳、乌程、
钱塘、馀杭、鄞县等县,在钱塘江以南建有山阴、句章、诸暨、鄞、鄮、乌伤、大
末等县。"④三国时,省郡属吴,浙江在当时属会稽郡,朝廷在钱塘江以北,吴
郡之西新建吴兴郡,成为日后湖州的基础,又在钱塘江以南,会稽郡以南新
建东阳、临海二郡,地跨浙皖两省。后汉又在省内将郡县从原来的二十三

---

①　《浙江省宗教志》编辑部:《浙江省宗教志》资料汇编(三)宗教大事记,第 6—16 页。

②　同上,第 23 页。

③　同上,第 31 页。

④　陈桥驿:《浙江地理简志》,浙江人民出版社 1985 年版,第 343 页。

个增加到四十四个县。"汉代陆上丝路通畅,西域各国胡人因经商、传教、移民大批迁入中原以及中国内地。东汉末年三国西晋时期,胡人迁往东南地区,进入浙江具有一定的普遍性。"①由于北方战乱,北民大量南迁,许多名僧也随之南下。同时,孙吴占据长江中下游地区,政治稳定,经济繁荣,也吸引了西域的佛教徒和大量的名僧迁居东南沿海,给浙江地区的佛教发展起了积极的推动作用,浙江地区的佛教寺院得以兴建。

历史上,杭州曾两度置都。吴越国时,杭州为其都城,浙江佛教在吴越时已进入极盛时期。吴越国历代国王尊崇佛教,大力提倡发展佛教,礼遇各宗派高僧,在杭州兴建佛寺。《浙江省宗教志》载:

> 五代后梁开平元年(公元 907)　　后梁太祖封钱镠为吴越王。定杭州为国都。在下天竺建五百罗汉院,并重建灵隐寺。钱镠采取"保境安民"、"信佛顺天"的国策,因而吴越国时期,杭州扩建、新建寺院就有 200 多所,被称为"东南佛国。"②

宋代是浙江发展最重要的时期。宋室南渡后,升杭州为临安,并以临安为首都。吴越国之前,浙江佛教发展的中心在绍兴和台州一带;南宋以后,浙江的佛教中心转移至临安,杭州成了全国的政治、经济和文化中心。佛教一直盛行至宋末,评定"五山十刹",禅寺建筑发展至极盛。元代虽是少数民族统治,"但以南人为主的江南之地,仍保持着相对的独立和完整的地域文化,其性质与特色与南宋基本一脉相承"③。

南宋佛寺建筑形制规模庞大,平面布局呈扁平状,廊院制成熟。南宋时期形成的寺院规制成为后来汉地佛寺布局的典范。其后寺院形制虽历经元、明、清的演变,但禅寺的基本构成要素不变。南宋禅寺特有的建筑形制也可以认为是浙江地方禅寺的代表。

(三)民俗特色

寺院景观环境集宗教性、公共性、浏览性于一体,它和世俗的园林环境既有共同性,又有很大的差异性。共同性是它们在构景和意境上崇尚自然,布局上追求自由曲折、幽邃深远。差异性是寺院环境具有不同于园林

---

① 陈荣富:《浙江佛教史》,第 3 页。
② 《浙江省宗教志》编辑部:《浙江省宗教志》资料汇编(三)宗教大事记,第 33—34 页。
③ 张十庆:《中国江南禅宗寺院建筑》,第 6 页。

环境的宗教性和公共性，具备宗教和旅游的双重功能。寺院景观营建和江南私家园林的表现手法相同，城市或近郊的佛寺十分注重庭院绿化，无论是主殿堂，或附属殿堂、生活用房等庭院内，都栽植观赏树木及花卉，利用亭、台、楼、榭、假山、水体、植物等营造佛寺园林意境。

《武林旧事》中描绘每年的清明前三日的寒食节，杭城人家皆插青柳。不管是朝廷中使、官人，还是寻常百姓，皆出门游玩：

> 南北两山之间，车马纷然，而野祭者尤多，如大昭庆九曲等处，妇人泪妆素衣，提携儿女，酒壶肴罍。村店山家，分馂游息。至暮则花柳土宜，随车而归。若玉津富景御园，色家山之桃，关东青门之菜市，东西马塍，尼庵道院，寻芳讨胜，极意纵游，随处各有买卖赶趁等人，野果山花，别有幽趣。①

这种借佛春游的活动一直沿袭至今。每个寺院都有自己的特色，其独特的建筑艺术、宗教氛围和审美意境从古至今一直是文人游客游览、观赏的胜地，《天童山千佛阁记》载淳熙五年(1178)天童寺的游览盛况：

> 游宦者必至，至则忘归，归而诧于人。声闻四方，江湖衲子以不至为歉，皇子魏惠显王出镇，一见慈航，欢若平生，暇日来游，顾瞻山林，登玲珑，坐宿鹭，或累日不忍去。②

每年农历四月初八，杭城内的大大小小寺院举办隆重的"浴佛节"活动庆典，在西湖边举行"放生会"等佛事。《武林旧事》载宋代的"浴佛节"：

> 四月八日为佛诞日，诸寺各有浴佛会，僧尼辈竞以小盆贮铜像，浸以糖水，覆以花棚，铙钹交迎，遍往邸第富室，以小杓浇灌，以求施利。是日西湖作放生会，舟楫盛行，略如春时小舟，竞买龟鱼螺蚌放生。③

《武林旧事》描述每年七月十五的中元节，佛寺作盂兰盆斋活动：

① ［宋］周密：《武林旧事》，四水潜夫辑，浙江人民出版社1984年版，第40—41页。
② 曾枣庄、刘琳：《全宋文·卷5968·天童山千佛阁记》，第26页。
③ ［宋］周密：《武林旧事》，第41页。

七月十五日,道家谓之"中元节",各有斋醮等会。僧寺则于此日作盂兰盆斋。而人家亦以此日祀先,例用新米、新酱、冥衣、时果、彩段、面棋,而茹素者几十八九,屠门为之罢市焉。①

至今在杭州三天竺的法喜寺、法镜寺、法净寺 3 座寺庙仍然保留"香市一条街"的活动,这种宗教活动经过几百年的发展和积淀,形成了杭城佛寺一道特殊的人文景观。

二、浙江禅寺与其他地区佛寺的异同

(一)禅宗寺院"七堂伽蓝"制的共性

禅宗寺院按照七堂伽蓝制建造,有学者认为"伽蓝七堂"之制是南宋禅宗寺院的典型格局。张十庆先生认为"伽蓝七堂"之制源于日本,是日本对宋元禅寺规制的抽象概括。《禅林器象笺》中记载了"伽蓝七堂"的布局模式,为"山门—佛殿—法堂—厨房—僧堂"的形式。

"伽蓝七堂制"的佛寺布局,追求中轴对称及轴线组织的构成关系。各主要殿堂自南向北布置在一条轴线上,形成南北中轴线。布置的建筑依次为:山门、天王殿、大雄宝殿、法堂和藏经楼。在中轴线的东西两侧还对称配置次要建筑,主要有钟楼(东面)、鼓楼(西面)、伽蓝殿(东面)、祖师殿(西面)、观音殿、药师殿等。形成左钟右藏,左伽蓝右祖师的固定搭配,这种固定搭配在沿袭过程中基本改动不大。寺院的东侧为僧人生活区,包括僧房、茶堂、斋堂、香积厨、职事堂(库房)等。西侧主要是云会堂(禅堂)。每个殿堂的左右各配置一座佛殿,形成三合或四合院落形式。各组院落中,主体建筑的体量、造型结合所供奉主像在佛界中的地位而有所变化。

《金陵新志》记载元代建大龙翔集庆寺的七堂伽蓝布局:

其在殿曰大觉之殿,后殿曰五方调御之殿,居僧以致其道者曰禅宗海会之堂,居其师以尊其道者曰传法正宗之堂,师、弟子之所警发辩证者曰雷音之堂,法宝之储曰龙藏,治食之处曰香积。鼓钟之宣、金谷之委,各有其所。缭以垣庑,辟之三门,而佛菩萨

---

① [宋]周密:《武林旧事》,第 44 页。

天人之像设，缨盖床座严饰之具，华灯音乐之奉，与凡所宜有者，皆致精备。[①]

曹洞宗秘传书上则把七堂与人体表相相匹配，来表示其各部分的功用。人的头部表示法堂，心表示佛殿，阴表示山门，两手表示僧堂与库院，两脚表示西净和浴室。法堂和佛殿分别作为寺院的"头"和"心"，为伽蓝构成之最重要的部分，居于中轴的要处。日僧道忠曾把"七堂"布局比作人体表相，将佛殿和法堂比喻为人体"心脏"和"大脑"之间的关系，在伽蓝构成上居于寺院最重要的地位。东司和宣明二要素在此也得到强化和突出，成为寺院主体构成要素。其基本结构的表征也反映了丛林组织结构的基本形式，对应于"住持—东西两序"的结构。

明代，金陵禅寺成为佛寺的中心，金陵禅寺在寺院建筑布局上开始了承上启下的新篇章。七堂伽蓝制的禅寺建筑形制在明政府修缮和重建中也开始相应发生变化，寺院的平面布局也由宋元时期的扁平状往纵深方向发展，追求整然对称。寺院在原有主体建筑的基础上，增加了明代特色的佛殿建筑，如天王殿、毗卢殿等。

（二）南北禅寺建筑的地方性特色

"宗教作为文化的一部分，不会有所例外，也必然带有某种地域性。因为宗教不是一种孤立的现象。"[②]就地理条件而言，使宗教形成区域性特色的其中一个结果，地区经济的繁荣对宗教的繁荣也会起到一定的影响，它使寺院堂观的建设、传教等一系列活动有了充裕的经济基础。人们的生活习惯、建筑形态、语言等都是影响宗教发展的有利因素，它也使一个地区的宗教建筑在形态上具有某种相似性。

历史上禅宗寺院一般分布于长江流域中下游、长江流域上游及四川、浙江、福建、广东、河南、湖南、陕西等地。寺院一般选址于山野，依山而建，气势宏大壮观，周围伴以山清水秀、风水极佳的野外环境，以营造"深山藏古刹"的宗教氛围。由于受当地文化、气候、地理、材料以及习俗等因素的影响，寺院建筑造型的空间组合与当地民居相似，各地都表现着一定的差异性。

浙江水域系统发达，历史上交通要道和生活用水主要依靠河道，很多

---

① 至正《金陵新志·卷11·下祠祀志二·寺院》。
② 严耀中：《江南佛教史》，上海人民出版社2000年版，第9页。

民居都临水而建。沿河民居多数向河面借取一定的空间,住宅的入口处常向水面出挑几步或建一个平台,并建栏杆,有的临河出挑檐廊,在布局和构造上具有一定的特点,形成江南水乡特有的地方建筑形态。这种建筑形态也自觉不自觉地融合在南方佛寺的建筑形态中。禅寺中除主体建筑外,一些附属单体建筑如楼、阁、堂、榭等与当地民居的建筑风格相类似。民居中还有一种倚桥,桥身较高,这种建筑形态在南方佛寺的景观营建中也常用到,浙江禅寺的整体建筑形态能映现江南水乡小桥流水的一种独特地方风味,这种特色在南方禅寺中比较普遍。另外,由于水乡文化的随意性,浙江禅寺的院落式布局也根据山势地形,体现出随意、自由的布局特点。

和南方不同,北方的禅寺则明显带有北方的地区性建筑形态。比较普遍的是北方四合院式建筑,以院落作为中心来组织空间,这种院落式布局已成为禅寺特有的建筑形态。如河南的禅寺建筑,体现出河南当地的传统四合院民居特色。民居院落横狭纵长,强调空间序列,多用影壁、隔墙、屏门、过亭、过厅或穿道来分割成前后、内外几进院落。在形制方面类似于华北民居,在布局、结构处理等方面又具有中原地区的特色。河南西南地区多山,气候接近于南方,山地民居生活比较自由、随意,院落布局较为自由、开放,不讲究轴线对称,因而不太讲究坐南朝北的传统建筑布局,这形成了河南佛寺建筑的区域性特色。

第二节　禅宗与其他宗派的伽蓝比较

一、禅宗与律寺伽蓝比较

(一)"道宣式"空间布局

隋至唐初,中国的佛教僧人在诠释佛教经典的同时,开始关注佛寺的平面规划和经营,并根据印度早期释迦牟尼曾居住过 25 年的祇洹寺为理论依据,提出了佛寺规划的构想,力图追求一种完美和正统的寺院布局模式。律宗始宗创始人道宣提出一种理想的佛寺布局模式,称为"道宣式"寺院空间模式。根据《戒坛图经》,对"道宣"式寺院布局的总体规划分析如下:

1. 寺院中有南北中轴线,主要建筑按中轴线布列;

2. 寺院以中院为核心,周围设立大量别院;

3. 中部为"佛区"用于礼拜;

4. 南部为学修区,类似于各宗派的分类型的学院,宣扬佛法,讨论义理之所,居士、比丘、比丘尼、缘觉、菩萨、诸仙等各类团体求学之所;

5. 东部为内部学修区,分为经院、律院及经行院等,类似于给选择不同学科的僧侣提供自学的修行空间;

6. 北部为其他杂学研究区,如医学、儒学等,寺院里以佛学为主学科,僧侣同时还选修其他科目;

7. 西部为后勤服务区,为整个佛寺提供生活、医疗等服务区域,如流厕、浴坊、医疗、献食、衣服等后勤服务。①

这种复合型的多空间佛寺比例适中,有相对独立和完整的空间模块,功能合理。公共性殿堂在中轴线两侧排列有序,"别院"自成体系,寺院交通组织方便,可根据地形或集中或分散自由灵活地布局(图4-1)。这种独特的空间布局使它看起来更像是一座综合性的佛教大学,可容纳不同的学派和学修方式。寺中对诸多佛学流派进行分类、分科和分级,有利于培育佛教人才,创造浓厚的学术氛围。这种寺院布局可使不同学派、学说的僧侣团队各有自己的领地,各取

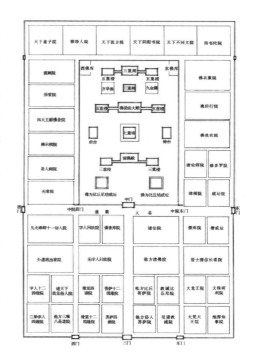

图 4-1　《戒坛图经》所绘佛寺平面图

所长,其他僧侣们可根据自己的要求追随不同领地的导师,寺院提倡学术自由。

根据史料记载,"道宣式"布局在隋唐佛寺建设中被大量运用,通衢大街、中院和别院的佛寺布局模式被广泛应用在城市规划中,并成为城市规划中最基本的特点。这种隋唐时期出现的复合式多空间的佛寺类型在中

---

① 傅熹年:《中国古代建筑史》(第2卷),第508页。

世纪移植到日本。

(二)"百丈"与"道宣"伽蓝比较

"百丈"与"道宣"两种佛寺布局模式都出现于我国隋唐时代,受当时的社会文化背景影响,两者皆强调寺院的教育功能。但寺院从形式到内涵,两者却是相异的。

1. 从空间形态来看,"百丈式"和"道宣式"具有一种从属关系,"百丈"属单体空间,"道宣"属复合空间。前者有点类似后者某一个部分独立出来的空间,而后者的功能则比前者更加完备。"道宣式"多空间的佛寺可以容纳众多不同学派及学修方式的团体,因此,它看起来更像一座综合性的佛教大学,而"百丈式"佛寺则像是一座袖珍式的山林修道院。

2. 从总体布局来看,"道宣式"布局中,佛区作为主要空间模块,其他别院作为次要空间模块,它们都具有相对独立和完整性的功能。根据寺院中各区不同功能属性进行组织,这种布局模式集分散、规整、自由于一体,功能方便,交通组织合理,同时在实际中也易于依据地形条件灵活布局。而"百丈式"布局模式殿堂次要建筑围绕一个中心庭院布置。寺院其他殿堂以某个重要建筑为中心,丛林远离城市,僧众在莽莽山林中修行,生活自给自足。只有齐心协力,才能共同应对生存的困难,应对外在社会和自然的种种压力。因此,"百丈式"寺院布局更注重禅僧自我的修行,将对佛的信奉转化为对自我内在的理性思考,在寺院构造上强调团体的凝聚力。所以在布局上采取了"中心式",以佛殿前面的庭院作为全寺的中心。

3. 从佛寺布局形成的根源来看,道宣时期,大多数佛教宗派尚未确立,不同学派的思想共存,自由发展,各学派在不同名僧的主持下,呈现百花齐放的局面。佛寺拥有一个庞大的教学团队,名僧各自住持不同学院,包揽僧侣的教育,各学科分门别类,这使寺院成为各个佛教宗派研究和传播其理论思想的根据地,寺院的布局也因此功能齐备。根据《古清规序》记载,禅宗原为"道宣式"教团的一分子,后从"道宣式"教团中独立出来,形成自己独特的思想理论体系,创立自己的教规,稳固自己的社会地位和提高自己的经济基础。独立出来的禅宗教团最终形成自己特有的寺院布局模式。各个专属教团的兴起,也迫使"道宣式"教团瓦解,"道宣式"模块化功能空间单元的布局模式也分解为以庭院为中心的佛寺布局。这种寺院布局模式历经数百年的发展,对宋元以后中国佛寺的布局产生了深远的影响。

二、禅宗与净土宗的伽蓝比较

净土宗与禅宗是对中国汉传佛教影响最大的两个支派,发源于江西省九江市东林寺。隋唐时期的诸多佛教宗派中,净土思想为诸多宗派所接纳,尤其宋以后流行禅净双修以及戒净双修等。南宋之后,净土宗建立了自己的世系传承,影响深远。由于净土宗以念佛法门为主,不强调艰苦的禅定修行,也没有复杂的理论,专修往生极乐净土,加上修炼方法简单易学,僧徒通过诵念阿弥陀佛号而得以到达佛境,往生西方净土世界,这一便捷的修行方式得到信众的普遍欢迎。

在中国的诸多佛教典籍中,也时时可以见到净土宗思想的内涵,透露出佛家在净土世界中所描绘的理想佛国空间的丰富内容,以及西方极乐世界中规制化和秩序化的理想空间环境,《佛说阿弥陀经》曰:

> 极乐国土,七重栏楯,七重罗网,七重行树,皆是四宝,周匝围绕,是故彼国,名为极乐。极乐国土,有七宝池,八功德水,充满其中,池底纯以金沙布地。四边阶道,金银、琉璃、玻璃合成。上有楼阁,亦以金银、琉璃、玻璃、砗磲、赤珠、玛瑙而严饰之。池中莲花,大如车轮,青色青光,黄色黄光,赤色赤光,白色白光,微妙香洁。极乐国土,成就如是功德庄严。彼佛国土,常作天乐,黄金为地,昼夜六时,雨天曼陀罗花。其土众生,常以清旦,各以衣裓,盛众妙华,供养他方十万亿佛,即以食时,还到本国,饮食径行。极乐国土,成就如是功德庄严。彼国常有种种奇妙杂色之鸟,白鹤、孔雀、鹦鹉、舍利、伽陵频伽、共命之鸟。是诸众鸟,昼夜六时,出种雅音,其音演五根、五力、七菩提分、八圣道分,如是等法。其土众生,闻是音已,皆悉念佛、念法、念僧。汝勿谓此鸟实是罪报所生,所以者何?彼佛国土,无三恶道。舍利弗!其佛国土,尚无恶道之名,何况有实?是诸众鸟,皆是阿弥陀佛欲令法音宣流,变化所作。[1]

《佛说阿弥陀经》曰:

---

[1]　谈锡永:《佛学经论导读》,中国书店 2009 年版,第 110—137 页。

见琉璃地内外映彻。下有金刚七宝金幢擎琉璃地,其幢八方、八楞具足,一一方面,百宝所成。一一宝珠,有千光明。一一光照,八万四千色,映琉璃地如亿千日,不可具见。琉璃地上以黄金绳杂厕间错,以七宝界,分齐分明。一一宝中,有五百色光,其光如华,又似星月,悬处虚空,成光明台。楼阁千万,百宝全成。于台两边,各有百亿华幢、无量乐器、以为庄严。八种清风从光明出,鼓此乐器,演说苦空无常无我之音。

……树高八千由旬,其诸宝树,七宝华叶,无不具足。一一华叶,作异宝色;琉璃色中出金色光,玻璃色中出红色光,玛瑙色中出砗磲,砗磲色中出绿真珠光。珊瑚琥珀,一切众宝以为映饰。妙真珠网弥覆树上,一一树上有七重网,一一网间有五百亿妙华宫殿,如梵王宫。诸天童子自然在中。一一童子五百亿释伽毗楞伽摩尼以为璎珞。其摩尼光照百由旬,犹如和合百亿日月,不可具名。众宝间错,色中上者。此诸宝树,行行相当,叶叶相次。于众叶间生诸妙华。华上自然有七宝果,一一树叶纵广正等二十五由旬。其叶千色,有百种画,如天璎珞。有众妙华作阎浮檀色,如旋火轮,宛转叶间。涌生诸果如帝释瓶。有大光明化成幢幡无量宝盖。是宝盖中映现三千大千世界一切佛事。十方佛国亦于中现。

……极乐国土有八池水。一一池水七宝所成,基实柔软,从如意珠王生,分为十四支。一一支作七宝妙色,黄金为渠,渠下皆以杂色金刚以为底沙。一一水中有六十亿七宝莲花。一一莲花团圆正等十二由旬。其摩尼水流注花间,寻树上下。其声微妙,演说苦空无常无我诸波罗蜜。

……众宝国土,一一界上,有五百亿宝楼。其楼阁中有无量诸天作天伎乐。又有乐器悬处空中,如天宝幢,不鼓自鸣。此众音中皆说念佛、念法、念比丘僧。[①]

《大宝积经》的《无量寿如来会》中,这样描述佛国的环境,佛告阿难曰:

彼金为树者。以金为根茎。白银为叶及以花果。白银之树银为根茎。黄金为叶及以花果。玛瑙之树玛瑙根茎。美玉为叶

---

① 立人:《佛说阿弥陀经》,章岛译,团结出版社 1999 年版,第 29—33 页。

及以花果。美玉树者。玉为根茎七宝为叶及诸花果。或有金树。黄金为根。白银为茎，琉璃为枝。颇梨玻璃为条。赤珠为叶。玛瑙为花。美玉为果。或有银树。以银为根黄金为茎。余枝果等饰同金树。琉璃树者。琉璃为根黄金为茎。白银为枝颇梨为条。赤珠为叶玛瑙为花美玉为果。颇梨真珠玛瑙等树。诸宝转饰皆若琉璃。复有玉树。玉为其根黄金为茎。白银为枝琉璃为条。颇梨为叶赤珠为花玛瑙为果。复有无量摩尼珠等宝庄严树周遍其国。是诸宝树光辉赫奕世无能比。以七宝罗网而覆其上。其网柔软如兜罗绵。

复次阿难。彼极乐界。无诸黑山。铁围山。大铁围山。妙高山等。

……彼极乐界其地无海而有诸河。河之狭者满十由旬。水之浅者十二由旬。如是诸河深广之量。或二十三十乃至百数。或有极深广者至千由旬。其水清冷具八功德。浚流恒激出微妙音。譬若诸天百千伎乐。安乐世界其声普闻。有诸名花沿流而下。和风微动出种种香。居两岸边多栴檀树。修条密叶交覆于河。结实开花芳辉可玩。群生游乐随意往来。或有涉河濯流嬉戏。感诸天水善顺物宜。深浅寒温曲从人好。阿难。大河之下地布金砂。有诸天香世无能喻随风散馥。杂水流飏天曼陀罗花。优钵罗花。波头摩花。拘物头华。芬陀利花。弥覆其上。①

《佛说大乘无量寿庄严清净平等觉经》中对佛国世界的描绘：

无四时、寒暑、雨冥之异。复无大小江海、丘陵坑坎、荆棘沙砾，铁围、须弥、土石等山。唯以自然七宝，黄金为地。宽广平正，不可限极。微妙奇丽，清净庄严。超逾十方一切世界。②

彼如来国，多诸宝树。或纯金树、纯白银树、琉璃树、水晶树、琥珀树、美玉树、玛瑙树，唯一宝成，不杂余宝。或有二宝三宝，乃至七宝，转共合成。根茎枝干，此宝所成。华叶果实，他宝化作。或有宝树，黄金为根，白银为身，琉璃为枝，水晶为梢，琥珀为叶，美玉为华，玛瑙为果。其余诸树，复有七宝，互为根干枝叶华果，

① 《大宝积经·无量寿如来会》，大唐三藏菩提流志译，第23—26页。
② 《佛说大乘无量寿庄严清净平等觉经科注·国界严净第十一》。

种种共成。各自异行。行行相值,茎茎相望,枝叶相向,华实相当。荣色光曜,不可胜视。清风时发,出五音声。微妙宫商,自然相和。是诸宝树,周遍其国。①

楼观栏楯,亦皆七宝自然化成。复有白珠摩尼以为交络,明妙无比。诸菩萨众,所居宫殿,亦复如是。②

又其讲堂左右,泉池交流。纵广深浅,皆各一等,或十由旬、二十由旬,乃至百千由旬。湛然香洁,具八功德。岸边无数栴檀香树,吉祥果树,华果恒芳,光明照耀。修条密叶,交覆于池。出种种香,世无能喻。随风散馥,沿水流芬。又复池饰七宝,地布金沙。优钵罗华、钵昙摩华、拘牟头华、芬陀利华,杂色光茂,弥覆水上。③

僧侣们利用幻想,将现实世界的摹本择优配置于佛国世界,构筑了一种理想化的建筑模式。净土宗所往生的佛国世界极致辉煌,美轮美奂,集聚了现实世界中皇家园林的气派和豪华。每一座宫殿楼阁环绕着栏杆,栏杆之外环绕着整齐有序的树林,行树上覆盖着七重罗网,庄严无比。那些楼阁、栏杆、罗网、行树等都是由金、银、琉璃等宝物合成。极乐世界的树,形体高大,树叶皆生为宝石,琉璃色树叶发出金色的光芒,玻璃色树叶则发出红色的光芒,玛瑙色树叶发出砗磲的光芒,砗磲色树叶发出绿珍珠光;树上还有七重网,一网间有五百亿妙华宫殿。极乐世界水池很多,大小不一,小的十由旬(古印度一种计量单位),大的百千由旬,如海洋一般,或绕佛讲堂,或绕罗汉、菩萨讲堂。水池四面底部都由金、银、琉璃、玻璃、砗磲、赤珠、玛瑙七种宝物装饰,池中装饰青、黄、赤、白四色发光莲花,供往来极乐世界的人沐浴。池水功用很大,有八种功德,神妙莫测,而诸菩萨、声闻及天人等洗完了澡,有的在堂中诵经、说法、坐禅,有的在虚空中讲法、诵经、入定。水池四周有层层台阶、走廊和道路,四周平地上布置着华丽的楼阁,楼阁也用七种宝石装点而成,地面也由七种宝石互相间杂铺设而成。极乐世界的精舍、宫殿、楼阁胜过人间或仙境里任何一处的建筑。

这种理想的空间模式,注重建筑空间在平面上向四周的延伸;注重树木、池林的规整;注重建筑以及景观小品所创造的外部空间环境,这一空间

---

① 《佛说大乘无量寿庄严清净平等觉经科注·宝树偏国第十四》。
② 《佛说大乘无量寿庄严清净平等觉经科注·堂舍楼观第十六》。
③ 《佛说大乘无量寿庄严清净平等觉经科注·泉池功德第十七》。

模式也是佛教寺院建筑空间组合方式所极力表现与追求的目标。人们根据佛经描绘的理想空间，也许当时就存在于佛寺或宫殿建筑空间里，理想与现实建筑之间相互映衬。

在佛教净土中，强调七种宝物，包括金银、琉璃、玻璃、砗磲、赤珠、玛瑙等贵重物品，对建筑、台座、池壁等极尽可能地装饰，佛经里这种装饰倾向影响着隋唐人对建筑装饰的审美观念。盛唐时期的宫殿庙宇，庙宇中琉璃屋顶、五彩遍装的内外檐彩画成为十分普遍的装饰意趣。随着净土思想的流布，隋唐时，开始模仿西方净土圣境，在现实世界中再现理想佛国的情景，建造大型佛教寺院成为潮流。寺院采用廊院制形式，多层殿阁为主，以佛殿为中心，围绕佛殿建造其他次要建筑，以围廊相连，形成院落空间。恢宏壮阔的寺院空间，建筑规模尺度巨大，院落复杂，平面铺陈广阔，建筑造型丰富，空间联系紧凑，是宋元以及明清时期的寺院规模所无法比拟的。《戒坛图经》中所示唐代大型寺院，很大程度上也是按照《弥勒经》或《涅槃经》中的两座佛国理想城池设置。寺院由多个院落建筑单元组合，以一座或两座殿阁居中，其局部空间呈凹字形布局形式，楼阁林立，院落宏阔。

隋唐以后，禅宗盛行，禅宗不同于其他佛教宗派，不注重偶像经教，只关注自己内心的证悟成果。惠能言："自心常生智慧，不离自性，即是福田。"①自性能生万法，一切万法不离自性。这一系列新的观点，经南岳怀让、马祖道一到百丈怀海，创造自己特有的修持方式，以内心自悟、集体同修的方式开创了新的禅林风范。不仅使禅宗思想取得突破性的进展，也开创了一个新型的寺院规制。它不再追求净土思想里纯外在的奢丽、恢宏的佛寺园林环境，抵制以佛塔、殿为中心的中央高耸的空间效果，转而追求人对佛理禅机观照时所需要的外在空间氛围的营造。一切威严高耸的偶像经塔幢不如一块清净而隐谧之地，这使中国佛寺建筑开始走向规制化。

南北朝时期的寺院中设有讲堂、禅堂、设门座等，给信徒提供安身之所，其中心建筑以象征佛陀或佛国中心的须弥山，《魏书·释老志》载：

> 桓帝时，襄楷言佛陀、黄老道以谏，欲令好生恶杀，少嗜欲，去奢泰，尚无为。魏明帝曾欲坏宫西佛图。外国沙门乃金盘盛水，置于殿前，以佛舍利投之于水，乃有五色光起，于是帝叹曰："自非屡异，安得尔乎？"遂徙于道东，为作周阁百间。佛图故处，凿为濛氾池，种芙蓉于中。后有天竺沙门昙柯迦罗入洛，宣译戒律，中国

---

① ［唐］惠能：《坛经》，洪修平、白光注评，第7页。

戒律之始也。自洛中构白马寺,盛饰佛图,书迹其妙,为四方式。凡宫塔制度,犹依天竺旧状而重构之,从一级至三、五、七、九。世人相承,谓之"浮图",或云"佛图"。晋世,洛中佛图有四十二所矣。

……天兴元年,下诏曰:"夫佛法之兴,其来远矣。济益之功,冥及存没,神踪遗迹,信可依凭。其敕有司,于京城建饰容范,修整宫室,令信向之徒,有所居止。"是岁,始作五级浮屠、耆阇崛山及须弥山殿,加以缋饰。别构讲堂、禅堂及沙门座,莫不严具焉。①

而在禅门丛林中,不再以佛塔为中心,不再设佛殿楼阁之类的建筑,只以禅师打坐的禅堂作为寺院的中心建筑。此时的禅堂,与原始佛寺的禅堂不同。

三、禅宗与密宗伽蓝比较

密宗是佛教在其漫长的发展演变过程中,融合吸收了一些婆罗门教、印度教教义而形成的另一派宗系。和禅宗一样,颇具异端色彩。禅宗具有中国文化特色,而密宗别具印度文化特色,两者具有不同的文化外衣,有着截然不同的修行形式。

对于藏族僧侣来说,"曼荼罗(又称曼陀罗)"被视为最神圣、最奥秘、最有特色的修行之道。

曼陀罗是古代印度的一种神秘图形,被佛教和印度教所沿用,密宗金刚界、胎藏界以大曼陀罗(又称坛)为礼拜对象。一些印度教神庙的建筑,有时就是以一个曼陀罗的形式为基本的平面。"这种曼荼罗(曼陀罗)式的祭坛仪轨较多地继承了婆罗门教的神灵名物与宗教仪轨,成为宗教建筑、偶像崇拜、析学世界观的形象化表现"②,"将曼荼罗(曼陀罗)奉为圭臬,并贯彻于其宗教生活的几乎各个方面的,则是佛教密宗。密宗……往往在修炼之处,画以方形或圆形的图案,或建以土坛,有时还在上面画以佛或菩萨的形象。这一方圆的图形,或土坛,即成为专事修炼的神圣场地,佛密即称

---

① 周国林:《二十四史全译·魏书·卷114·释老志》,汉语大词典出版社2004年版,第2443—2444页。

② 韩嘉为:《印度宗教建筑空间模式简析》,《西安建筑科技大学学报》(自然科学版)2002年第4期,第380页。

这一方之地为曼荼罗"①。

在印度佛教典籍中,曼陀罗是具有象征性内涵的佛国理想空间形式。在汉地,它也是密宗建造寺庙的基本平面格局和修法时必设的场合。因此,又称为曼陀罗道场(即灌顶道场、灌顶坛),在密宗寺院中占据重要位置。在藏区各地,寺院建筑曼陀罗几乎是星罗棋布,很多密宗寺院里,在不改变原有建筑物的基础上设立曼陀罗道场,即阇城建筑,这是密宗用来观摩、修炼、传授秘法的道场,寺院其他基本建筑配置则和禅宗寺院相差无几。

如建于乾隆三十年(1755)的普乐寺密宗寺院,在伽蓝布局上建有山门、天王殿、宗印殿,天王殿两侧有钟、鼓楼,山门与天王殿之间布置一个不大的院落,天王殿后各有五间南北配殿。这些建筑配置结构完美,布局规整,与汉族寺院无异,不同的是,宗印殿后增加了密宗寺院的主体建筑——阇城。阇城形制极为特殊,它是根据《大毗卢遮那成佛神变加持经》的"八叶正圆满,须蕊皆严好,金刚之智印,遍出诸叶间,从此华台中,大日胜尊现"②的理论而建造。整座建筑呈一朵莲花的形状,共有三层,每一层呈方形的圈状,整个阇城是密宗"金刚界"理论实体,金刚界显示大日如来的智慧曼陀罗,以摧毁众生一切烦恼。

阇城的第一层由六十八间房子组成,"六"在密宗哲学里为"六大"。《中阿含经·度经》中认为"六大"即"地、水、火、风、空、识界",密宗认为"六大"为众生存在的基本条件。六十八间房子其中东面五间为皇帝的临时居所,暗示帝王代表国家以及众生的意识,国家代表"金刚界",皇帝代表国家意识。第一层还设东、西、南、北四门,各有名号,分别由金刚钩、金刚索、金刚锁、金刚铃四位使者把守。这四位使者由毗卢遮那如来派生而来,为四摄使者,阇城实际上象征着整个国家。

阇城的第二层设有八座琉璃塔,形状相同,色彩各异,亦即《日经》中所称"八叶中台"。"八"在密宗里被具体分为眼识、耳识、鼻识、舌识、身识、意识、末那识、阿赖意识八识体。密宗注重八识,因此建八座不同的琉璃塔。密宗把曼陀罗称作是"莲花台",在"莲花台"上能够无念无想,消除邪乱和叛离,正定心思,接受佛法。

从"八叶中台"分南北两道登上阇城第三层,此城平台外圈成方形,由六十七个石制栏杆组成。中央的圆形旭光阁是阇城的主体建筑,阁中央圆

---

① 王贵祥:《东西方的建筑空间》,2006 年,第 68 页。
② 《大毗卢遮那成佛神变加持经(大日经)·卷 1》。

形须弥座上为一木"曼陀罗",刻双身圣乐王佛和金刚亥母。"旭光"即大日的意思,比喻早晨初升的太阳。此光有两种,一为"智光",一为"身光",普照大地,使众生觉醒。阇城的建筑打破了传统寺庙坐北面南的格局,平面为圆形,以象征藏传佛教大圆满之说:

> 一切诸法,悉于此灵明空寂之内。圆满无缺,故名圆满,较此更无再胜之解脱生死方便,故名为大。
>
> 当下此自己灵觉,无有污垢,明空无执,宽坦任运,忘念境相,乱起乱灭,都不作意,远离一切美恶破立分别,但保任此明空赤露,此则大圆满修习心要。①

唐代大兴善寺、青龙寺与玄法寺等几座密宗寺院,也都在不改变原有建筑物的基础上设立曼陀罗道场。以曼陀罗为基本平面,以整座寺庙象征一个佛国世界,则划出一块场地,按照曼陀罗的形式筑坛,设室,安门,置佛像、菩萨等,其空间组织的形式以中央、四周、八方,以及内院和外院等划分。

从理论上来说,禅宗自称心宗,心性本净,"唯心无境",排斥一切静态文字语言、举止仪式、心思意念等事相,只求即心即佛。而密宗修身、口、意三密,通过口诵真言、身结契印、意作观想,经过上师灌顶,达到即身成佛。灌顶在坛城中由金刚上师主持,上师用法器盛装圣水,向受灌顶者头上抛洒,给受灌者灌注智慧,再用一种法器盛装青稞酒给受者喝。通过灌顶,使弟子心中树立对佛菩萨、上师坚定的信念,这种开悟方式和禅宗的"心无所住"迥然不同。这种修持方式也反映在寺院的建筑配置中,使曼陀罗道场成为密宗的主要建筑,而禅宗独尊法堂。

除了曼陀罗道场,密宗寺院中还建有各种堂阁,以供奉显教的菩萨,如文殊、普贤、弥勒、观音。随着唐代密宗地位的提高,这些佛菩萨的地位和身份也被相应地提高,并被汉化,赋予新的形象。这对汉地佛教寺院以及禅宗寺院建筑产生了极大的影响。会昌灭法后,密宗遭受沉重的打击,大量寺院被毁坏,但密宗的信仰却依然在社会上流行,汉代佛寺依然延续密宗的信仰,建立大量的各色堂阁。

从供奉佛或菩萨的堂阁建筑的发展情况来看,禅宗对密宗的寺院布局

---

① 善慧法日:《宗教流派镜史》,刘立千译,王沂暖校对,西北民族学院研究室 1980 年版,第 34—36 页。

具有一定的承袭关系。唐、宋、辽等朝代，佛阁在寺院中占据中心地位，体量高大宏伟，形成前阁后佛殿的寺院布局，以供奉观音高大立像的楼阁为中心。

第三节　中国与日本禅寺的伽蓝比较

一、日本禅寺的原型

从隋唐时期开始，日本朝廷把从中国输入佛法置于重要地位。唐代以后，日本朝廷派大量的僧人入中土学习，中国的佛教被移植到日本的土壤，不断深入扎根。"奈良、平安前期的佛教基本上属于中国佛教的移植阶段，直到平安后期和镰仓时期。"[①]中国南宋时评定的"五山十刹"，在当时许多日本人心中是憧憬和向往的对象。日本学者木宫泰彦对日本佛教僧侣来华考察、游历得出结论：入唐僧最大的目的在于求法；入宋僧主要是为了消除自身罪障，以图后世成佛而去朝拜圣迹；而入元僧、入明僧则是为了亲历心目中的中国丛林，一睹中国江南正宗禅林的山川风物，领略正宗的中国风趣。

日本佛教僧侣崇拜中国的这种"文化情结"，使入宋的日本僧人不断增多，有的是专门为了学习宋代的禅宗。著名的有日僧荣西（日本临济宗创始人），于1168年和1187年两次入宋学习中国佛教。第二次入宋时，荣西上天台山谒万年寺虚庵怀敞法师，后随师至宁波天童寺修禅，继承了临济宗的法脉，并曾在天童寺赞助重修千佛阁工程。1191年回国后，在日本传播佛教，弘扬临济禅风。1196年在博多建圣福寺，为日本禅寺之始。来华交流学习的日僧回国后弘扬宋式禅风，南宋禅寺对日本的影响日趋显著起来，中国宋元文化得以在日本广泛传播。日本亦以南宋的"五山十刹"制度为直接范本，在镰仓时代开始慢慢建立起自己的五山制度。唐代怀海制定的《百丈清规》亦成为日本创建禅寺的参考标准。南宋禅宗名刹主要集中在以江浙二省为中心的江南一带，给日本的禅宗寺院提供了原型，同时也限定了其地域性特点。日本至德三年（1386），将军足利义满在京都创立相

---

① 中国社会科学院世界宗教研究所佛教研究室：《中日佛教研究》，中国社会科学出版社1989年版，第67页。

国寺时,仿照中国元代大龙翔集庆寺(后来称天界寺)的寺格规定,将南禅寺的寺格定为"五山之上"。幕府直接管理"五山""十刹",并模仿中国的禅林制度,设立僧录一职,按所定的法令负责管理住持的任免、僧职的进退和寺院土地与夺等事。

镰仓时代之前,禅寺在日本最初以寄居兼修的形式出现,形式为非独立式的禅院。此时,禅僧也多依附传统宗派寺院,受传统教派的制约,所建寺院也并非专门的禅寺,而是同时兼修天台、真言、戒律等宗的道场,并没有完全取得独立的地位。镰仓时代,纯宋风禅寺开始正式兴起。随着宋僧赴日,南宋禅宗寺院的形制及建筑技术也传至日本。镰仓时代中期(1192—1333),日本进入了宋风禅寺建设的高潮。1219 年,入宋禅僧俊芿创建泉涌寺;1236 年,日本著名禅僧圆尔辨圆又创东福寺。这些寺院均致力于对宋式僧寺布局的忠实模仿,并且移植宋地丛林禅规仪式,竭力追求宋式禅寺的规制。

1246 年,中土南宋高僧兰溪道隆率中国第一个禅宗代表团东渡日本传法,于 1253 年在幕府北条时赖的支持下,模仿南宋五山之径山,在镰仓创建建长寺,建立了日本第一个纯正宋风禅寺,成了日本禅刹伽蓝之范本,标志着日本禅寺的发展进入仿宋的新阶段。道隆住持建长寺十年,扬纯宋禅风,改变了日本的镰仓禅风,扩大了南宋僧寺在日本的影响。继兰溪后,不断有宋元禅僧东渡。1260 年至 1269 年,南宋临济宗杨岐派高僧兀庵普宁和大休正念受到幕府北条时赖的器重,受邀相继住持建长寺,进一步推动了宋式僧寺在日本的普及。此后日本禅寺的创建,一切规式皆模仿宋土,虽规模不及径山,但所采取的轴线对称式布局却是典型的宋式。

1282 年,渡日宋僧无学祖元在日本创镰仓圆觉寺,成为另一个纯正宋风的禅寺。据文献载,圆觉寺创建时,日本政府特派使节邀聘南宋高僧东渡,以完成寺院的创建工程。镰仓建长、圆觉两寺的伽蓝布局,其样式被称为唐样,影响遍及日本丛林,成为此后日本禅寺的建筑标准和统一风格,被誉为宋风的典范。从日本建长寺的伽蓝配置可以看出,其布局与南宋禅寺几乎相同。这种宋风伽蓝布局形式在日本丛林相传,即使至近世,仍有一些禅寺保持着宋风的布局,如京都大德寺、妙心寺,仍为典型的轴线对称式。

南宋禅宗由于中日禅僧的相互传播,在日本逐步发展和兴盛起来,镰仓成为日本中世纪新佛教禅宗的发展基地。前镰仓时代,是日本禅宗的奠基时期,移植南宋的禅寺规制,确立纯宋风的禅寺地位;镰仓时代,创建了纯粹宋风的镰仓丛林。南宋后,许多元僧也相继赴日传法,传播中土的丛林规制和禅寺布局。在当时影响重大的主要有元代高僧一山一宁和清拙正澄,促进了日本丛林规制的完善。由渡宋日僧所作的《南宋五山十刹图》,也是为了模仿宋风伽蓝布局而作的一份蓝图,也反映了中世日本移植宋风伽蓝布局的过程。宋风伽蓝布局在日本丛林一脉相传,以前期镰仓、室町时代最为纯粹。时至今世,日本禅寺仍以《五山十刹图》作为伽蓝布局的参考,如京都大德寺、妙心寺的主体建筑配置仍为典型的宋式规制。

二、中国禅寺伽蓝形制对日本的影响

中国早期的佛寺布局受印度影响,塔在佛寺中处于中心地位。随着佛教的中国化,佛殿在寺院中的地位逐渐增强,最终取代了塔的中心地位,在寺院布局形制上逐渐形成中轴对称式的院落式格局。隋唐时期,随着禅宗的兴盛,塔不再为佛寺中心,只作为陪衬,佛殿发展成为寺院主体,形成前殿后堂式布局。宋元时期,禅寺的伽蓝配置走向稳定,佛殿成为寺院的中心。其他附属建筑分别散置于主要建筑周围,采用院落式布置方式。明代佛寺更强调大殿的中心位置,发展到清代,佛殿和禅堂成为寺院的主体建筑。

早期日本佛寺的建筑形制受中国佛寺的影响,早在飞鸟时期(553—644),中国佛寺布局形制便出现在日本的佛寺中。奈良时期(710—794),唐式的佛寺布局在日本兴起,塔的地位开始减弱,寺院布局更为严整。镰仓时代(1185—1392),日本禅宗兴盛,日本入宋学习求法的僧侣增多,归国后,将纯宋风的禅寺布局传入日本,其配置形式完全中国化。四天王寺、法兴寺等佛寺,寺院以南北中轴线贯穿全寺,轴线上为寺院主要建筑,从南至北依次为南大门、中门、塔、金堂和讲堂等,轴线两侧对称,前塔后殿。飞鸟寺、四天王寺、法隆寺、东大寺样式的伽蓝配置虽有各种各样的差异,但受中国寺院的影响很明显,"围绕在南大门和回廊的方形地域内,一般是有金堂、塔、讲堂(外寺也有)、钟楼、鼓楼、经藏等堂舍。它和现在的中国寺院,周围几乎是山门、天王殿、大雄宝殿、某某殿、和并列直线的围墙、僧舍的分布是类似的……现在中国的各个寺宇,包括浙江省东部的天童山、天台山、杭州的灵隐寺、五台山的显通寺等大寺院在内,到那像菩萨顶一样山顶的狭小寺院,有些佛殿是被省略掉的,但也都保存着小规模而同样的配置"[①]

----

① [日]盐入良道:《日中佛教寺院形态的相异点——巡礼五台山佛教》,《中日佛教研究》,中国社会科学出版社1989年版,第32页。

在寺院规则上,比较有趣味性的是,日本古代佛教寺院在堂内佛像安置上也与中国寺院渊源颇深。在日本近世,根据《宗教法人法》的规定,称呼寺院供奉的佛像为"本尊"。在古代日本尚没有形成"本尊"这样的意识,释迦三尊、弥陀三尊等造像形式被固定化配置于寺院佛殿中,这在中国的一些少数的佛教寺院里可以看到。如五台山的菩萨顶、显通寺、碧山寺、龙泉寺、镇海寺、罗睺寺等大雄宝殿里都有中释伽、左药师、右弥陀的配置,以及在中国一般的寺院佛殿里也都会供奉释伽(中)、药师(左)、弥陀(右)三尊像。甚至建于汉魏时期的洛阳白马寺、唐朝再建的佛光寺、太原双塔寺都有此配置模式。而日本法隆寺的金堂里也出现中央释伽、左边药师、右边弥陀的本尊佛像,这不能不说明佛教寺院的一种共通性。

三、中日禅寺伽蓝形制比较

(一)中国禅寺对称式布局

中国禅寺采取对称式纵深布局,典型的中国建筑空间模式分为两种:一是十字轴线,以主要建筑形成南北主轴,以次要建筑形成东西纵轴,两条轴线交于佛殿,这种建筑规格很高,纪念性极强;二是左右对称,在主轴线两侧,次要建筑对称布置于两列,其余附属建筑散置于四周,并用回廊相连,形成院落。中国建筑强调对称布置,大到宫殿、小到住宅都广泛采用,数量较多。对称不仅是均衡稳定的象征,更是庄严和崇高的体现,是中国"中正平和"民族心理和儒家"礼"制思想在建筑艺术中的体现。中国传统儒家文化的等级观念反映在建筑中形成了严整的轴线对称关系。在中国人的空间观念里,"中"就占有十分重要的地位,中国的重要建筑中都明显体现出"中"的概念,在整体建筑布局中都贯穿着明显的中轴对称形式。

中国佛寺的发展分为两个阶段:一是以"塔"为中心的天竺塔院式形制,二是传统"舍宅为寺",以"佛殿"为中心的庭院式布局的寺院形制。中轴线在寺院的布局中起着关键性作用,中轴线上依次排列山门、大雄宝殿、法堂、方丈室等主体建筑,次要建筑左右对称布置,四周以回廊相连,形成多进院落的空间层次。东侧依次有僧房、香积厨、斋堂、职事房、茶堂、延寿堂等。西侧多为接待云游僧人的禅堂等,一些规模较大的寺院,则在门前配置放生池。寺中重要的殿宇建筑均布置在中轴线的序列之中,根据佛殿中供奉佛的地位高低决定建筑的位置。

（二）日本禅寺自由式布局

日本佛寺在初期引进中国佛寺对称式布局方式，在演变过程中，并非仅仅停留在模仿上。在发展过程中，逐渐形成本民族禅寺的布局特征，开始出现了不同于中国式的布局特征，即自由和非对称的布局形式。日本早期的伽蓝布局，引入中国前塔后殿的布局模式，如四天王寺式、一塔二殿的飞鸟寺式寺院。纯宋风的轴线对称式是日本早期禅寺布局的主要形式，如飞鸟、奈良时代所建的寺院，后随着寺院修缮和改修，原有的对称布局逐渐消失。

在飞鸟时期（553—644），日本寺院已经出现了非对称式的布局形式，出现了沿纵深方向作轴线布置的塔、殿左右并置的非对称式布局，与中国式布局大异其趣。如法隆寺便是其典型，法隆寺是中国南北朝时期，佛教文化传入日本时所兴建的早期寺院之一，寺院的伽蓝布置保持着佛教建筑传入中国后期的主要特征，以塔为中心，三面布置正殿，另一面设中门，并以回廊包围四周。寺内金堂和佛塔分置于东西两侧，周围以回廊回合，形成庭院空间。寺分东西两院，东院有梦殿等建筑，西院伽蓝保存有金堂、五重塔、山门、回廊等木结构建筑。这和日本早期的四天王寺（593）遵循中国的伽蓝布局演变一致：以塔为中心，中门、塔、正殿和讲堂顺次排列于中轴线上，回廊回绕在中门和讲堂四周，寺院金堂较低，佛塔较高，打破了宋式左右对称的禅寺格局，这种非对称的横向并列式布局成为日本禅寺布局的独创和特色。法隆寺于 670 年毁于火灾，约 7 世纪末至 8 世纪初奈良时代再建。再建时的法隆寺，其布局形式出现了与中国寺院不同的特征，正殿和塔并列地置于中门与讲堂之间中轴线的两侧，周围绕以回廊，这种非对称式布局成为日本禅宗寺院伽蓝布局的显著特色。

奈良时期（710—794），日木佛寺以宋式左右对称的布局为其特色；但到了平安时期（794—1192），随着密宗的传入，受密宗的影响，寺院往往选址于僻远山林地带，寺院朝向及堂和塔的位置相对自由，不再遵循严整对称的规整式布局。平安后期盛行净土宗，专修往生极乐世界，花草园林成为净土宗修持的最后精神家园，寺院和园林相互融合，使寺院布局更加自由、灵活。一方面，中轴线对称式布局继承了禅宗源于中国之正统的象征；另一方面，非对称式的伽蓝布局反映了禅宗追求自由、不受束缚的思想特点。至 13 世纪，日本大多数寺院开始采用散式非对称布局样式，镰仓以后的日本禅寺更多的为非对称式布局，也即为自由式布局。

值得一提的是日本的万福寺伽蓝布局，它完全继承了明代中国东南禅

院典型的布局特征。万福寺为清代福
州黄檗山隐元禅师所创。应日本佛教
界邀请,隐元于清顺治十一年(1654)率
弟子东渡,在日本皇室和佛教界支持
下,在京都按福清万福寺的规模式样,
创建了"黄檗山万福寺",开日本黄檗宗
佛教教派。万福寺在建筑上采取明末
清初中国东南沿海一带的建筑样式,日
本称之为黄檗样。① 寺院中轴线上建筑
依次为:山门、天王殿、大雄宝殿和法
堂,天王殿与大雄殿之间形成一个庭院
院落空间,左右两侧分别布置钟楼和鼓
楼;伽蓝和祖师;斋堂和禅堂,法堂左右
为东方丈和西方丈,并用回廊将这些建
筑相连接,使之遥相对峙。甚至寺院殿
堂内四大天王、弥勒、韦驮、释迦牟尼等
佛教造像都出自隐元弟子之手,与中国
佛教寺院雕塑风格保持一致。寺院以

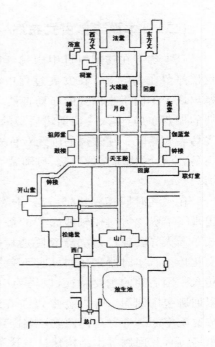

图 4-2 日本黄檗山万福寺平面图

一条中轴线贯穿全体,轴线两侧主体建筑呈对称布置形态,并利用回廊围合
成庭院,其他附属建筑则根据地势,自由布局。寺院的佛事活动、僧人生活至
今按隐元传下来的中国寺庙传统方式进行,黄檗样给日本近世建筑带来一股
异国趣味,对日本的文化产生相当大的影响(图 4-2)。

和中国南北朝时"舍宅为寺"异曲同工,日本禅寺多易宅为寺,布局基
本维持原貌,这也说明非对称式的布局并非完全受禅宗的影响演变而成。
只是这种自由式布局,恰好体现了禅宗思想,使两者更好地结合在一起。
镰仓时代,中国禅寺对称式布局又重新出现在日本寺院中,但之后自由式
非对称的布局一直存在于日本禅寺布局中。这种非对称布局也反映了日
本民族的审美心理。禅宗传入日本后,逐渐成为日本民族的思维方式和审
美特点。正如铃木大拙所说:"禅造就了日本的性格。"②日本艺术受禅宗思
维方式的启发,关注内在思维意境的表达,以"无"的意境来表达事物的丰
富内涵。艺术只有还原为"无",才能突破外在表象,达到抽象的升华,才能

---

① 张十庆:《中日古代建筑大木技术的流源与变迁》,天津大学出版社 2004 年版,第 37 页。
② 铃木大拙:《现代日本思想大系》,日本筑摩书房 1965 年版,第 324 页。

发现丰富的真实。这种观念体现在日本建筑中，表现在建筑材料的简练和单纯，表达意境的纯净、质朴、简约和调和，达到与自然统一。日本人追求的真正的完美不在于形式，而在于人的内在的感悟，对不完整的东西进行完整化，因此，日本在建筑中追求非对称的形式。这一不对称式布局也适应了日本的自然地形。日本属于岛国，多山体与丘陵，选址于僻远地区的寺院很难建造严格对称的建筑布局，这种非对称的特征还体现在日本诸多其他类型的建筑中。

本章小结

本章主要对浙江禅寺与其他地区佛寺之间的建筑形制的异同进行论述，宗教作为文化的一部分，带有某种地域性。人们的生活习惯、建筑形态、语言等影响着宗教发展，它也使同一个地区的宗教建筑在形态上具有某种相似性，地区气候、习俗、材料等因素使禅寺建筑与当地的民居建筑形态具有某种联系。

同时，本书通过对禅宗与其他宗派以及日本佛寺布局形制之间的比较，阐述不同宗派及国家寺院布局形制之间的差异性。净土宗强调的西方极乐世界，对建筑、台座、池壁等极尽可能地装饰，这种倾向影响了隋唐人对建筑装饰的审美观念，隋唐人开始模仿西方净土圣境，在现实世界中再现理想佛国的情景，以建造大型佛教寺院成为潮流。这使中国的佛教僧人开始关注佛寺的平面规划和经营，力图追求一种完美和正统的寺院布局模式，即"道宣式"寺院布局。禅宗寺院是从"道宣式"佛寺中分离出来的一种布局模式，这种寺院布局模式历经数百年的发展，对宋元以后中国佛寺的布局产生了深远的影响。

禅宗寺院的建筑形制在宋元时期成熟完善，这种典型的南宋禅寺布局形制深深影响着早期日本佛寺的建造与发展，使日本在不同时期的寺院布局中都体现出中国式的特征。而日本佛寺在演变过程中，逐渐摆脱了中国对称式的布局，形成本民族自由和非对称的布局特征。

第五章　浙江禅宗寺院的景观营建

　　浙江禅宗寺院以山地为特色,绝大多数属山林寺院,即使个别位于城市街巷的,也竭力营造山地的景观特色,追求环境景观的园林化。营建和创造寺院优美的园林景致,这是禅宗寺院区别于佛教其他诸宗寺院的一大特色,也是其他诸宗所难以比拟的。禅的自然合道精神,也使僧侣最容易在寺院的园林环境中参禅悟道。因此,禅寺的景观营建成为禅宗寺院的重要组成部分。寺庙景观空间的总体布局一般可划分为引导空间、宗教空间和园林空间。寺院的建筑、山水、植物、富于特色的小品是园林景观构成的重要组成部分,其景观营建手法和布局具有一定的探讨意义。

第一节　浙江禅寺的引导空间

一、引导空间

　　传统封闭的寺院建筑群,入口是出入交通的枢纽,地位重要。中国建筑一向重视正门入口处的规划设计,恰如其分地表现出该建筑的性质、规格、地位和身份,力求给人以先入为主的良好印象。浙江大部分寺院位于山地,优美的自然条件比城市寺院更易于创造多样化的引导空间。其空间序列一般是以牌坊、香道、山门、殿堂和园林环境共同构成。在序列的营造中,一般以牌坊为起点,由山门、香道等复合而成的前导空间,作为佛寺整体序列的引子。一方面用以孕育香客游众的宗教情绪和浏览兴致;另一方面象征着信众从"尘世""凡间"进入"净土""圣境"的桥梁,寓意佛家经过一个摒弃痴苦、净化心灵、悟道涅槃的过程,并将这一过程融进寺院前导空间的景观。通过这起承转合,组织自然环境,形成一个具有山林寺院独特特征的空间序列。

二、引导空间的营建

（一）引导空间的发端

引导空间的发端主要有两种：一为实起，即建造一实体建筑物作为引导的标志，一般大型寺院在山门广场上常常建置牌楼、影壁、亭、塔、牌坊等来围合成空间。有的甚至开凿水池、种植树木进行适当的园林化处理，如天台山国清寺在寺门前建置影壁形成寺院空间的发端，同时对内形成一个围合空间（如图 5-1）。另一个为虚起，即没有建造像山门那样的实体标志，而借助于香道等蜿蜒起伏之势开始一段空间序列，起承转换，探幽寻胜。有些小型寺院直接利用山门坡势，在山门前中轴线上铺设石阶，延伸为"天梯"。如普陀法雨寺，寺庙入口处序列感很强，转折越桥过溪后是层层石阶，曲折蜿蜒地先入高阁，再转入寺庙，丰富的入口空间处理，将寺与自然的山融合在一起（图 5-2）。

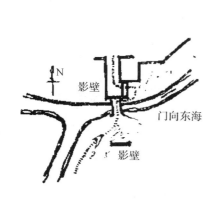

图 5-1　国清寺入口平面图

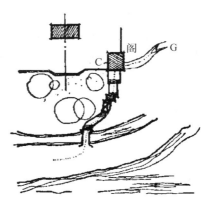

图 5-2　法雨寺入口平面图

有些大型寺院则在寺院入口处种植树木，形成一段长长的松道，作为进入寺院的开端，突出寺院的庄严。如宁波天童寺自外山门至山门阁，二十里松道绵延曲折，中间建亭、门等小建筑供行人小憩。漫长的路径象征着通往佛国仙境的过渡空间，在宗教信徒的心目中，类似于一小段"天路历程"（图 5-3）。《五家参详要路门序》云：

师栽松次，黄檗问："深山里栽许多作什么？"师云："一志山门作境致,二与后人作标榜。"①

而对于一般的游客来说,既是交通道的一部分,也是别具一格的观览线。通过空间上的向导诱发人们的宗教情感。

与天童寺入口相比,灵隐寺的前导空间层次和变化较多,这可能与灵隐毗邻繁华的城市地理环境有关。因此,灵隐的前导空间序列较长,由入口到山门距离很远。与天童寺相似,灵隐的前导开端也始于长长的九里松径,如《西湖游览志》曰:

图 5-3　天童寺松道

凡九里,左右各三行,每行相去八九尺,苍翠夹道,藤萝冒塗,走其下者,人面皆绿。②

中间穿插亭、台、桥等节点元素,伴以绕寺小溪,使游人兴趣盎然,完成从闹市到古刹"圣境"的空间转换(图 5-4)。开阖有序、明暗虚实的引导空间,塑造了从世俗世界到佛国净土的空间序列的开端。

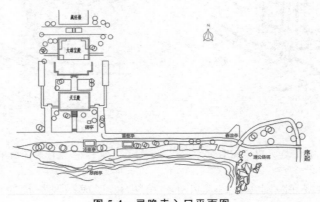

图 5-4　灵隐寺入口平面图

---

① 《大正藏·81 卷·五家参详要路门序》,第 2576 页。
② 《西湖游览志·卷 10》。

（二）引导空间的承接

作为引导空间的起始阶段,端景起景之后必须有另一个空间与之进行承接,以完成前导空间的过渡,如利用香道进行承接,采用"曲径通幽""渐入佳境"的方式展现,从而使得引导空间具有渐进变化的序列感。

古代僧匠在山林禅寺导引空间的处理上往往运用"迂"的处理手法,把山路曲折的不利条件变成蜿蜒起伏的承接空间,使引导空间充满无限变化,达到引人入胜的效果。在入口处的引导空间,一般通过溪流、蹬道、林木、甬道、院落等等来进行承接。如杭州灵隐寺,经过长长的九里松径,进入山门,作为端景的起承,在引导空间里利用长长的林木夹带、溪流、黄墙等一系列景观完成对空间的过渡(图5-4)。再如鄞州区阿育王寺,寺门后面一条狭长幽闭的甬道,黄墙夹列,两排苍松,使人油然而起崇敬之情。无香道时,则利用各式各样的小空间作为过渡承接。如天台山真觉寺,通过对门亭之后不规则庭院的各个界面铺装来承接过渡。

在引导空间结构中,有一种叫转景的突然性和引导性的空间转换。这是一种特殊的烘托主体的方式,使承景在引导空间的末端突然转折,将端景完整地展现在眼前。这类似于禅宗中的"顿悟"过程,由一个空间突然转入另一个空间,呈现出空间的跌宕起伏,使人在前期空间序列中孕育着的宗教情绪,冲破量的积累,突然迸发。

图5-5　阿育王寺入口

转景的方式通常有两种:自然的转景和人工的转景。自然转景多是根据自然地形地势进行,而人工转景则是通过人为的方式组织空间转换。如鄞州区阿育王寺通过人为转景的方式,进入寺门时,通过一段空间狭小的甬道,当转过甬道尽头的"东震旦土"门时,空间便豁然开朗,寺院庭院空间完整展现,宽阔的阿褥达池,以及池对面的殿宇展现了寺院空间的雄伟壮

图5-6　天童寺入口

阔,也实现了空间的转换(图 5-5)。再如鄞州区的天童寺的引导空间,经过一段长长的静幽的香道,端景终结,出现一堵照墙,转过照墙,空间便豁然开朗,寺院雄伟的殿宇展现在眼前,一片完全不同的天地,这属于自然转景方式(图 5-6)。

(三)引导空间的收合

经过起景、香道的承景和导引末端的转景,最终主体空间呈现在眼前。一个完整的景观序列,一般是通过"起""承""转""合"这四种手法完成的,这也成为山林禅寺景观布局总的原则。这四种手法常常根据寺院的地形、规模而灵活变化。如"海天佛国"普陀山的空间序列,从码头"短姑道头"起,至"同登彼岸"的牌坊,转接以妙庄严路,再转至树林深处的普济禅寺,从码头至普济禅寺,全程约 2 公里,地势起伏,道路蜿蜒。在这里普济禅寺作为一段引导空间的终结,但从第二段"玉堂街"起,又开始了另一个空间的序列,是转往其他景观序列的开始。由此向东南,经普济始,承接以紫竹林和不肯去观音院,最后北至法雨寺直到观音洞,全程约 3 公里。沿路背山面海,最终法雨寺或观音洞成为这一空间序列的导引之合。经过法雨寺,转折登山,则又开始了第三段起承转合的景观序列,如由香云路再至佛顶山的慧济寺,这样依次反复,完成多个转承的序列空间。

整个普陀山的佛寺林中,有多个复杂的起承转合的端景体系,序列的端景,最后将庄严、雄壮、幽深的寺庙整体形象呈现出来。

三、引导空间营建的表现手法

山寺禅寺的造景也十分注重景观序幕的作用,引导空间只是自然环境的一部分。而一些大型寺院的引导空间往往是长长的景观序幕,穿行于无序的自然环境之中。因此,这就需要根据寺院周围环境特征,因势利导,把散乱芜杂的自然空间,组织成曲折深幽、景观丰富的浏览序列。

(一)因地制宜

山林寺院大多背靠较高的山体,山体和寺院对比强烈。因此,其开景序列的开端往往利用地形的复杂机理,首先将山之态势呈现在眼前,未见寺先见山之"奇""险""峻",借山之高危给人以摄人心魄的印象,使人对寺院产生敬畏的心态。匠师们一般开凿长长的香道,利用山体自然地貌,以渐入的方式经营入口处的空间,塑造寺院幽深曲折的环境氛围。

如余杭径山寺的入口空间处理，寺院
建置于距离干道较远而又比较幽闭的山
顶，于是将入口处的"点"处理为"线"的导
引。用一条曲折的古道从山脚延伸至山
顶。古道或傍溪谷，或倚山崖，沿路在适
当部位建置牌坊、亭、榭、桥梁等点景小
品，构成一个颇有园林意趣的长达百余米
的线形"序列"，借山体的态势和地形物来
创造特定的宗教意境，渲染了名山的宗教
气氛，突显了寺院宏大的气魄（图 5-7）。
像径山寺、天童寺等地处山野环境，入口
处的设计充分利用了山林古道、悬崖溪谷
的地理环境，借助野外环境使引导空间设
计峰回路转，崎岖悠长。而像灵隐、净慈

图 5-7　径山寺香道

等寺院，由于毗邻繁华的城市，因此寺院的入口的设计则充分利用城市园
林的特点，结合亭、台、桥、榭等节点元素，使入口处层次丰富，曲折迂回，清
新放达。

（二）人工造景

引导空间是建筑群整体空间最重要的前奏部分，疏密相间、浓淡相宜
的景观布局往往给人深刻印象。浙江几乎所有的禅寺都依山就势。因此，
唯有通过人工造景，将山泉林野与寺院人工环境相结合，赋予自然环境以
人文意境，才能塑造孤寂禅境的空间效果。人工造景的主要方式有：

1. 开合有度

引导空间的开合表现为入口处空间的展开和收缩，也即封闭和豁畅相
统一。局部空间狭小、收拢，在转折处空间又重新放大，给人豁然开朗的感
觉，张弛和缓急相融于一体，让人玩味其中。这种开合也表现为寺院引导
空间端景至终景的承接转换，一段长长空间序列的终结，并重新开始另一
个空间景致的转换。如山林禅寺长长的香道的终结，院落空间的转折等，
其中迂回曲折，移步换景，跌宕多姿，如邓牧《雪窦游志》曰：

渐上，陟林麓，路益峻……其狭若在陷井；忽出林际，则廓然

开朗，一瞬百里……左折松径，径达雪窦。①

如《灵隐寺志》曰：

> 入袁公松桥，抵行春桥……过桥二里，南北道会，稍有居民，
> 递旅行人可休，盖趋二里，入二寺门，逼会涧龙迹二桥。②

再如普陀山观音洞，山门后，庭院开阔，人在其中可凭栏远眺，境界旷远，而在庭后设置一条夹墙甬道，使通往的空间收缩，一开一合，将对外界的观照转换为内在的思考(图5-8)。

图5-8　普陀山观音洞　　　　　图5-9　普陀山慧济寺入口

2. 断续曲折

断续起伏、曲折相间、迂回蜿蜒是山林寺院常常表现出的空间特性。在入口处空间利用亭、门等建筑设置一些停顿，丰富引导空间的层次。"断"并非绝对隔断，而是似断还连，如"横云断岭"般富有深意。这些断点让香客驻足停留，克服冗长的浏览线产生的疲乏，断点胜于美景。"如普陀山慧济寺，由一间嵌莲花雕饰的石铺小径起始导引，径曲墙绕，幽深莫测。行约百

---

① ［元］邓牧：《雪窦游志》。
② ［北宋］契嵩：《灵隐寺志·卷6·武林山寺》。

步,右侧短墙一断,配合正面照墙的置设构成一种向右伸延的意识。折行级步而下,又转入一狭长甬道。随着这略带弧形的甬道容积的渐次显现,推出正墙上'同登彼岸'石碑,加强了导引功能。尔后折下台阶,进入大殿前庭。"[1]这一路曲折,打破引导空间的平直单调,增加景观的意趣(图5-9)。

3. 虚实相生

寺院引导空间端景的展示不是使人一目了然的,往往增设一个障景,隔断平直悠长的香道景观,实现空间转换,使景观虚实相生,欲隐欲现,欲露不露,使人瞩之不见,观之不畅,而思之有味。如天台山国清寺的入口设计,寺院位于两山夹峙的豁口处,寺院坐北朝南,寺门正对着双涧汇流的小溪,溪上建一石拱桥,这里也是进入天台山的主要入口。在寺院入口处的设计中,匠师们为了避免寺门正对石桥,于是将山门移于桥之西北面,这样通过空间转折,避开了正面道路的喧嚣,也避免使寺院前面地段过于局促,又增添了入口处的含蓄气氛。桥之南北,各建一座影壁,与石桥构成一条中轴线,北面的影壁又把人们引向东行,山门在转折处呈现。这给山门增添了无限悬念,有"犹抱琵琶半遮面"的意韵,有藏而不露,又以露引藏的趣味。山门前的双涧回廊、古树、小桥流水,映衬着千年古寺的庄严肃穆,空间的虚实相生,使人又感受到古刹的禅境意趣(图5-10)。

图 5-10　国清寺入口

（三）空间衔接

山地的地理位境往往境域宽广,空间尺度大,地形变化多样,各个景点之间相互关联较弱。由引导空间的开端,到主景或端景的呈现,往往需要

---

① 王路:《导引与端景——山林佛寺的入口经营》,《新建筑》1988 年第 4 期,第 78 页。

一个空间转换和过渡的过程。若干景轴在交汇过程中,相邻空间单元往往处于"空白"状态,这就需要添加人工景点使两个空间得以衔接,在自然环境之间构建起视觉关联。这就需要将"自然之景"和"人工造景"相联结,通过空间的对比和转换,将端景展现在浏览者面前,这也是组织山地景观的基本手段之一。

如天台山国清寺使用景轴的转换,将观者引向寺门。"由七塔至寺门,每遇视线的转折交汇处均设有对景,如寒拾亭、教观总持壁、丰干桥、隋代古刹照壁、洞窗照壁、寺门,将原本相互独立的空间通过'之'形转折的景轴串联起来,形成完整的序列。"①

第二节 浙江禅寺的宗教空间

一、宗教空间形式

宗教建筑是宗教信仰在现实中的物化实体,它是供奉佛像和进行宗教礼仪活动的空间。宗教空间一般包括寺庙主体建筑和主要院落空间等组成,包括信仰建筑、建筑内外的陈设以及在其周围所能影响的那一部分空间组成。经过了数千年的发展和演变,宗教空间在寺庙空间中占有重要地位,是寺庙整体氛围的主要营造者。

宗教建筑是宗教空间的核心元素,担负着传播宗教文化的主要功能,其庞大恢宏的体量重点突出佛教建筑的森严、庄重,使步入其中的人们叹为观止,从而被一种强大的精神力量所慑服,这种力量就是"宗教空间"的感召力。

二、宗教空间的营建

(一)轴线对称增强宗教氛围

宗教建筑群大都因循礼制规范形成严格的等级序列。以佛殿为中心,十字形轴线对称的布局模式,历经多个世纪的发展演变,由简单到复杂。

---

① 潘谷西:《江南理景艺术》,东南大学出版社 2001 年版,第 324 页。

宋代禅宗寺院的"七堂伽蓝"制成为汉地佛教寺院的布局的范本。"七堂伽蓝"的基本组成要素有：山门、佛殿、法堂、僧堂、厨库、东司、宣明。七个组成建筑功能各不相同，排序也有明确规定，中轴线由南向北依次为：山门、佛殿、法堂，佛殿两侧分别布列僧堂和厨库，山门两侧为东司和宣明。七堂之制追求中轴对称，布局程式化。佛教将空间的中心位置视为最重要和最具神圣的场所，轴心两侧的重要建筑要求在位置、大小、排列上互相平衡。因此，"七堂伽蓝"制主要生活区常常集中于轴线左侧，包括僧房、斋堂、库房等；中轴线右侧，一般设置为接待区，如禅堂等公共设施。

根据日本京都东福寺所藏的《大宋诸山图》，南宋时期的灵隐寺、天童寺、万年寺等五山的平面布局与《禅林象器笺》所附之七堂伽蓝图解完全一致。在寺院布局上，这几座寺院以中轴线贯穿寺院，建筑群主体位于中轴线上，如山门、佛殿、法堂、方丈等，两侧对称布置若干附属建筑，在佛殿的东西两侧对称布列库院和僧堂等其他附属建筑。如天童寺的建筑群体布局："雄伟高大的天王殿、佛殿、法堂、藏经楼、罗汉堂等主体殿堂，依次坐落在倚山势而建的广阔台基上，一殿高于一殿，逐渐高升……成为古刹的'中轴线'……中轴线东侧布列有钟楼、御书楼、御碑亭。殿堂的东西两旁有新新堂、伽蓝堂、云水堂、自得斋、立雪轩和客堂、祖师殿、应供堂、静观堂、面壁居等十几个僧房客寮，对称分布，与主体殿堂互相呼应，互相衬托。"[①]

再如"普陀山普济、法雨寺，寺院主要殿堂于中轴线上层层推进，从御碑殿（正山门）开始进入由东西两侧围墙围成的空间，过天王殿进入由主殿大圆通殿和两侧配殿围合而成的庄严肃穆的朝拜空间。往后则是藏经楼、方丈殿、灵鹫楼。一系列建筑依山而建、渐次升高，采用中轴线 6 进并左右对称的手法来进行布局"[②]。这种布局方式，显示出了神权的至高无上，使人产生敬畏感。还有慧济寺的整体布局：以天王殿和大雄宝殿为短轴线，左右分别建有大悲殿、藏经楼、方丈殿、钟楼以及厢房等。

宗教空间一般采用宫殿式布局的方式，主体建筑体量高大，一般配置在寺庙的主轴线上；次要建筑体量较小，分别置于中轴两侧；附属建筑则分布于四周，重点在于突出森严的等级、对称规整，以创造宗教肃穆的气氛。

（二）主体建筑突出佛国形象

在佛教寺院中，大雄宝殿是最重要的组成部分，也是寺院最核心的建

---

①　宁波市佛教协会：《宁波佛教志》，第 15 页。

②　丁兆光、傅德亮：《论佛寺园林空间构成》，《浙江林业科技》2006 年第 6 期，第 15 页。

筑,是世俗社会等级和权力的象征,与至高无上的皇宫殿宇具有等同的象征地位。据其根源,大雄宝殿也是皇宫殿宇的缩影,其建筑的规制和布局与宫室无异。在古代宫城规划中,往往通过建筑形体高大的宫殿屋宇以突显帝王的权力与地位。与此类似,寺院为了突出佛陀的神圣地位,往往将主要殿堂建于制高点上,抬高殿堂的基座,以突出佛殿的地位,创造庄严、肃穆的气氛。通过提升佛殿建筑的高度,在视线上壮大建筑的形象,以此塑造宗教空间的宗教氛围。

南宋时期的禅寺,一般都突出佛殿的主体地位,在营建中往往耗费巨资,大雄宝殿堪称巨构。南宋禅寺以华丽巨制的山门阁作为寺之脸面与地位的象征,山门阁往往形制壮观恢宏,寺院山门与佛殿围合而成庭院空间,构成寺院主要建筑群。径山寺:"宝殿中峙,号普光明,长廊楼观,外接三门,门临双径,驾五凤楼九间"①;天童寺:"起超诸有阁于卢舍那阁前,复道联属"②,中轴线上,山门阁、卢舍那阁、超诸有阁、云章阁四阁相连,并在卢舍那阁和超诸有阁之间以复道相连。绍熙四年(1193),寺院住持虚庵怀敞改建千佛阁,千佛阁规模庞大,壮丽雄奇。这些高大雄伟的主体建筑统领全寺其他附属建筑,形成昆仑之势,整齐对称的东西配殿与其他层层院落对主殿加以烘托与陪衬,营造了庄严雄伟的肃穆气氛,满足了众香客的虔诚礼佛时所需要的氛围。所以千百年来,营建高大雄伟的佛殿已成为佛寺建筑不变的形式,并在历朝历代不断得到完善。

(三)院落空间增强流动性

对于城市型佛寺,由于其地势平坦以及空间的局限性,使整个建筑个体空间处在相对独立、规整单一的静止形态。而对于建于郊外的寺庙,开阔的空间,可以增加信众的流量,满足游客在庙中烧香拜佛的空间要求。不管是城市型还是山林型佛寺,通过主次建筑的围合,往往形成众多的院落空间。通过寺院主要正殿,即天王殿、大雄宝殿、后殿(或称毗卢殿),并配以"五堂"建筑,即禅堂、法堂、功德堂、客堂、五观堂(食堂)等建筑,每个殿堂左右又以长廊相围,形成院落形式。院落进数不等,形成内部和外部数个庭院空间,在纵轴线上形成三合院或四合院的空间布局。

这种庭院场地较大,一般大型寺院如灵隐寺、天童寺、万年寺等都采用这种形式的庭院,众多开敞的庭院空间给佛寺带来灵活、自由的生活空间,

---

① 曾枣庄、刘琳:《全宋文》(第265册),第31页。
② 同上,第26页。

减弱体积规制庞大的殿堂建筑所形成的庄重、肃然的宗教氛围。轴线上的各进院落随着主体建筑及地形的高低不同而各有差异,不同特色的院落空间也打破了纵向单一,形成随形附势的艺术上的变化。

有些位于山野的禅院,由于山地崎岖的地形条件,很难完全采用绝对的中轴对称形式,因此其布局更适宜民居院落式的形式。如普陀山慧济寺,寺庙占地面积较小,居于佛顶山上山间的一块小盆地,山门的入口处顺应地形,采取逐渐下沉的堑道方式,使建筑群整体呈下沉趋势,并因地制宜地采用曲尺形院落式的布局来安排。这种民居院落式空间的布置给寺院增加了自由随意的氛围。

这种因地制宜的院落式布局方式普遍存在山地寺院中,既灵活多样,又保证了宗教空间的庄严。利用围墙、游廊、庭院等景观要素将各个主体建筑联结起来,组成一个纵向的半封闭型的院落空间,如普陀山慧济寺,寺院各主要建筑以游廊相连接,形成多个院落空间。国清寺用近 2000 米的围廊贯穿全寺,将寺内建筑物分布于五条轴线上,各个院落通过游廊都可到达,具有一定的导向性,增加了空间的流动性。同时在建筑物周围以及庭院里,布置了不同的植物或置石景观,参天的古树、小乔木、灌木、草花等绿化的植入,造成了空间和景观上的变化,构成了极佳的园林景观,丰富了宗教环境氛围。

第三节　浙江禅寺的园林空间

一、寺院园林空间形式

寺院园林空间是指僧人、香客等的生活用房及其周围的环境空间,与宗教空间相比,这一部分空间更多了一份山林野趣和空幽的禅境。寺庙内的园林空间为寺院提供了优美的生活环境,又为信众提供了可浏览的空间,有利于佛教进一步大众化。赵光辉在其《中国寺观的园林环境》中把寺观园林空间划分为宗教空间、自然环境空间、园林环境空间、寺观园林环境空间四种①。其中寺观园林环境空间主要有庭园式和附园式,根据本书的写作特点,这里将禅寺园林空间划分为庭园空间、独立附园空间和寺外园

---

① 　赵光辉:《中国寺观的园林环境》,第 62 页。

林空间。

（一）庭园空间

庭园空间是宗教空间向园林空间的过渡阶段，主要集中在宗教生活方面。在园林空间的塑造上常常利用亭、廊、桥、楼、轩、水池、假山等园林景观的建筑形式，同时尽可能保持宗教建筑的独立性，利用塔、经幢、摩崖造像等宗教小品的点缀，尽可能营造佛寺的宗教氛围。在观景上，融植物于建筑配置中，寓禅境于山林、湖水和植物中，塑造出开阔明朗、生趣灵动的禅境。同时，园林空间自由灵活的布局，也打破了宗教空间中轴对称、严谨庄重的建筑格局。空间的渗透、转折与流动，冲淡寺庙空间的森严沉闷气氛。一些大型的寺院，多把生活区的一部分或大部分作园林空间，并形成庭院。

（二）独立附园空间

独立附园空间一般是指寺院独立的、自成一体的小园，如寺庙的侧园、后园，它是一种区域性的园林景观，位于宗教空间的外侧，绝大多数因山地的局部面貌而稍加人工形成。寺院僧侣充分利用寺观周围依山傍水的有利条件，建立菜园或花圃、果圃、茶园等，种植一些蔬菜、水果或茶叶，这些附园不仅具有一定的观赏价值，同时还兼具生产的目的。这种附园种植亦从古有之，《洛阳伽蓝记》载：

> 龙华寺，广陵王所立也；追圣寺，北海王所立也……京师寺皆种杂果，而此三寺，园林茂盛，莫之与争。[1]
>
> 里内有大觉、三宝、宁远三寺。武定四年，大将军迁《石经》于邺，週回有园，珍果出焉。有大谷梨，重十斤，从树著地，尽化为水。如承光之柰，承光寺亦多果木，柰味甚美，冠于京师。[2]

甚至中国第一个佛教寺院白马寺，在当时也有附属果园，《洛阳伽蓝记》载：

---

① ［北魏］杨衒之：《洛阳伽蓝记》，时代文艺出版社 2008 年版，第 66—67 页。
② 同上，第 63 页。

浮图前,柰林蒲萄异于余处,枝叶繁衍,子实甚大。[①] 光宝寺当时园地平衍,果菜葱青,莫不叹息焉。[②]

附园空间也是山地寺观最富淡雅趣味性的空间,虽不能够烘托寺观肃穆的宗教氛围,但也表现了禅寺雅致逸趣的禅境意旨。现代大型佛寺如灵隐、径山、天童和阿育王等寺都有自己的附属园,或种茶树,或种菜,或种水果,既给寺院增加了景观绿化,同时又为寺院增侣提供了闲适休息的地方,有些寺院还将独立附园空间开辟为游览观赏空间。

(三)寺外园林空间

寺外园林空间对于城市型佛寺和山林型佛寺都有不同的特点。城市型佛寺由于位于城市或城镇街道上,其寺外园林空间范围较小,主要为寺外的城市公园或者城市(市镇)的绿化用地,寺外园林空间是佛寺与城市之间的连接体。

而对于山林型佛寺来说,由于地处山野林地,其寺外园林空间的范围要广泛得多,主要指寺前香道和寺院周围的自然环境空间。寺前香道是自然环境和人工环境的结合体,也是游客信徒浏览、观赏的佛寺园林外部环境重点。通过改变寺外自然环境空间,将进山的香道作为景观序幕,变自然环境空间为园林化的观赏空间,丰富了寺院的园林环境。香道以外的环境空间一般多为未经人工经营开发的自然空间,群山峻岭,沟壑林溪,优美的自然景观为寺院提供了天然的山水骨架。虽然这部分空间环境显得杂乱无章,但为禅寺意境的营造提供了天然的素材,也使禅寺增加了自然质朴、明朗清幽的环境特点和意韵。

二、寺院园林空间营建

寺观内部的园林空间是有限的,如何在有限的空间内,创造出佛家无边的禅境,造园家给我们提供了优秀的借鉴。佛寺园林大多选址在远离城市、风景绝美的名山幽谷,由于地形所限,而寺观内部的院落空间通常显得比较局促,匠师们往往通过借景、障景和虚景等手法,将寺外秀美景观引入寺内,对寺观空间进行组织、扩大,从而产生丰富的美感,使得虚空佛境得

---

① ［北魏］杨衒之:《洛阳伽蓝记》,第82页。
② 同上,第83页。

以体现。

(一)借景

计成在《园冶》中说:

> "借"者:园虽别内外,得景则无拘远近,晴峦耸秀,绀宇凌空,极目所至,俗则屏之,嘉则收之,不分町疃,尽为烟景,斯所谓"巧而得体"者也。体、宜、因、借,匪得其人,兼之惜费,则前工并弃,既有后起之输、云,何传于世?予亦恐浸失其源,聊绘式于后,为好事者公焉。①

借景,是把观赏者的目光引向园外。寺观园林多选址于名山大川之间,山野林泉的优美壮观给寺院提供了天然的观赏景观。杭州灵隐寺借自然山水构景,寺前有冷泉溪,溪水越坝飞湍而下,清溪对岸又有飞来峰,峰下有天然溶洞,怪石突兀。清澈的泉水、飞来峰的奇秀与幽深的岩洞相互辉映,为寺观提供了秀美的背景环境(图5-11)。唐代诗人宋之问赞灵隐寺景观曰:

图 5-11　灵隐寺入口景观

> 鹫岭郁岧峣,龙宫锁寂寥。楼观沧海日,门对浙江潮。桂子月中落,天香云外飘。扪萝登塔远,刳木取泉遥。霜薄花更发,冰轻叶未凋。夙龄尚遐异,搜对涤烦嚣。待入天台路,看余度石桥。②

这也正是灵隐寺借助周围山势、溪水自然景观的最好描写。杭州韬光寺,寺院虽小,然借用了钱塘江的潮水,十洲远山,使人产生了"楼观沧海"的宏远境界,与圆融、通达无碍的禅意相融合。正如《西湖笔丛》曰:

---

① 　[明]计成:《园冶注释》,陈植注释,第 47—48 页。
② 　[唐]宋之问:《灵隐寺》。

有石楼方丈，正对钱塘江，尽
处即海，洪涛浩渺，与天相接。十
洲三山，如在目睫。[①]

鄞州区天童寺的古山门前，青山
苍秀，南山如屏，每逢晴日，翠色愈浓。
南山的景观也使天童寺突破了地域狭
小的局限，扩大了寺院的景观范围。
当游人尽兴归去时，此景也让人悠然
回味（图5-12）。

图 5-12　天童寺入口景观

（二）障景

障景，就是在有限的小空间内营造出丰富空间的表现手法。障景让景
观感觉更加深远，使景观充满了"犹抱琵
琶半遮面"的含蓄之美。障景一般利用建
筑物来遮挡视线，堆山置石，或用植物来
分割空间，既避免空间让观者一览无余，
其掩藏的美，也让人莫知其源，给人无尽
的想象空间和视觉享受。有"乱山藏古
寺"的意趣，又有"山重水复疑无路，柳暗
花明又一村"的含蓄有致，欲露先藏，将建
筑藏于山中，创造一种特别的视觉奇观，
结合世俗园林的布局特色，使寺观空间开
朗活泼，生趣盎然。一般山地寺院往往在
庭院空间中种植大量绿色植物，或依靠高
大繁茂树种、围廊、侧殿的相互遮挡，使整
个庭院空间不至于完全暴露于观者的眼

图 5-13　阿育王寺围廊

底，产生"平芜尽处是春山，行人更在春山外"[②]的景观效果（图5-13）。

---

① 陆鉴三：《西湖笔丛》，浙江文艺出版社1985年版，第139页。
② ［北宋］欧阳修：《踏莎行》。

（三）虚景

虚景如国画中的"计白当黑"，给观者留下无尽的想象空间。园林中无实际使用功能的空间往往是观景的好地方，不仅给园林增加许多空旷、虚闲的空地，而且将大自然中的声色光影都纳入寺院景观，"溪声便是广长舌，山色岂非清净身"[①]。寺观园林中的虚景比实景更富于意境和情趣，一藏一露，大自然的声色光影都融会于寺院意境之中。寺院在庭院里广种树木花卉，往往花繁似锦，绿树成荫。殿堂区庭院种植叶茂枝虬的树种，生活区和接待区的庭院内则多栽种各色花卉和观赏树木，还有点缀山石而成的庭院，所有这些都虚构了一种"曲径通幽处，禅房花木深"的雅致情趣。

《浮生六记》曰：

> 若夫园亭楼阁，套室回廊，叠石成山，栽花取势，又在大中见小，小中见大，虚中有实，实中有虚，或藏或露，或浅或深，不仅在周回曲折四字，又不在地广石多，徒烦工费。[②]

"实者虚之，虚者实之"，这是虚实空间上的对比变化遵循的规律，园林景物的布置亦要在疏密之间形成鲜明的对比。如水中之景，景因水而实，水因景而虚。又如山与亭之间，山因亭而实，亭因山而虚。在空间的关系上，虚实好比一闭一合，一开一敞之间的"有"和"无"，建筑之间的虚无，正如它们之间的疏和密、近和远，既是一种虚实，也是一种对比，如《浮生六记》云：

> 开门于不通之院映以竹石，如有实无也，设矮栏于墙头，如上有月台，而实虚也。[③]

"放生池"在佛教寺庙园林中常常占据重要位置，除了放生的功能之外，常设"一池三山"之景观，池水与山石产生了遥不可及的空间审美。山

---

① ［北宋］苏轼：《东林总长老》"溪声便是广长舌，山色岂非清净身。夜来四万八千偈，他日如何举似人。"

② 沈复：《浮生六记》，甘肃人民出版社1994年版，第19页。

③ 同上，第67—68页。

因水而实，水因山而虚。如普陀山法
雨寺前的放生池，池水碧绿明丽，与
黄墙相辉映，水中游鱼成群，荡漾着
寺外茂林的倒影，有水月禅境之幽
远，意味无穷，体现了虚灵、空旷的禅
意（图 5-14）。

三、寺观造园要素

图 5-14　普陀山法雨寺前放生池

　　城市或近郊的佛寺十分注重庭院绿化，无论是主殿堂，或附属殿堂、生
活用房等庭院内，都栽植观赏树木及花卉，以体现所谓"禅房花木深"的雅
致意境。而位于山野地带的寺观，更注意利用山地林泉等天然景观创造优
美的寺外环境。尤其是以山岳为主体的众多名山寺院风景区，寺观与山地
环境的园林化结营，使名山风景区的景观大为增色，而且还赋予风景区独
特的性格。佛寺园林的造景要素非常丰富，如园林建筑、山水、富有佛教文
化特色的景观小品、园林植物等，这些造景要素是营造园林意境不可或缺
的元素。

（一）建筑

1. 佛寺主体建筑

　　建筑是佛寺主体构成要素之一，与其他山水、植物等相比，较少受到自
然条件的限制。中国佛寺的造园艺术是融自然与建筑于一体，以建筑来衬
托自然，以自然来烘托建筑。在佛寺园林中，最常见的就是以建筑用为寺
院空间的围合因素，既满足使用功能，又有点景、观景和引导路线的作用。
佛寺主体构成建筑的主要形式有殿宇式、民居式以及楼阁式三种类型。

　　（1）殿宇式。殿宇式是我国现有佛寺中运用得最多的一种类型，形式宏
伟壮观，一般为单层横长方形，面阔为二、五、七或九间，屋顶以庑殿、歇山
式为主，一些佛寺的大雄宝殿往往采用这种建筑形式。如灵隐寺大雄宝殿
采用三重檐歇山顶的传统手法，四角翘起的飞檐为翼角，殿宇装饰黄色琉
璃瓦，使得庞大的屋顶雄姿巍峨（图 5-15）。再如天童寺的大雄宝殿，为明
代重建的重檐歇山式建筑（图 5-16），普济寺的大雄宝殿亦为此式。

图 5-15 灵隐寺大雄宝殿

图 5-16 天童寺大雄宝殿

（2）民居式。民居式外观与民间住宅很相似，与庞大的殿宇式相比，内部空间相对要狭小，在建筑工艺上吸收了江南民居的特点，具有幽静清雅的建筑特色和意境，如佛寺之山门和一些小型佛堂（图 5-17、图 5-18）。

图 5-17 天童寺山门

图 5-18 净兹与佛堂

（3）楼阁式。汉唐时期，阁是寺院建筑构成的主体，在寺院里地位重要，规模庞大。至今在寺院里仍保存有楼阁式建筑，楼和阁并无严格区分，一般以四面开窗者称为阁，前后开窗称为楼。"《说文》云：重层曰'楼'。《尔雅》云：狭而修曲为'楼'。言窗牖虚开，诸孔悽悽然也。造式，如堂高一层者是也。"①在形式结构上，楼一般做得比较精巧，面阔三五间，进深也不大。在靠近园林的一侧装长窗，外绕栏杆，其屋顶构造多为歇山、硬山式，小型寺院常围合在大雄宝殿后部，用作寺院里的一些侧房或僧舍等。阁一般四面辟窗，平面多为方形，列柱八至十二，攒尖顶，与亭相仿。《园冶》曰："阁者，四阿开四牖。汉有麒麟阁，唐有凌烟阁等，皆是式。"②寺观钟楼、鼓楼等

---

① ［明］计成：《园冶注释》，陈植注释，第 86 页。
② 同上，第 87 页。

（图 5-19）。而楼阁这类建筑形式运用在寺观里，在寺院的造景上起了很大的作用，常位于建筑群的中轴线上，起着构图中心的作用，成为园林中的一个景点。楼阁上视野比较开阔，可以极目远眺。且楼阁造型形式多变、壮丽轻盈，在一些规模小的寺观中，楼阁常建于寺院的一侧或后部，既丰富轮廓线，又便于借园外之景和俯瞰全园的景色。

图 5-19　净慈寺钟楼

（4）廊院。廊院是中国佛寺组群最典型的特征之一，寺院的中枢部分或主体部分的布局都是在廊院的组织和限定下进行的。隋唐时期的佛寺便普遍设置有回廊，宋元以来一直保持唐朝的廊院制形式。

廊是一种虚的建筑形式，可以把各单位建筑组织起来，形成空间有序、层次丰富的建筑组群。对禅僧造园家来说，廊的一个最重要的价值是它通透的体量感，两旁的列柱顶着不太厚实的屋顶，形成一个过渡空间，将寺内各建筑或分隔的各庭院连接起来，具有很高的艺术价值。其列柱和横楣在游览中形成一系列取景框架，增加了景观层次，也增加了移步换景的景观序列。同时，廊是一种"线形"的建筑形式，造型别致，迂回曲折，高低错落，本来也构成寺观园林的景观。

廊通常布置在两个观赏景点之间，是一种联系和划分空间的工具，同时又是组织和引导浏览的路线。寺观里廊的位置一般位于山门向后绕至大雄宝殿两侧，围合成一个中庭空间。廊的形式多样，有单面空廊、双面空廊和复廊等形式。单面空廊一般依附于墙或其他建筑，形成半封闭状态，并在墙上设置漏窗，达到隔而不断的景观效果，如余杭径山寺的单面空廊（图 5-20）；双面空廊不依附于墙体或其他建筑物（图 5-21）；复廊指在双面空廊中间再增加一道墙体，形成两面单面空廊；双层廊又称为楼廊，游人可于上下两层观赏园景，扩大景观空间。

另外，佛寺内还有馆、斋、室、房等附属构成建筑，它们形制较自由，布局灵活，分散在主体建筑物的周围，形成寺院院落空间。既满足了居住、浏览的需要，又对丰富园林景观起着重要的作用。

图 5-20　径山寺单面空廊　　　　图 5-21　阿育王寺双面空廊

2. 观景建筑

（1）亭。亭的体量较小，结构简单，造型别致，因此成为园林造景中广泛运用的类型之一，也是园林中最重要的"观景"建筑。"《释名》云：'亭者，停也，人所停集也。'"①亭不仅有驻足休息的功能，更是重要的观景建筑。以其优美的造型与周围景观相结合，构成优美的风景画面。

亭在园林中的运用历史悠久。隋唐时期，有隋炀帝造西苑的最早记载，《大业杂记》载：隋炀帝造西苑"其中有逍遥亭，八面合成，鲜花之丽，冠绝古今。"②唐宋时期，园林中的亭的运用更为广泛，唐李白《菩萨蛮》云："何处是归程？长亭连短亭。"今天园林中得见的亭大多为明清时期的建筑。关于亭的造型，《园冶》曰：

　　造式无定，自三角、四角、五角、梅花、六角、横圭、八角至十字，随意合宜则制，惟地图可略式也。③

寺观园林中的亭功能多样，有碑亭、保护水源的亭和观景亭等。

①碑亭。每个寺观中都有大量的碑刻，记录寺观的历史，或为皇帝的御赐诗文等。为了保护这些珍贵的石碑，上面往往建造精致雅观的亭子，这些为了保护石碑而建造的亭子就叫作碑亭。如灵隐寺的御碑亭（图5-22），建于 2006 年，上面陈列康熙书《灵隐》诗碑：

　　灵山含秀色，鹫岭起嵯峨。梵宇盘空出，香云绕地多。开襟

---

①　[明]计成：《园冶注释》，陈植注释，第 88 页。
②　牟发松：《〈大业杂记〉遗文校录》，《魏晋南北朝隋唐史资料》1997 年第 00 期，第 177 页。
③　同①，第 88 页。

对层碧,下马抚烟萝。羽卫闲来往,非同问法过。

②保护水源的亭。泉水是保证寺院生活所必需的水源,为了保护水源不受污染而在井上建造亭子,这种保护泉水的亭子如今成为寺院的观景处,如净慈寺的"运木古井"亭。据《净慈寺志》载,周显德初年,内有一神运井,泉水甘甜,不仅为寺院解决了饮水问题,还供城内外的人饮用,且用之不竭。关于运木古井还附有"济公"的神话传说,给寺院增添了一丝神秘的意境(图 5-23)。

图 5-22　灵隐寺碑亭　　　　图 5-23　净慈寺运木古井

③观景亭。观景亭一方面构成寺院景观的一部分,另一方面也为游人提供观景和休息的场地。观景亭位置的选择也比较灵活,因景而立,水际、花间、山巅、溪涧等均可设亭。观景亭结构简单,平面形式多样。如灵隐寺前的壑雷亭,相传为北宋开国皇帝赵匡胤第十世孙担任临安知府时所建,位于寺外溪水边,遥对着飞来峰。亭名"壑雷",来自苏东坡的诗句"不知水从何处来,跳波赴壑如奔雷",亭外潺潺流过的溪水也映衬其名。壑雷亭西边是"冷泉亭",最早为唐代杭州刺史元藇建造,为灵隐寺中最具特色的景观。

(2)榭。榭是一种建在台上的敞屋,多建于水中、水边,《园冶注释》云:

《释名》云:榭者,籍也。籍景而成者也。或水边,或花畔,制亦随态。①

园林里一般临水而建的榭较多,具有较强的观景效果,其建筑形式主要是在水边架起平台。平台周边围以低矮栏杆,平台一部分伸入水中,平台上建一单体建筑,四面开敞通透。屋顶通常用卷棚歇山式,檐角低平,造型简洁大方。亭榭多布置在寺院主要观景点,主要方便游客观景、休息和交流,同时也作为主体建筑的陪衬,渲染园林宗教气氛(图 5-24)。

图 5-24 径山寺水榭

图 5-25 虎跑寺叠翠轩

(3)台。台是中国园林建筑类型中出现最早的一种,《园冶》曰:

> 《释名》云:"台者,持也。言乐土坚高,能自胜持也。"园林之台,或掇石而高上平者;或木架高而版平无屋者;或楼阁前出一步而敞者,俱为台。②

可见,台是建筑物的基座,是一种高大的平台。古代园林中筑台成为一种风尚,而且古时建的台通常很高,追求一种超凡脱俗、居高凌空之感,寺观中也常为浏览风景而设台,有的周围连着柱石栏杆。

(4)轩。轩为有窗的长廊或小屋。《园冶》曰:

> 轩式类车,取轩轩欲举之意,宜置高敞,以助胜则称。③

轩的形式很美,规模较自由,不受拘束,不像厅堂那样讲究中轴对称布

---

① [明]计成:《园冶注释》,陈植注释,第 89 页。
② [明]计成:《园冶注释》,陈植注释,第 87 页。
③ 同上,第 89 页。

局。轩在寺观中一般建于高旷之处，可以增添观景的效果，如虎跑寺的叠翠轩（图 5-25）。

除了亭、榭、台、轩之外，佛寺内还有许多其他如牌坊、照壁等节点构造物，它们共同构成佛寺园林富有变化的空间环境，在布局方式上表现出很大的灵活性，对周围的环境起到点缀和构景的作用。

（二）理水置石

山和水是人类赖以生存的重要生态环境，《管子·水地篇》说：

> 地者，万物之本原、诸生之根菀也。[①]　水者，何也？ 万物之本原也。[②]

中国文化对自然山水的认识和偏爱，决定了造园艺术中山水的分量。[③]魏晋时期，玄学盛行，汉传佛寺园林亦从魏晋南北朝时期开始向自然山水园转化。禅僧们在寺观选址上，也更加注重山水环境，往往择其名山大川、风景优美者居之，"可惜湖山天下好，十分风景属僧家"。但并非所有佛寺都选址于山林，城市佛寺往往利用人工造景模仿自然营造山水园林，筑山叠池，创造出一个"虽由人作，宛自天开"的佳境，园林中的山水布置完全是一种人化的自然。

1. 理水

一般来说，"理水"比"叠山"重要。园林的选址相地，首先要考虑到水，计成在《园冶·相地》中说：

> 卜筑贵从水面，立基先究源头，疏源之去由，察水之来历。临溪越地，虚阔堪支；夹巷借天，浮廊可度。[④]

这里说明水和水源的重要性。园林理水的成功与否是古典园林构景评价的重要标准之一。在中国最古老的造园思想中，水为不可缺少的元素。汉武帝时建"建章宫"，宫北筑有太液池，池中修"蓬莱""方丈""瀛洲"

---

① 《管子全译》，谢浩范、朱迎平译注，贵州人民出版社 1996 年版，第 529 页。
② 同上，第 536 页。
③ 陆琦：《岭南造园与审美》，中国建筑工业出版社 2005 年版，第 195 页。
④ ［明］计成：《园冶注释》，陈植注释，第 56 页。

三岛,象征神话中的海上仙山。这种源于道家思想"一池三山"的布局,成为各朝的皇家园林以及一些私家园林模仿的对象,至今一直是中国园林理水的一种典型模式。"一池三山"的理水技法开了中国人工山水布局之先河,这种布局丰富湖面层次,打破人们单调的视线,逐渐成为经典,在历代山水园林中运用。

"理水"亦是汉地佛寺园林的重要构景要素之一,在寺院建筑园林化方面具有重要意义,北魏时期洛阳的寺院便有理水之景,《洛阳伽蓝记》载:

> (宝光寺)园中有一海,号咸池,葭菼被岸,青松翠竹,罗生其旁。京邑士子,至于良辰美日,休沐告归。征友命朋,来游此寺。雷车接轸,羽盖成阴,或置酒林泉,题诗花圃,折藕浮瓜,以为兴适。[①]

寺观园林中所创造的水景效果,除了渲染寺院的园林化氛围,还是游客观景的重要内容,而且寺院水体主要有自然水体和人工水体两种。

(1)自然水体。自然水体即纯天然的水体,水态的类型可分为泉、湖、溪、瀑布等四种,具有千变万化的形态。浙江禅寺的选址基本都濒临天然水域,依水而设,尤其注重对自然水体的运用。江南充裕的天然水资源,首先形成丰富的地下泉水、溪水和湖水,供给佛寺的饮用,同时还以泉、井的形式,给佛寺增加了无数景观点。如径山寺大雄宝殿东北角、龙王殿下面有泉井,名龙泉,为唐代建筑物,至今已有 1200 年的历史。泉井建筑并不宏伟,但造型独特。天童寺大殿后有一弘法泉,泉中建有假山。灵隐寺沿溪水而建,水入寺中,曲折萦绕的溪水与建筑形成动静结合的唯美画面,成为寺院重要的观景带(图 5-26)。净慈寺面临西湖,湖水环绕着寺院,寺与湖相互映辉。有些寺院利用天然瀑布独自成景,瀑布落泉,形成泉、溪。水流经寺院,形成形态各异的水体景观,动静皆具,生动活泼。《园治注释》曰:

> 瀑布如峭壁山理也。先观有高楼檐水,可涧至墙顶作天沟,行壁山顶,留小坑,突出石口,泛滥而下,才如瀑布。不然,随流散漫不成,期谓:"'作雨观泉'之意。"[②]

---

① [北魏]杨炫之:《洛阳伽蓝记》,韩结根注,第 144 页。
② [明]计成:《园治注释》,陈植注释,第 221 页。

水体的形状与亭、台、楼、榭等建筑交相辉映，自成意趣，给寺院增添了曲折幽深、空明秀丽的氛围（图 5-27）。

图 5-26　灵隐寺溪水

图 5-27　国清寺瀑布

（2）人工水体。寺观里人工水体主要表现为放生池。佛寺中，水体还伴随一定的宗教功能需要，在寺观中设置放生池，以体现佛教"戒杀"尊重生命的教义。《大智度论》云："诸余罪中，杀业最重，诸功德中，放生第一。"①放生池一般为人工开凿的池塘，也称为"万工池"，用于放生善举，另一方面又满足寺院用水的问题，同时又兼具园林观赏效果。水池的形状多种多样，一般根据寺院地形而设，池边栽植野草和花卉。如杭州净慈寺的放生池，由北宋熙宁年间圆照宗本住持修建，当年募化征集万人开凿水池，故名"万工池"，本来用于寺院防火措施，后改为放生池（图 5-28）。

图 5-28　净慈寺放生池

图 5-29　普陀佛顶山刻石

---

① 《大智度论》。

2. 置石

禅宗寺院多择址于山林,与山林环境相结合是禅寺园林化的一大特征。山体地貌的自然之势和繁茂野趣的树木环境也给寺院建筑提供了天然的背景。在没有自然山体的情况下,寺观中往往采用人工叠石的方式来创造人工山体环境,模拟野外山林景观。利用一些小型的人工假山来模拟自然山体,在寺观中营造野外景观效果,叠石主要表现手法有:

(1)孤置。孤置是指用单块的山石布置成的独立性景观。山石的形状多样,一般布置在大门、路口、水边等节点处,所选石块体量较大,具有独特的观赏价值。一般将山石最富变化的那一面朝向主要观赏方向,周围再置以花草植物作点缀,使之与环境相协调。孤置山石由于其独立构景,往往容易与环境相协调,容易成为景观焦点,如寺院景观入口处的铭刻石(图5-29)。

(2)散置。散置即没有常理和定势的一种布置方式,依照组合数量划分,可以两块一组,也可以三五块一组,利用平面构成关系,将石块与周围景观相融合。散置石块中最基本的是用三块一组构成,利用形状相近的石块,构成平面三角的关系,这种方式在寺观或园林景观中比较常见。另一种摆法称为"佛陀石阵",即利用三块形状不相同的石块,在立面上构成三角关系,这在日本园林中称为"三尊石"。三块竖石象征着佛教三尊,"中间大块巨石象征佛陀,两旁稍低的石块象征其两位大弟子——伽叶尊者和阿难尊者。此外,三尊石还有象征释迦如来、阿弥陀佛和大日三尊,或阿弥陀佛、势至菩萨、观音菩萨三尊,或释迦牟尼、普贤菩萨、观音菩萨三尊,或药师如来、日光、月光等。"①这种组合形式在造园中广泛使用(图5-30)。

图 5-30 慧济寺大殿前石景

(3)群置。群置即将多种山石混合搭配的方式。群置山石比较随意自由,可以布置在山顶、山麓,也可以选择在池畔、路边,组景时石块大小不等,有主有从,疏密相间。通过简单的组合关系,营造朴实、冥想的寺院景观。如灵隐寺引导空间与香道两侧多处人工散置石块,与植物相互结合,

---

① 钟惠城:《禅宗园林初探》,北京林业大学硕士学位论文 2007 年,第 80 页。

显示了寺观园林融合自然,将山野与禅境相结合的意境(图 5-31)。

(三)植物

1. 植物对禅寺的影响

图 5-31　灵隐寺群置石块景观

无论是山林型佛寺园林,还是城市型佛寺园林,都十分注重本身的庭院绿化。尤其是山林佛寺,其植物配置有着天然的优势,在佛寺外围形成天然的植物群落,障隐寺院建筑物,给寺院创造一个静谧、幽深的园林空间。佛寺中的花草树木不仅能净化空气,创造远离凡尘的人间佛境,同时给僧侣提供禅悟的托附物。青青翠竹,尽是法身;郁郁黄花,无非般若。引导众生在寺院中受到心灵的洗涤,以证悟本性,获得精神的点化。"寺因木而古,木因寺而神",寺庙与植物的关系,既是美学的,又是宗教的。

"禅林"既是丛林,更是禅机。佛教认为一切事物皆有佛性,包括有情物和无情物,佛教自古以来就与植物有着深厚的渊源。据佛经记载,释迦牟尼在尼连禅河西岸一株毕钵罗树下,得道成佛。所以在佛教修行者的心目中,枝叶茂盛的树下,宁静澄远,是最佳的修行地。植物也是营造寺庙特殊宗教氛围,渲染佛寺宗教色彩的重要媒介。寺院依山而筑,周边山坡上的郁郁草木,寺观中枝繁叶茂的名木古树,以及各种花卉、树种,共同烘托了宗教肃穆幽玄的氛围,为僧侣静修创造了良好的环境。

2. 浙江禅寺中植物的选择

"在中国传统文化中,花木又是人们寄寓丰富文化信息的载体。"[1]寺观园林中的植物,作为一种文化载体,又蕴含着丰富的文化信息。寺院中与佛教有关的植物如"五树六花"[2],在寺观中深受佛教徒崇敬,这些植物也遍植在东南亚地区的寺院里。这些植物常常以象征、比拟的手法被赋予一定的人格意义,表达一定的宗教象征寓意。根据寺庙不同的地理和气候环境,寺观中所选用的植物也有所不同。其中菩提树、娑罗树、七叶树和银杏

---

① 曹林娣:《中日古典园林文化比较》,中国建筑工业出版社 2004 年版,第 168 页。

② 五树六花:五树为菩提树、大青树、贝叶棕、槟榔、糖棕或椰子,六花指荷花、文殊兰、黄姜花、黄缅桂、鸡蛋花和地涌金莲(七瓣莲花)。

被称为佛树,在中国寺庙里似乎已成为一种象征。

(1)菩提树。菩提树带有浓厚的佛教色彩,菩提树梵语原名为"毕钵罗树",热带落叶大型乔木,枝叶浓绿,呈心形。菩提树与佛祖释迦牟尼有着直接的关系,被佛教称为圣树。究其缘由,乃当年佛祖在菩提树下觉悟了证四圣谛——苦、集、灭、道,并以此为基础,建立了导引众生离苦得乐的无量方便法门,菩提由此成为觉悟、智慧的代名词。佛教徒们对菩提树亦有着浓厚的宗教情感,在南亚一带的佛国寺庙里,一般都广植菩提树。我国原来并没有菩提树,在佛经记载中,菩提被称为"觉悟",深受佛教徒敬仰。据史籍记载,菩提是智药三藏大师于梁武帝天监元年(502)从印度带回,初种植于广州王园寺(现光孝寺),后开始出现在南方寺庙中。

(2)娑罗树。娑罗树,又名波罗叉树、摩诃娑罗树、沙罗树,与佛教有着很深的渊源。据《本生经》载,摩耶夫人在兰毗尼园中,手扶娑罗树,产下释迦牟尼。而佛陀在菩提下"成道"后,于80岁高龄在娑罗树下圆寂。因此,此树在佛教中受到很大的尊敬,被认为是佛教圣树之一。

中国寺院中的娑罗树与印度原产的娑罗树并非同一植物。中国寺院中往往把七叶树误称为娑罗树。七叶树属于七叶树科,初夏开花,花朵呈密集的白色,状如佛塔,又似烛台,花开之时,充满了神秘色彩,因此在我国的佛寺中广为种植。如杭州西湖灵隐寺大雄宝殿西边的两株娑罗树,据《灵隐寺志》记载,是东晋咸和元年(326)印度慧理法师当年亲手栽种的,已经历了1600多年的风雨岁月,成为杭州西湖数十里湖山中最老的古树(图5-32)。

图5-32　灵隐寺娑罗树

图5-33　法雨寺前银杏树

（3）银杏。由于在我国温带或北方地区的寺庙，菩提树难以种植，因此在中国大多数寺院，银杏常常代替菩提树广为种植，它被誉为"中国的菩提树"。银杏树由于其寿命较长，也被称为寿星树。

许多寺院将银杏树植于殿堂前后，以其清静素雅的外形，体现殿堂威严、不受凡尘干扰的宗教意境。如法雨寺圆通殿前有两株千年银杏，高入云天，树枝蟠屈如虬螭，形态奇特，尤其是金秋黄叶能给佛寺增添强烈的宗教气氛(图 5-33)。余杭径山寺山门前的千年古银杏，作为名木古树，不仅给寺院增添了历史的沧桑感，而且丰富了寺门前的植物群落。

（4）其他花木。除了上述几种植物与佛教关系密切外，浙江禅寺园林常见的植物还有以下花木树种：

①乔木树种：马尾松、罗汉松、竹柏、圆柏、柏木、柳杉、水松、水杉、三角枫、樟叶槭、香樟、普陀樟、苦楝、楠木、棕榈、小叶榕、女贞、袖子、白兰花、荷花玉兰、白玉兰、国槐、龙爪槐、梧桐、黄连木、朴树、苹果、柿树、揪树、皂荚、核桃、复羽叶架树等。

②小乔木和灌木：苏铁、木瓜、蜡梅、怪柳、重瓣粉海棠、垂丝海棠、紫荆、红枫、批把、柑橘、金橘、山茶、梅花、桂花、夹竹桃、茶、石榴、紫薇、木芙蓉、棕竹、木本曼陀罗、海桐、南天竹、八角金盘、火棘、无花果、瑞香、结香、栀子花、佛手、含笑、茉莉、杜鹃、木本绣球、南迎春、金钟花、连翘、毛白杜鹃、八仙花、琼花等。

③草本及藤本植物类：金银花、凌霄、紫藤、孝顺竹、紫竹、芭蕉、地涌金莲、一叶兰、吉祥草、沿阶草、假金丝马尾、麦冬、玉替、海芋（滴水观音）、首草、黄花菜、二月兰、油菜、芍药、万年青、石蒜、忽地笑、曼陀罗、兰花、菊花、菖蒲、荷花、睡莲、香蒲、萍蓬草等。①

佛寺不仅是宗教活动中心，同时也是市民公共游览场所。浙江禅寺以古木名树、花卉栽培而名重一时，浙江禅寺的植物造景特色也形成自己的地域性特点。

3. 禅寺植物配置手法

在植物配置上，不同的植物具有不同的形态学特性，植物配置的手法主要有列植、孤植、对植、众植和群植等。

（1）列植。列植是寺院园林植物的一种重要配置方式，在城市佛寺中运用较多。一般在寺院庭院内，在入口处的香道两旁种植行道树，山林寺

---

①　王小玲：《中国宗教园林植物景观营造初探》，北京林业大学硕士学位论文 2010 年，第 28 页。

院因地形影响，也偶尔会运用列植的手法，利用高大的树木形成一个引导视线的室外空间。如宁波天童寺的香道，"二十里松林"使游人在步入寺院的过程中孕育宗教情绪。阿育王寺在寺院一个门廊的入口处列植松木，以加强空间的延展，营造庄严肃穆的氛围（图 5-34）。

（2）孤植。孤植的树木是为了更加突出名木古树的久远高古和弥足珍贵。孤植树种一般树形优美高大，或树姿奇特，具有较高的观赏性，往往能够成为整个寺庙观景的焦点。孤植树种主要利用松、柏、银杏、榕树、七叶树等古树种，其枝叶遒劲、饱经风霜、画意横生的古树独特形态，烘托出佛寺的神秘的沧桑感，起到景观性与功能性共存的效果，同时营造寺院幽深古远的历史沧桑感，使信徒香客油然产生敬畏虔诚的心理感受。天台山国清寺大雄宝殿东侧有隋梅一株，疏枝横空，苍老挺拔，相传为寺中第一任住持灌顶和尚所植，至今已有 1300 多年的历史，为寺中一宝。每到大雪纷飞，暗香浮动，游人休憩梅亭，备感清

图 5-34　阿育王寺列植松柏

图 5-35　国清寺隋梅

新（图 5-35）。普陀山法雨寺"梅福禅院"庭院入口墙角之孤植银杏，树木以其雄伟的姿态，遒劲的树干，与建筑形成对比，烘托强烈的宗教氛围。

（3）对植。对植主要用于强调建筑、道路、广场等入口，常用两棵种类相同、规格相近的树，按照一定的轴线关系做相互对称或均衡的种植方式。对植的树木一般位于山门或主要殿堂的前端，在中轴线上通过植物的对植，以衬托建筑的规整和寺庙的肃穆。如阿育王寺大雄宝殿前一左一右两株昂首矗立的古樟树，足有 30 米高，枝干挺拔，气宇轩昂，恰如英姿勃发的两位天神，烘托天王殿庄严肃穆的宗教氛围。雪窦寺寺庭内两棵对植的高大挺拔的古银杏，衬托出殿宇的高大威严（图 5-36）。

（4）丛植。在寺庙内部，植物成片单种或杂种，其营造的景观不仅仅绿化环境，植物统一的体态和色彩能够给人以疑是人间佛境的强烈的感觉。净土宗中对佛国仙境的描绘除了各种宝石做成的建筑，还有大量的花草树木。如大片丛植竹子，竹林茂密形成的绿色屏障，既可以增添清静优雅的气氛，可以阻挡部分视线，又增神秘感。如阿育王寺内主要有侧柏、香樟、

图 5-36　阿育王寺前对植银杏树

马尾松、瓜叶菊、雪松、含笑、结香、蜡梅、雀舌黄杨、山茶、桂花、紫荆等植物，寺庭外围一片青绿的毛竹，寺院与周围的山色相融合，整个寺院古朴庄严。法雨寺在主殿——圆通殿前种植古树十余株，殿宇建筑规模宏大，古木更是荫覆半院。院内还有其他奇花异草，有银杏中又生女贞的奇观，枝繁叶茂，突显寺院更加古朴、典雅。寺院前导部分还常常采用植物配植方式以表现宗教玄奥深远的意境。

（5）群植。从寺庙的整体规划来说，大型佛寺的植物占地面积远远大于建筑的占地面积。因此，需要通过植物群植的方式来消减人工种植植物的痕迹，以营造"深山藏古寺"的意境，以其整体的气势产生恢宏的绿化效果。如宁波天童寺，寺建于山中，掩映于绿海之中，寺院山脚部分为各种混交林、山顶部分为各种混合灌木丛相，寺院的整体气势通过寺前的二十里松林而延伸扩大。如法雨寺周围的香樟、枫香等常绿混交林，将寺庙包裹藏匿于自然之中，营造了"深山藏古寺"的美好意境。

（四）宗教小品

寺观园林中的小品，是寺观园林中提供装饰、照明、展示和方便游人使用的小型建筑设施。这些景观小品造型奇特别致，在佛寺园林中占据着重要的地位，能够在渲染宗教气氛的同时为园林空间增加色彩，既美化寺观园林环境，又能吸引游人、提高游人的趣味性。寺观园林中的小品主要有石碑、佛钟、经幢、石灯、石塔、香炉、造像等。

1. 石碑

石碑即后世的一种石刻，东汉许慎《说文解字》中解释为"竖石"。大约在周代，碑是宫廷中根据它在阳光中投影位置的改变而推算时间的工具，或是宗庙里拴供祭祀用的牲畜的石桩子。《仪礼·聘礼》载：

　　东面北上,上当碑南陈。郑玄注:宫必有碑,所以识日景,引
阴阳也。凡碑,引物者,宗庙则丽牲焉以取毛血,其材,宫、庙以
石,窆用木。①

　　战国时期,"碑"是贵族们殡葬时墓前竖立的支架。通过这个支架,将
棺木用轱辘系绳缓缓放入墓穴中。后来,墓前的支架变成纪念性碑,人们
在上面刻字,以追述逝者的功德。东汉时期,厚葬盛行,树碑的习俗也广为
流行,并一直沿用至今。

　　碑的种类有墓碑、祠堂碑、寺庙碑、记事碑、纪念碑等。碑的基本形制
有两种,一种是简单的石碑,由碑身和碑座两部分组成;另一种则相对考
究,分为三个部分,碑额、碑身和碑座,造型多样。碑额一般有圭首、妨首、
平首和龙首四种,碑身分为文字碑和造像碑两种,碑座一般有方形、长方
形、须弥座形和龟形等几种。中国佛教寺院里的石碑主要用来记述寺院的
历史、寺院的发展、寺院大事记、寺院建置情况、信徒善士布施金额等。② 石
碑常安置于大雄宝殿、前殿、中殿、后佛殿、毗卢殿等殿座的边角部分,有的
安置于寺院的庭院、甬路两旁、围墙边缘之处,大多数都是成对、成列、成组
地出现,极大地营造了佛寺宗教氛围。佛寺中还常常为石碑建造碑亭,一
般位于寺前院或后院的两侧。顶部做成斗拱梁枋、屋架,上部施四角顶头
歇山顶,内部中心安装石碑,既增加寺院房屋,又使寺院更为壮观。另外,
还建有碑楼或碑廊,几乎成为每个佛寺中所不可缺少的景观小品。

　　如杭州六和塔御碑亭中的御碑,
碑高4.35米,宽1.5米,是现存最完整
的乾隆皇帝手书碑刻之一。御碑碑额
刻有"乾隆御碑"四个字,碑面记载了
六和塔的历史以及乾隆游览钱塘江时
的感慨,碑侧、碑背面都刻有文字(图
5-37)。杭州灵隐寺天王殿左侧的御碑
亭,碑上分别刻有康熙的题咏:"灵是
西方鹫,飞来住岌峨。名山观不少,此
地比宁多。法苑开龙象,清径泛蔚萝。
诸天应栏护,御辇昔曾过。"以及乾隆的题咏:"飞来峰畔路,法相坐嵯峨。

图 5-37　杭州六和塔御碑亭

---

① [汉]郑玄:《礼仪注疏》,北京大学出版社 2000 年版,第 473—475 页。
② 张驭寰:《中国佛教寺院建筑讲座》,当代中国出版社 2008 年版,第 96 页。

宛识只园地,已闻梵坝多。"因而使亭中之碑格外具有历史价值。

还有阿育王寺的苏轼《宸奎阁碑铭》、宋代状元张九成所写的碑铭等,这些作品不但反映了当时的政治制度、法律思想、道德规范等,对于历史文化旅游爱好者来说,也具有相当丰富的浏览价值。

再如普陀山杨枝庵观音碑,明万历十六年(1588),由抗倭名将侯继高所植,明万历二十六年(1598)被劫。万历三十六年(1608),宁绍参将刘炳文觅得观音碑拓本,请名匠重新勒刻。碑石高 2.5 米,宽 1.2 米,上面勒刻阎立本和吴道子所绘的观音像,中间刻观音大士立像,身披璎珞,袒露跣足,左手托净瓶,右手执杨枝,端庄庄严,刻画细腻。虽历经三百多年风雨,碑仍完好无损,为普陀三宝之一(图 5-38)。

图 5-38 杨枝庵观音碑拓本

2. 佛钟

佛钟源于印度,称为健椎,是佛教僧团举办法事活动时为召集僧众而打击的一种响器。当佛教传入中国后,佛寺的设施渐渐增多,其中响器也增为钟、鼓、馨、板、木鱼、饶、铃等十几种,而佛钟则演化为铜铸或铁铸之钟。中国的佛钟,最早出现于北周天和五年(570),其形制吸收了印度佛教法器金刚铃和中国古乐钟的圆口特征,呈上细下粗的圆形,构造为龙头、八叶、六道、乳廓、草间、驹爪,特点是声音洪亮、悠长。

佛钟根据其不同的作用可分为两类,一是梵钟,二是唤钟。梵钟,也叫大钟、洪钟、撞钟,通常悬挂于寺院里的钟楼或大殿角落。《敕修清规》法器章里说："大钟,丛林号令之始也。"①梵钟成为佛寺里的景观特色之一,不仅有召集大众的讯号、报时的作用,还有督促僧众精进用功的作用,"晓击则破长夜警睡眠,暮击则觉昏衢疏冥昧。"②唤钟,也叫小钟,常挂于殿内一隅,根据它的击法及其时间可以分为殿钟、僧堂钟、放参钟等。

钟在佛寺中的地位举足轻重。中国汉传佛寺里几乎每座寺院都要设钟鼓楼,将钟设于钟楼里。另外还设置钟亭,或直接将钟悬于大雄宝殿的前廊檐下,成为渲染佛寺宗教氛围的重要法器,佛钟也成为寺观园林中的重要景观点。如杭州南屏山净慈寺的佛钟,旧称南屏晓钟。康熙三十八年(1699)圣祖仁皇帝御题十景,改南屏晓钟。乾隆十

图 5-39　净慈寺南屏晚钟

六年(1751),弘历南巡,将其仍改为"南屏晚钟"。铜钟高 3.6 米,直径 2.3 米,重 1 万余千克,造型古朴,也是西湖十景之一(图 5-39)。

3. 经幢

幢,原是中国古代仪仗中的旌幡,秦汉时代称为蟠,或信蟠、蟠帜、铭旗、灵旗,是在竿上加丝织物做成,又称幢幡。佛教中的"幢",是用来制魔、超生、节度天人的法物。③ 由于佛教传入,"从南北朝开始,幢逐渐演变成禅宗佛寺殿前的供具。最初是一根直立木杆上串联多重圆形华盖,华盖周围垂以幢幡、垂慢等,木杆下按十字座。幢上写陀罗尼经文,象征可以避难消灾,所以幢被称为陀罗尼经幢,简称经幢。唐代中期佛教密宗的传入,将佛经或佛像起先书写在丝织的幢幡上,为保持经久不毁,后来刻写在石柱上,因此称为经幢。"④故此时石幢风行,从此绵延不绝。宋、元、明、清各朝,凡密教盛行的地方,则石幢便广为流行。经幢的式样每座各不相同,有高有低,有大有小,而且层数各不相同,一般为三个部分:一是台基与基座;二是幢身,刻有佛教密宗的咒文或经文、佛像等,多呈六角或八角形;

①② 《大正藏·卷 48·法器章第九》,第 1133 页。
③ 钟惠芳:《幢考》,《民族艺术研究》1999 年第 5 期,第 24 页。
④ 尹传香:《中国汉传佛寺园林的环境研究》,华中科技大学硕士学位论文 2007 年,第 65 页。

三是幢顶，装有幢刹，造型上受印度窣堵波建筑的影响，同时又融合了中国木塔、华表的结构，带有鲜明的本民族的特色。有的经幢被经营成造型优雅、雕刻精美的小石塔，成为一种带有宣传性和纪念性的艺术建筑。

灵隐寺现存两座经幢，建于北宋开宝二年（969），位于大雄宝殿前东西两侧。《建幢记》及附记中所载：石幢由吴越国王建造于北宋，原立于钱氏家庙奉先寺，后吴越国纳土于宋，奉先寺毁，乃于景佑二年（1035）由灵隐寺住持延珊迁建于今址。两经幢相距74米，皆为八面九层，仿木构楼阁式塔，现已残损，东经幢高8.05米，西经幢高11.89米，下部二层均为须弥座。幢身上刻"随求即得大自在陀罗尼"和"大佛顶陀罗尼"经文，幢上置华盖、腰檐、联珠、仰莲、伞盖、流云、复莲以及磐石等（图5-40）。

图5-40　灵隐寺经幢

金华法隆寺经幢，建于唐大中十一年（857），呈平面八边形，残高6.30米。幢基为两层须弥座，底层须弥座每边刻浮雕金刚力士像，怒目圆睁，作两手举托经幢状；上层须弥座束腰镌舍财造幢的善男信女姓名。幢身刻《佛顶尊胜陀罗尼经》和建幢记，并有宝盖、连珠、仰莲、勾栏、腰檐等构件。幢身顶部刻三层仰覆莲，莲瓣丰满，雕琢精细。华盖上雕有四位伎乐天，工艺精湛。现法隆寺已毁，仅存有经幢，其精妙的结构、高超的工艺彰显着寺院曾经的辉煌（图5-41）。

图5-41　法隆寺经幢

图5-42　麓梵天寺经幢

麓梵天寺经幢,位于杭州凤凰山南麓原梵天寺前,建于北宋乾德三年(965),共两座,南北对峙,相距 13 米,幢高 15.76 米。幢由基座、幢身、腰檐、短柱层及幢项五部分组成,用太湖石雕刻而成,幢身为八面,下为三层束腰基座,雕有覆莲、幡龙、菩萨像等。右幢刻《大随求即得大自在陀罗尼经》,左幢刻《大佛顶陀罗尼经》,并刻有建幢文。幢身上叠有华盖、腰檐、仰莲、联珠、三花蕉叶、平座、复莲、嫔伽及日月宝珠等构件,结构技术高妙,有较高的艺术价值(图 5-42)。

另外还有杭州龙兴寺经幢,建于唐开成二年(873),幢身呈八面,为杭州现存年代最久的建筑物。经幢高 4.20 米,由二层须弥座、幢身、腰檐、短柱、上檐、幢顶相叠而成,幢身为唐代书法家胡季良所书《佛顶尊胜陀罗尼经》。短柱上四面刻佛龛,每龛一佛二菩萨,其造像具有丰满、健壮、写实的唐代典型风格,非常罕见(图 5-43)。

经幢彰显着佛教徒的虔诚和浓烈的宗教气氛,而且营造了佛寺建筑空间上的隆重和威仪,古代保存下来的石幢在佛寺园林中应用很广。经幢的目的是宣传佛经,使人们增强对佛的信仰。这些经幢

图 5-43　龙兴寺经幢

不仅具有很高的历史价值、宗教研究价值,也丰富、和谐了园林景观,在自然化的佛寺园林中加入宗教元素。

4. 佛塔

塔是佛寺园林中常见的造园要素,又称"浮图""浮屠"。塔于公元 1 世纪左右由西域传入,在印度称为"窣堵波",意为墓冢、高显处、功德聚、塔庙、灵庙等,用来供奉高僧显德的舍利,是佛教徒顶礼膜拜的地方。初期佛教寺院,一座佛塔往往成为一座寺院的主体建筑,有寺必有塔。随着佛教建筑的兴起与发展,佛塔逐渐降低了重要性,寺院里甚至另辟塔院来建塔。

禅宗寺院的兴起,为阐明其教派宗旨,不立佛殿与佛塔,塔在佛教中地位降低,但并未导致塔的消失。相反,在佛教寺院中,塔常常作为一个主景出现,与周围环境相融合,丰富了寺观园林的轮廓线。高耸的佛塔往往成为寺观艺术构图的中心,在原本优美的景区内,作为一个点缀品出现,使环境愈加秀丽幽静,富含文化气息。

在印度,塔的造型十分简单,在地基上砌一个半圆形建筑物,顶上立一标志即可。塔传入中国,与中国传统楼阁建筑相结合,创造出具有中国特

色的楼阁式佛塔形制。梵华文化的结合首先产生了第一代楼阁式木塔,这种塔出檐深远,富于节奏;随着建筑材料的演变,木材变为砖石,出现第二代密檐式砖塔,这种塔首层很高,以上各层逐层变矮,常不设门窗;到了元代,随着藏传佛教的传播,产生了覆钵式喇嘛塔、金刚宝座塔等。

中国汉地佛塔一般由四个部分组成:地宫、塔基、塔身和塔刹。地宫是汉塔独有的"创造",用于珍藏舍利等法物。塔基包括基台和基座,它的造型随塔自身的变化而变化。一般说来,塔身为半球形覆钵,塔基为圆形(如印度);塔身为多角形,塔基也为多角形(如汉地);塔身为宝瓶形,塔基为方形(如藏区)。基台是较低矮的台子,基座则成为在基台之上的高大的座子,表示人们对佛法的尊崇,可以设佛龛或雕刻佛像。塔身是塔的主要部分,也是最具有汉地本土特色的部分,决定其为楼阁、亭阁、高台、密檐等形式。塔刹是塔的顶部,分为刹座、刹身、刹顶三部分,僧匠们往往加以精密的艺术处理。汉塔以楼阁式塔为主流形式,以体现汉文化的亭、台、楼、阁等建筑体的特征。

随着唐代禅宗寺院的兴起,佛塔在寺院里的地位也开始发生变化。笔者根据资料和实地走访,发现浙江省禅宗寺院的佛塔位置一般偏于寺观一隅,与周围环境相融,成为寺院的景点。如天台山国清寺古塔,位于寺院大门的西北侧,寺于隋代基础上建立起来,呈八角形,高九层,塔内空心(图5-44)。灵隐寺双塔,仿木结构形式,石块构造,建于宋代,平面呈八角形,共九层(图5-45)。温州江心寺双塔,分别位于寺院各一侧,东塔在东峰山上,西塔位于西峰山上,平面均呈八角形。木栏杆砖身,两塔远观巍峨大方,雄伟壮丽,其高大的体量和所处的地势使其成为温州一个鲜明的标志(图5-46)。

图 5-44 国清寺古塔

图 5-45 灵隐寺塔

　　普陀山多宝塔,为太湖石砌成,高 32 米,呈方形,共五层,基座平台的转角处及四周栏下饰有螭首。塔身每面雕有佛像一尊,全伽跌坐式,形象生动。塔刹为仰莲宝瓶。整座建筑具有浓郁的元代风格,成为普陀十二景之一"宝塔闻钟"(图 5-47)。

图 5-46　温州江心寺双塔　　　　　图 5-47　普陀山多宝塔

　　中国佛教寺院在附近或在院内以墓塔的形式开设僧侣墓园,也称为塔林。除了作为纪念功能外,还是佛寺园林中一处独特的园林景观。如灵隐寺的墓塔林,位于灵岩寺千佛殿西侧,为唐至清历代住持高僧墓地,依山而建,现存大小墓塔 167 座,另附志铭碑刻 81 通。按建造年代区分,计有唐初 1 座,北宋 6 座,金代 5 座,清代 3 座,皆为元明所建。各种墓塔大小不一,错落有致,各具时代特征。再如雪窦寺千丈岩塔林、阿育王寺塔林、江心寺塔林等,形状各异,有方形、六角形、圆柱形等,依序排列,成为寺院里一道观赏的景观。

　　5. 香炉

　　佛寺中的香炉是放置于露天外供信徒们烧香礼佛的容器,是寺院中的佛门法物。佛教传到中国,作为祭祀礼器用的香炉便普遍使用,上香也是佛寺祭拜仪式中的一个主要项目。香炉的真正起源已不可考,一般认为其起源于古代煮食的青铜器"鼎",或是宗庙祭祀的祭器,汉代出现的博山炉是现代香炉的始祖。

　　香炉的形制有方形和圆形两种。按材质分,主要有铁质香炉、铜质香炉、瓷质香炉以及石质香炉四种。香炉的大小、高矮也各不相同,香炉是燃香用的,供拜佛用,主佛位于主殿内,故放于主殿前的香炉最多。寺观无论大小,都有香炉,香烟袅袅,使拜佛者心绪宁静。各寺院大雄宝殿正门前的长方形大香炉,多是铜铁等金属铸造或石雕,炉身刻有该寺寺名,供信徒焚香之用。其精美的造型成为佛寺园林中轴线上一个亮点景观,同时也为渲染佛寺宗教氛围起到关键作用(图5-48、图5-49、图5-50、图5-51)。

图 5-48　净慈寺佛殿前香炉

图 5-49　阿育王寺佛殿前香炉

图 5-50　普陀山不肯去观音殿前香炉

图 5-51　普陀山南海观音像前香炉

6. 石灯

石灯,也叫长命灯、长明灯、无尽灯、续明灯,用来置灯、燃灯,是古代佛教寺院中一种敬佛的器具,是仪式的献灯。古时候,凡是大型寺院一般都建筑石灯,置于寺观的佛前、大雄宝殿之中、院子中间等重要位置,成为寺院中独立的建筑项目。石灯高2到5米,一般为平面方形或者八角形,有基座,较高的灯柱,柱身上雕刻各种式样,灯身为方形,四面开窗,顶部做顶。寺院每到节庆典日,便点燃油灯或者烛灯,以示礼仪。石灯流传到日本后,称之为石灯笼,多为信徒施舍敬造,数量特别多。在一些大寺院内,石灯排成数排。石灯一般材质为汉白玉,如净慈寺的石灯,平面呈八边形,四边雕刻天神,下方莲花衬饰,显得纯净、美观、细致(图5-52)。径山寺香道的石灯则体现出山林佛寺的野趣和质朴(图5-53)。石灯一般是非常珍贵的古建筑文物,不仅是对佛的礼敬,也是寺院中的一处景观。

图 5-52　净慈寺佛殿石灯　　　　图 5-53　径山寺香道石灯

7. 摩崖石刻

摩崖石刻艺术不仅给佛寺的园林环境增添了一道风景线,渲染了佛寺的宗教氛围,同时它还能给人们以艺术美的享受,让人回顾历史。这些石刻不仅在我国古代的造像艺术上占据重要地位,也给寺庙园林增添了浓烈的宗教艺术内涵。寺内岩石、洞壑、山溪、造像相互交织,给寺院渲染了虚幻的佛国世界,增加了寺院内部空间的文化氛围。

杭州灵隐寺飞来峰的摩崖石刻不仅丰富了寺院的景观空间,在中国石窟造像艺术中也具有自己独特的历史地位。唐代以后,中原战火弥漫,社会动乱。而地处两浙的吴越国,由于社会相对安定,经济发展,吴越国王崇信佛教,使杭州成了当时的佛教中心,凿窟造像蔚然成风。北宋开始,飞来峰造像兴盛起来,至元代更盛。它们分布于峰顶伏犀泉上、南金光洞(即射旭洞)、玉乳洞、龙泓洞内外和溪崖壁上,直至呼猿洞以西,共计 115 个佛龛,345 尊佛像。造像的目的,一为超度亡灵;二为祈求生者平安幸福;三为邀宠皇帝,为自身祈求仕途的发达。杭州造像艺术成为浙江省内最大的一处摩崖造像群(图 5-54)。

图 5-54　灵隐寺飞来峰造像

　　飞来峰的石刻造像不仅给人以单纯欣赏性的审美,同时它是为宗教服务的,它根据宗教的要求进行艺术构思,体现宗教思想,最终达到宗教的宣传效果。

(五)匾额楹联

1. 匾额

　　匾额集中国古老文化中的辞赋诗文、书法篆刻、建筑艺术于一体,其写景状物,言表抒情,寓意深邃,具有极大的文学艺术感染力。匾额一般为横式字牌,悬挂于建筑物的门头或厅堂、亭园等处。寺院殿堂中的匾额题名,具有弘扬教义、审美点景的作用。如净慈寺主殿有弘一法师手书匾额"具平等相",《往生论》中注:"平等是诸法体相"[1],佛认为诸生平等,没有高低、亲怨区别,众生都应平等无二,故为"众生平等"。《金刚经》中就有"是法平等,无有高下"[2]之说,弘一所填具有宣扬佛教教义,教化众生之意。

　　民国时书法大师张宗祥为灵隐寺题"妙庄严"额,给殿堂增添了无尽的佛理禅机。《西湖古今佳话》载,清康熙帝填写灵隐寺"云林禅寺"匾额时所流传的一段佳话:

---

①　《大乘无量寿经指归》,《往生论注》。
②　《金刚经》。

　　清圣祖至杭州时，一日幸临灵隐。寺僧乞书寺额，以彰殊宠，圣祖欣然濡翰，方书就"靈"字之上而截"雨"字，意中稍嫌笔势稍纵，虑下截或不相称。正踌躇间，高江村（按：即高士奇，钱塘人）学士在侧，乃书"雲林"二字于手中，故作磨墨状，以手向御案而立。圣祖瞥见之，大悦，即以其所拟书之。故灵隐寺又名"雲林寺"。①

　　其实《清史稿》《圣祖本记》中并无康熙题错匾额的记载，该典故应为民间戏说。据《云林寺续志》卷一所记，康熙二十八年（1689）二月，康熙南巡时，看到灵隐寺"山林秀色，香云绕地"，又因住持谛晖奏对称旨，遂取杜甫诗句"汉江终吾老，云林得尔曹"句中的"云林"二字题"雲林禅寺"。

　　2. 楹联

　　楹联，原为诗词演化而来。② 佛寺殿堂楹联大多出自名家之手，文以载道，风雅比兴，对偶工整，观者遐思联翩，证悟人生，楹联成为佛寺殿堂文化的一大特点。由于寺庙毁建，殿堂楹联大多于重建时布置。浙江名刹大多重建于清末，佛寺园林中的楹联从所表达的语义内涵来看，主要有以下几类：

　　（1）表达寺院的历史及其影响。如国清寺山门的楹联："古刹著城中创六代盛三唐宗风运播，名山传海外倚五峰临三涧胜迹长新。"③描述国清寺的悠久历史和美好景观。天童寺"天王殿"园瑛法师写的石柱檐联："溯晋代开山历唐宋元明清太白法灿辉海外，从佛门稽古计汉满蒙回藏天童僧光耀人间。"④描述了天童寺的辉煌历史和在国内外的深远影响。阿育王寺天王殿的石柱楹联："阿育造浮图其数八万四千惟斯独者，萨诃求舍利已历一十二代仰此常灵。"⑤写出了阿育王寺的历史及其在民间的影响。

　　（2）描述寺院的景观胜境。风景园林的意境往往是含蓄的、朦胧的，楹联是将风景园林意蕴传达给观赏者的很好的途径。如杭州虎跑门联："滴水声中，草木蓊然，试访移从南岳老泉眼；斜阳槛外，亭轩交至，当期绘就西湖新画图。"将虎跑的内部景致呈现在游人前面。净慈寺郑煜写的对联：

　　① 《西湖古今佳话》，转引自冷晓：《近代杭州佛教史》，杭州市佛教协会出版 1995 年版，第 314 页。

　　② 冷晓：《近代杭州佛教史》，第 315 页。

　　③ 张嘉梁：《浙江寺院文化概述》，《宁波大学学报（人文科学版）》1994 年第 2 期，第 19 页。

　　④⑤ 张嘉梁：《浙江寺院文化概述》，第 19 页。

"松韵鼓笙簧,和南屏之晚钟,清如雅奏;禅心开定慧,对雷峰之夕照,湛若明生。"描绘了净慈寺的特色和景致。瞿佑《南屏晚钟·买陂词》,描绘了净慈寺外西湖的秀丽景色:"西湖暮天云敛,夕阳冉冉西坠,落霞孤鹜齐飞处,认得南屏古寺。行乐处,便一霎柳花,催暝松烟翠。钟声三四,见竹院僧归,兰舟人散,寂寞风城闭。"

(3)阐发佛理。如净慈寺大殿联:"得值万亿诸佛,悉皆供养承事无空过者;所有一切众生,令人无余涅槃而灭度之。"在天童寺大殿佛龛两旁由住持明旸法师书写的对联:"深具慈忍力,大肚能容,容天下难容诸事;广结欢喜缘,满腮含笑,笑世间可笑之人。"净慈寺济公殿楹联:"酒肉旧生涯,是佛家游戏神通,隐示当头棒喝;湖山新卜筑,借此地遗留醉迹,来听向晚钟声。"

(4)描述佛寺禅境。如杭州云栖寺楹联:"身比闲云,月影溪光堪证性;心同流水,松声竹声共玄机。"再如金华大佛寺临三面山岩,松竹互攀,游人至此,如入仙境,其山门联:"钟喝鼓鼓应钟钟鼓声声入云去,松援竹竹攀松松竹翩翩迎客来。"净慈寺大殿楹联:"大堤垂柳青,到寺门安排一角,灵山供养,庄严法相,四序常春,尽好湖壖留净土;前坞斜阳红,分莲座照澈八功,德水转旋,寂默金轮,六时俱念,又从云外吼清钟。"中天竺楹联:"野鹤闲云,喜到人间净土;镜花水月,频添此地清光。"

楹联是佛教文化的精髓,以书法镌刻形式出现的匾额楹联是园林景观中人文艺术的直接表现,反映了造园历史和造园设景的文学渊源,具有很高的审美价值。佛寺园林中的匾额楹联是创作意境的重要手法,在风景园林的自然美、形式美中注入更多的历史文化因素,借助于自然山水,利用建筑、植物、小品巧妙地点化出景中之情、境中之意,丰富景观,唤起联想,达到情景交融的境界。

(六)其他

佛寺园林的构景元素丰富多彩,除了石碑、佛钟、经幢、佛塔、香炉等景观小品之外,还有一些如水缸、铁锅、石磨等具有一定历史的生活用品,也构成了佛寺园林空间中的景观点缀。如天童寺殿内明崇祯年间的"千僧大铜锅",直径2米多,深1米多,重两吨;净慈寺佛殿前广场台阶下有开挖于南宋绍定四年(1231)的左右双井,以及运木古井,传说济公就是从井底运出建寺所用的木材。这些富有生活情趣的小物件、小器皿,不仅可以让人们了解佛寺历史,也活跃了寺观园林环境,让游人在浓厚的宗教氛围中感受世俗生活的乐趣。

本章小结

　　追求环境景观的园林化,营建和创造寺院优美的园林景致,这是禅宗寺院区别于佛教其他诸宗寺院的一大特色。本章重点研究禅寺的引导空间、宗教空间和园林空间的形式和营建手法。中国的建筑一向重视正门入口处的规划设计,寺庙利用引导空间作为佛寺整体序列的引子,用以孕育香客游众的宗教情绪和游览兴致,循序渐进地展开寺院宗教空间内容,突出等级森严、对称规整的宗教空间特色。寺内园林环境空间充满了山林的野趣和空幽的禅境,自由灵活的园林布局方式,多样化的景观小品,不仅冲淡宗教空间的森严沉闷气氛,也使寺院空间丰富多彩,创造出佛家无边的禅境,古代造园家给我们提供了优秀的借鉴。寺观园林的构成要素建筑、廊院、亭、台、楼、阁等建筑形式,以及佛钟、佛塔、香炉、经幢、摩崖造像、石碑等宗教小品给佛寺园林空间中的景观起到点缀作用,烘托了佛寺的宗教氛围。现代园林中的理水置石、植物景观营造不仅给佛寺创造了幽美的修行环境,在构景上把中轴对称、严谨、庄重、森严的宗教空间变成生趣盎然,充满艺术趣味的观赏空间,寓禅境于景观之中,景观丰富了禅境的内容,也使游客或信徒在无形中接受禅家意境的熏陶。

第六章　浙江禅宗寺院环境保护和利用规划

　　自然环境是人类赖以生存和发展的物质基础。在漫长的历史发展过程中，人类不断地从自然界获取物质资料和生活资料，不断地改变自身的环境。从原始农业出现后，人类利用和改造自然的能力不断增强，而人类对环境的破坏也日益显著。然而，根据文献记载，在古代社会，人们便已认识到自然环境和人类活动之间的关系，人们在生产实践或社会活动等方面便开始有意或无意地保护环境，懂得利用自然之道，遵循自然法则。中国古代的寺庙也在环境保护这一块做出了一定的贡献。佛教寺院择址于山林，在环境营造方面自觉地遵循自然地形，注重自然水体利用，因势利导，植树造林，美化环境，将生活与观景相结合。在理论方面，佛教提倡"众生平等""草木皆灵""青青翠竹，尽是法身；郁郁黄花，无非般若"，将自然与修行相联结。

第一节　浙江禅宗寺院保护和利用的意义

一、延续城市历史文化遗产

　　佛教传入中国以后，浙江是中国佛教发展最盛的省份之一。浙江素有"文物之邦"之美誉，具有极其丰富的佛教文化资源，在历史上有近1800年的佛教史，佛法盛行，高僧大德辈出，古寺名刹遍布。

　　浙江寺院在全国占有重要地位。南宋宁宗时，由于史弥远的奏称，评定寺院等级，规定"五山十刹"，其中五刹为杭州径山的兴圣万寿禅寺、灵隐山的灵隐寺、南屏山的净慈寺、宁波鄞州区天童寺、宁波阿育王寺，十刹中杭州中天竺的永柞寺、湖州的万寿寺、奉化的雪窦资圣寺、温州的龙翔寺、金华的宝林寺、天台的国清寺都位于浙江。明代,浙江的普陀山被列为四大名山之一,历经修建,现今以普济、法雨、慧济三大巨刹为主。全山清代有庵 240 座,民国有庵 88 座,茅蓬 128 座,被誉为"海天佛国"。"浙江的不少寺院又是佛教宗派的祖庭;绍兴嘉祥寺是三论宗祖庭;天台的国清寺是天台宗的祖庭;宁波天童寺是曹洞宗的祖庭;杭州径山的径山寺是临济宗的祖庭。"①这些佛教圣地享誉中外,都是十分珍贵的文化遗产,具有很高的文化价值。

明清时期的一些著名的寺庙,反映了当时浙江经济文化的高度发展。寺庙有精工华丽的木构造结构,豪华气派的古建筑,浑厚的重檐歇山顶,精致雅丽的油漆彩绘装饰,传神的塑像,肃穆神秘的古塔经幢、摩崖造像,另外还有绘画、铭刻、图书、对联、诗词、书法等十余类文物,是研究古代历史和艺术的宝贵资料。这些因素使浙江寺庙成为名胜园林,国外有的建筑师则称之为"东方的巴黎圣母院"。

爱默生说:"城市中的历史文化遗产就代表了一座城市的记忆,它是不可再生、不可还原的文化资源,是具有历史、艺术、文化价值的杰作。"②当代城市中的历史文化遗产,蕴含着一段记忆,延续着城市的历史文脉,体现了城市的个性与历史的厚重感。这些佛寺园林丰富了浙江的历史,也丰富了中国传统的园林建筑。时至今日,这些寺庙建筑仍然屹立于浙江,展现其独特魅力,向人们传递着它曾有的历史底蕴。对历史文化遗产进行合理的开发利用,不会减低或损毁其历史文化价值,反而有利于对其进行更好的保护,也是拓宽和延续古建筑遗产的核心内容,无论从保护或是利用的角度,都是对古建筑遗产自身价值的提升。

二、弘扬民族宗教文化

寺庙是僧人弘扬佛法的道场,是修研、参透佛理禅机的圣地,也是僧人造福人类社会的活动基地,是团结联结国外佛教徒的纽带。"南朝以来,浙江佛教繁盛,举世瞩目,吸引了许多国家尤其是日本和高丽的僧人前来学习,三论宗、天台宗、曹洞宗、临济宗等都是从浙江传到日本。日本天台宗认国清寺为祖庭;日本曹洞宗认宁波天童寺为祖庭;日本临济宗认杭州径

---

① 张嘉梁:《浙江寺院文化概述》,第 16 页。
② 朱军:《城市历史文化遗产的功能定位与保护——以武汉大学老建筑和上海"老洋房"为例》,《江汉论坛》2011 年第 10 期,第 21 页。

山、天目山为祖庭；朝鲜的天台宗、华严宗、南山律宗、法眼宗也是由浙江传入。"①

　　"文革"后，随着党中央对佛教政策的恢复，充分发挥其多方面职能。十几年来，浙江佛教迅速获得蓬勃发展，佛教作为我国传统文化的重要组成部分，在历尽劫波之后，仍然保存其独特的文化魅力，体现着中国传统文化的价值。淳熙十四年（1187），日本临济宗创始人荣西入宋，从学天童寺长翁如净（1162—1228），并于 1227 年归国，创立日本曹洞宗佛教，迄今日本曹洞宗尊宁波天童寺为其祖庭，并视如净禅师为祖师。近十余年，曹洞宗僧人频繁参拜天童寺，并朝拜净慈寺祖师塔。唐贞元二十年（804），日本高僧最澄入唐至天台山，师从道邃，次年回国后，在日本京都比睿山创立日本佛教天台宗。1975—1989 年，日本天台宗座主山田惠谛曾先后四次到天台山朝拜祖庭。浙江佛教界也不断组团访问日本，宁波阿育王寺住持唯觉于 1979 年和 1987 年两次访问日本。1996 年 9 月 30 日，以天台山国清寺方丈可明大和尚为团长的浙江省佛教代表团，赴日本天台宗大本山比睿山延历寺，参加日本天台宗举办的智者大师圆寂一千四百年纪念法会。浙江还和韩国、东南亚、中国台湾及港澳等地的佛教界交往密切，不断弘扬中国的佛教文化。

　　文化是民族之魂，从世界现代化进程来看，美国、欧洲各国、日本等都经历了从中古、近代到现代社会的转型，现代性和世俗性没有妨碍它们对宗教文化的继续吸引和弘扬。它们不仅没有抛弃和否定其文化传统中的宗教，而是将宗教多元化结合进今天的社会结构之中，维护其道德规范，成为其文化传承和社会的重要精神支撑。宗教文化的包容性和互通性，使其具有强大的感染力和影响力，为社会提供保障，这是其他层面的文化所难以取代的。宗教的文化传承影响促进和维护不同民族之间的交流和团结的物质基础，影响着社会安全、政治安全和文化安全，因此保护和利用好佛教文化资源也是促进中华民族和谐发展的一个重要方面。

三、美化城市人文景观

　　佛教寺院对环境的美化层次较高。首先，自佛教传入中国后，寺院修建数量不断增多，有些时期寺院的数量达到令人吃惊的地步。北魏后期，寺院已遍布北方全境，迁都洛阳后，二十年时间寺院增至 13700 多所。东

---

　　①　陈荣富：《浙江佛教史》，第 12—13 页。

晋南朝以后,江南佛教普遍发展起来,仅建康一地就有寺 500 余所。至唐武宗会昌灭佛时,下令拆除的寺院达 4600 余所,招提、兰若 40000 余所。历史上各个时期的寺院,遍布城乡,景色秀美,即使是山野小寺,其美景也是令人流连忘返。杜牧诗曰:"南朝四百八十寺,多少楼台烟雨中",正是江南佛寺园林景致的真实描写。刘禹锡诗曰:"何处深春好,春深兰若家。当香收柏叶,养蜜近梨家。"①佛寺优雅的环境、宜人的景致以及清闲的空气,为人们提供了良好的休闲浏览的场所。

其次,寺庙园林中所蕴含着的禅文化意境,是中国传统文化独具特色的组成部分。从初唐开始,随着禅宗的发展、禅寺的兴盛,禅寺中心由城市向山林转移,"天下名山僧占多",而绝大多数指的是禅僧禅寺。当城市的佛寺走向唐以后的山林禅寺,中国佛教寺院在内在气质和内容上发生了改变:山寺以远居山地为特色,远离世俗凡尘,其独特的生态环境景境和氛围是其他寺庙宫观所难以比拟的。佛教寺庙环境园林化是一个十分突出的特色,而浙江山林禅寺在南宋时都是名山大刹,都是著名的游览胜地。因此,浙江禅寺具有鲜明的地域特征,禅寺择址于山林地带,点缀在重峦叠嶂之间,掩映于崇山峻岭之中。寺内殿宇楼台、亭池水榭、曲径通幽,庙之外则古木参天、花草相映、树影婆娑。寺庙园林环境汲取了中国自然山水园林独特的风格内涵,造就了独特的景观和人文环境氛围。寺院布局因地制宜,注重风水影响,将寺庙与优美的自然环境融为一体,优雅的景观与独特的宗教氛围给城市塑造了特殊的人文景观。

最后,寺院园林对于环境的美化,尤见功效于城市中。城市的最大特点是人口众多,是一个集自然、社会、经济于一体的复合生态系统。在这个生态系统中,消费的量很大,而分解得很少,城市的大量固体废弃物的排放改变了其原有的生态平衡,城市周边森林和植被不断地遭到破坏。宗教园林绿地除了具有基本的美化和观赏功能,还有一定的环境资源价值,如改善小气候、保持水土、降低噪音等。植物配置形成的人工自然植物群落,在很大程度上能够改善城市生态环境,提高居民生活质量,并为野生生物提供适宜的栖息场所。

历史上,文人也与寺僧之间有较为广泛而深入的交往,直接参与寺庙园林的营造活动,并形成了亦僧亦俗的状况。文人有着较高的文化素养,文人参与佛寺建设,成为寺庙园林发展的一个巨大推动力。寺庙园林中有大量人文典故、神话传说、诗词歌赋等为主题的景观,不仅增加园林的文化

---

① [清]彭定求等:《全唐寺》卷 357,人民文学出版社 1981 年版,第 367 页。

氛围,同时,这种人文资源往往是带有地域性的,能够突出园林的地方特色。宗教建筑与植物相映成景,宗教文化与院内景观相互呼应,使历史与宗教古迹沉淀在幽静的园林景观中,也形成了一道浓郁的城市人文景观,吸引着大量游客进香、旅游观光,并成为城市的特色和象征。城市特色从城市的文化底蕴发掘而来,不局限在表面之上。一座城市的特色也不是人为短期所能形成的,而是随着现代化的进程而发展,同时也是一个保护自己历史的进程。

第二节　浙江禅宗寺院保护和利用的理论依据

一、文化遗产保护的原则

世界文化遗产保护的两个非常重要的原则,即原真性和完整性。《世界遗产公约实施行动指南》中明确规定:原真性指文物古迹的修复和保护,完整性指自然遗产的保护。原真性和完整性原则既是衡量遗产价值的标尺,也是保护遗产所需依据的关键。张成渝曾说:"无论从当今世界遗产事业发展趋势看,还是从中国的世界遗产往往兼具历史文化积淀和自然山水之胜的鲜明特点看,中国当前的世界遗产早报、文物保护和风景名胜区规划与利用等重要问题,都需用'真实性'和'完整性'的双重原则来面对。"①另外,在对寺庙进行保护和开发的过程中,还要遵循合理定位原则,根据不同类型遗产自身价值的侧重不同,合理考虑其差异性和特殊性。

(一)原真性原则

阮仪三在《城市遗产保护论》中提出原真性原则。原真性的本义即表示是真的、忠实的和神圣不可亵渎的。"它所涉及的对象不仅包括有关文物建筑等历史遗产,更扩展到自然与人工环境、艺术与创作、宗教与传说等。"②

原真性是国际公认的文化遗产评估、保护和监控的基本因素,由联合

---

① 张成渝:《〈世界遗产公约〉中两个重要概念的解析与引申——论世界遗产的"真实性"与"完整性"》,《北京大学学报》(自然科学版)2004 年第 1 期,第 129—138 页。

② 阮仪三:《城市遗产保护论》,上海科学技术出版社 2005 年版,第 2 页。

国教科文组织在《保护世界文化和自然遗产公约实施条例》中首先提出,包括设计的真实性、材料的真实性、工艺技术的真实性以及环境的真实性。原真性不一定强调是原初的状态,对于建筑来说,也包括后来对它的修缮,以及在物体上留下的历史痕迹等。世界遗产委员会明确规定对申报世界文化遗产的项目,必须在设计、材料、工艺和环境四个方面检验原真性的要求。建筑艺术、景观艺术以及附属于文物的造型艺术品,包括雕刻、壁画、塑像等应保持其在各方面的原真性,包括原来的平面布局、原来的造型、原来的艺术风格。

任何一个物体,在历经一段历史后,其本身都会承载着那个区域丰富的文化信息。无论是一座城市,或是一座城市里的寺庙,其蕴含着的历史文化信息,都会对社会发展和人们的思想意识文化产生重要的影响。文化遗产中,最重要的一项大概就是其历史价值了。它使丰厚的历史和生活具有重要作用并对人们的意识产生重要影响。这些信息和资料是人们认识了解文化资料的承载体,岁月让它不再保持其原来的状态,但其改变的内容或经过修复的外表也为人们提供了一段珍贵的历史信息。

对文物的所有保护措施都必须遵守不改变文物原状的原则。不改变原状,不是只是指它的原始状态,同时也强调其所处的自然和社会环境,包括保存现状和恢复原状两方面的内容。2000 年国家文物局颁布的《中国文物古迹保护准则》①第 21 条规定:"保护现存实物原状与历史信息。修复应当以现存的有价值的实物为主要依据,并必须保存重要事件和重要人物遗留的痕迹。一切技术措施应当不妨碍再次对原物进行保护处理;经过处理的部分要和原物前一次处理的部分既相协调,又可识别。"②通过修缮等活动,修复人为造成的损伤,保护其历史信息的全部真实性,遵循以不改变文物原状的原则。

对佛寺环境的修复和重建主要在于对其历史情况的了解,保存其原来的建筑形制、结构、材料和工艺技术,将损毁降至最低限度。修复和重建不是为了追求华美,也不是改变文物的原状,而是以还原出佛寺园林真实的历史与现状为基础。可以在原址上重建,因地制宜地考虑,去除后代修缮中无保留价值的部分,包括加固、修整,恢复到一定的历史时期的状态,以保持寺院环境真实性。

---

① 《中国文物古迹保护准则》,国家文物局,2009 年。
② 《中国文物古迹保护准则》,国际古迹遗址理事会中国委员会发行 2002 年版,第 7 页。

（二）完整性原则

"完整性"一词的英文为"integrity"，来源于拉丁词根，原词根有两层意思，其一为安全的，二为完整的、完全的。在《威尼斯宪章》中，"完整性"第一次出现于国际文化遗产保护宪章。其第 14 条规定，古迹遗址必须成为专门照管对象，以保护其完整性，但决不能改变其局部状态、拆除或改动，并确保用恰当的方式进行清理和开放。完整性作为遗产保护原则，最初用于评估自然遗产。任何遗产的保护都要和自然环境联系在一起，与环境共生。因此，保护遗产就必须对周围的有机组成环境统一规划，保持整体风貌。

完整性意味着文化遗产的保护对象呈逐渐扩大的趋势。原真性的意义在于客观、历史地看待和认识遗产，对文化遗产在艺术、审美、科学等方面的价值加深理解。而文化遗产自身与文化背景往往和自然环境之间是相互关联的，完整性则正是为了保护这种关联。"最初人们保护纪念物的历史和艺术价值以满足精神和审美需求；之后为了保护纪念物的艺术与科学价值的安全而保护其周边环境；进而发展为保护历史地段和历史城镇以保存更多的历史信息；逐渐人们又意识到，仅仅依靠历史地段和历史城镇的物质形态和依附于之上的历史信息不能满足实现文化多样性的需求，所以开始重视历史地段的文化氛围和功能发展。"[①]

中国佛教寺院历经千年保存至今，寺院现存的木构建筑群雄伟、堂皇、庄严、和谐，其平面规划布局与立体效果为世上罕见。石刻、经幢、佛塔等文物都是古代匠师无与伦比的杰作，保留着不同的时代信息，记录了寺院变迁的历史沧桑，完整地保持其物质结构的完整性，包括地形、建筑、绿化等自然和人工要素。寺院延续和承载了文化脉络，包括人类活动的内容及影响，并由此实现遗产地区的复兴，这也是佛寺文化遗产保护的最终目标。

（三）合理定位原则

在具体的保护实践中，不同类型的遗产体现其自身价值的侧重不同，每座历史文化遗产都有其差异性和特殊性，要对其进行合理保护和开发，就必须首先对这些建筑进行现代化的功能定位。佛教寺院不但是主持佛法、清静修行的道场，也是弘扬文化、净化社会的基地。文化资源是佛教寺

---

① 　镇雪锋：《文化遗产的完整性和整体性保护方法》，同济大学硕士学位论文 2007 年，第 45—46 页。

院开发中比较重要的一种,佛教文化资源包含历史人文景观和丰富的自然资源景观,如建筑、古迹、植物、山体等,这些是塑造城市经济文化的一大亮点。不同的佛寺由于其不同的历史和地理位置等因素,有的以人文资源为主,比如有着深厚历史根源的千年古刹;有的以自然资源胜,如寺庙周围的自然景观;但绝大多数禅寺都是兼具人文和地理自然环境优势。因此在佛寺资源保护和开发上,关键是合理定位人文资源与自然资源的优势,突出佛寺自身的环境特点。

历史文化遗产不能同大众相隔离,它承载着社会文化信息,首先应满足人的需求,不能脱离该区域的文化历史,而是应尽可能地为大众服务。历史建筑与围绕着它的空间环境以及人类需求是不可分离的,因此,文化遗产应达到功能多样化,以满足不同社会的需求。而有些佛寺在遗产保护和开发过程中,往往追求经济利益最大化,大搞地方旅游业,使寺院丧失其应有的宗教功能。对文物景点过度开发利用,无视其功能定位,从而使历史文化遗产因承受过重的压力而面临破坏,因此违背了文化遗产保护和开发的初衷。判断其文化遗产的功能是否定位成功,要看其是否与现有文化实行对接,将历史与现实相连接,充分利用历史文化资源来提高城市的文化内涵,增强其开发利用的竞争力,满足社会的发展需求,延续城市历史文脉,促进该地区的文化活力。

佛教寺院环境的保护、发展定位,除了要遵循其历史以及资源特点外,还要考虑人的影响因素。在保护与发展开发过程中注重社会各方面人的因素,要保护该地区文化的多样性,因地因时制宜。在保护过程中同时对内容进行合理定位,注重实用性、真实性和完整性,还原出符合佛寺园林真实历史与现状的园林环境。

二、我国寺庙保护与利用的相关法律法规

为了加强对历史文物遗产的保护,我国政府先后颁布了《中华人民共和国文物保护法》《中华人民共和国文物保护法实施细则》《中国文物古迹保护准则》《纪念建筑、古建筑、石窟寺等修缮工程管理办法》等法律法规,来规范对寺庙文物的管理。

此外,中国佛教协会第六届全国代表会议于 1993 年 10 月 21 日通过了《全国汉传佛教寺院管理办法》,以加强寺院管理,维护寺院合法权益,保证佛教活动正常进行。《全国汉传佛教寺院管理办法》规定,除了安排寺院僧人的工作、生活外,对寺院的文物,包括古建、碑偈、灵塔等,确定文化价值

和级别，以专人负责管理；对有重大价值的宝物，应采取特殊措施，避免人为损坏；同时要求寺内的文物保管人员接受专业指导，提高文物管理和保护的水平。

2005 年 11 月 18 日，《浙江省文物保护管理条例》于浙江省第十届人民代表大会常务委员会第二十一次会议通过。《浙江省文物保护管理条例》规定，对于古文化遗址、古建筑、石窟寺等，应抢救第一，合理利用；修缮、保养、迁移、使用不可移动文物，必须遵守不改变文物原状原则，不得损毁、改建、添建；对于有重大价值的文物，应采取特殊措施，避免人为破坏；对文物保护工程施工应当按照文物行政部门批准的工程设计方案进行。

另外，国家宗教事务局还特地对宗教场所的消防工作做出规定，以防重大火灾所造成的损失。所有宗教场所必须配备必要的消防措施，所有宗教活动自觉接受消防部门的监督。并颁布《进一步规范全国宗教旅游场所燃香活动的意见》，各宗教团体发出文明燃香倡议，加强燃香活动专项治理和联合检查，严厉打击强拉游客烧香许愿、骗取钱财等违规违法行为，规范旅游市场秩序（第二条），规范燃香地点、敬香数量、敬香规格和敬香形式。倡导游客和进香群众选用符合安全、环保的规格要求的香类产品，树立文明燃香风气等（第五条）。

第三节　浙江禅宗寺院保护和利用的模式

一、对禅寺保护的几种模式

（一）修缮和重建

"中共十一届三中全会以后，浙江省首先整修了灵隐寺、净慈寺、上天竺法喜寺、中天竺法净寺、下天竺法镜寺、阿育王寺、天童寺、七塔寺、雪窦寺、国清寺、江心寺、新昌大佛寺、普济禅寺、法雨寺等享誉中外的千年名刹。同时全省各地也相继整修或重建了大批寺院，其中许多寺院在历史上都有过辉煌的历史。"[1]

佛寺保护的核心内容在于尊重其历史风貌，全面地保存并延续其历史

---

① 陈荣富：《浙江佛教史》，第 641 页。

信息及全部价值。径山寺为唐天宝年间,名僧法钦结庵于此,创建道场,建寺以来寺院已有 1200 多年历史。至南宋嘉定年间,大慧宗杲中兴后,被评定为江南禅院"五山十刹"之首,名震中外。寺院曾六毁六建,清代最盛时下属庵院达一百一十二处,接待寺七处,由于战乱、兵火,寺院遭毁。"文革"中进一步受到破坏,寺院原有建筑已经很少。目前,随着余杭区旅游发展战略规划与实施,径山寺被列为大径山风景旅游区建设的重点,浙江省政府批准寺院在原址上重建。1992 年开始,目前已复建 2 万多平方米的宋代风格建筑,并对外开放。净慈寺在"文革"中遭到破坏,佛像被捣毁,前大殿和济公殿被拆除,运木古井被填平,后寺又被部队征用。1982 后,寺院被归还,开始了整修过程,先后修复了金刚殿(天王殿)、大雄宝殿、三圣殿(原藏经阁)、御碑亭、南屏晚钟亭、钟楼、客堂、运木古井、照壁、放生池等。1986 年又重建寺院钟楼,接受日本永平寺捐助的一口铜钟,重新恢复了沉寂了半个多世纪的"南屏晚钟"之景。中天竺法净寺是古印度僧人宝掌于隋开皇十七年(597)建立的道场,明代时期,寺院四毁四建,清代,太平军攻城时被毁。"文革"后,杭州市佛教协会接管该寺,并对其进行积极整修和重建,已修复观音殿、后大殿等。至 20 世纪 90 年代,修复面积已达七千平方米,并作为重点寺院对外开放。宁波天童寺,晋永康元年(300),名僧义兴在此结茅传法,唐开元二十年(732)开始建。南宋以后,天童成为禅寺重要寺宇。"文革"期间,寺院毁坏严重,寺舍关闭。从 1978 年起,政府拨款,修复殿堂,恢复旧观,使寺院重现辉煌,并作为重点寺院对外开放。宁波阿育王寺,晋太康三年(282)始建一塔,南朝宋元嘉二年(425)创建寺院,南宋时发展为"五山十刹"中"五山"第二。后因战争、兵火,寺院毁坏。"文革"期间,寺院佛像、法器被毁,殿舍移作他用。从 1979 年起,寺院开始修复,至 1995 年,已累计修复扩建殿、堂、楼、阁六百余间,修建天王殿、大雄宝殿、舍利殿、阿耨达池、佛塔等建筑,重现佛寺昔日光辉。

古建筑的保护和修缮是一门复杂且高深的学科,修缮古建筑要用原有的材料、原有的技术、原有的工艺,这是贯彻文物修缮原则、搞好文物古建筑修缮的根本保证。通过技术和管理的措施,评估鉴定其历史文化价值,修缮自然力和人为造成的损伤,禁止伪造或局部改变,制止新的破坏,去除后代修缮中无保留价值的部分,恢复到一定历史时期的状态,并保养、修缮和维护,恢复文物古迹的历史环境。1952 年,浙江省政府成立了"杭州市灵隐寺大雄宝殿修复委员会",对创寺于晋成帝年间的灵隐寺主持修复工作。因灵隐寺所处环境阴湿度大,就改原砖木结构为钢筋水泥结构,并将大殿原来的"三佛两胁持"佛像改为一尊释迦牟尼像,与巍峨的佛殿相映衬。

"1987年开始实施《灵隐寺总体规划》,按'伽蓝规制'纵深布局,完善环境,复建重要殿堂,力求恢复历史旧貌。中轴线形成五重格局:天王殿、大雄宝殿、药师殿、藏经楼(法堂)、华严殿。并向两翼布局:先后建成线刻五百罗汉堂、道济禅师殿、客堂(六和堂)、祖堂、大悲阁、龙宫海藏,并于原罗汉堂旧址重建五百罗汉堂,陈列平均身高1.7米的五百青铜罗汉,堂中央另建12.6米高的四大名山铜殿(已列为上海吉尼斯纪录)。"[①]

(二)改善基础设施,加强环境绿化

随着社会经济文化的发展进步,人们对环境品质的要求越来越高,一个好的园林绿化环境,更能扩充佛寺自身的韵味以及环境修养。景区内常绿、落叶、阔叶混交林,构成了茂盛的自然森林植被,整个景区绿荫环抱,自然清新,优雅的环境为人们提供了良好的游览场所和休息娱乐的去处。景区中相当数量受保护的香樟、枫香、银杏、二角枫、皂荚等古树名木,具有较高文化寓意,体现了佛寺环境景观的文化特色。

基础设施的不完善将会严重影响景区环境质量,如灵隐寺景区两条重要的景观溪流南涧和北涧,"长期以来,由于当地人不断开采地下水,导致地下水干枯,溪水干枯,也使灵隐景区的双涧溪流景观消失。为了保护自然景观,在西湖茅家埠水域修建泵房,引西湖水至南涧上游,另一路引西湖水至北涧上游,同时,对上游的溪水进行治理,通过疏浚、加固驳坎、防渗等措施,禁止开采地下水,最终再现了灵隐景区两大溪涧的双流景观,并设置沉砂池、滚水坝等,使溪水自上至下流向西湖,形成良好的水源生态循环。"[②]

因此,在佛寺的修复中,结合未来的实际使用情况,加强寺院景区在铺装小品、电力电讯、排污消防、夜景照明等方面多种配套设施建设,改善佛寺景区的交通设施,完善内部交通组织,将排水系统、电力电信系统同道路系统的建设相结合,满足了景区发展需要。

(三)加强禅寺周边民居村落的景区建设

在旅游市场中,最富有价值的就是旅游地点富有特点的文化展演。经济发展相对落后的地区,往往蕴含着丰富的文化资源,保留着该地区的原

① 《杭州佛教园林——灵隐寺》,第59页。

② 隆晓明、张军:《自然景观与人文景观的交融——记杭州灵隐景区综合整治工程》,《中国园林》2008年第10期,第95页。

真性。佛教圣地往往蕴藏着具有地方特色的民居村落,它们的形成、发展虽无从考证,但这些山地民居即是佛寺景区不可再生的资源,它们拥有着浓郁的地方特色,依山而建,傍水而居,分散隐蔽,小巧玲珑,与自然环境相协调。

如法云古村,相传它是杭州历史上最早的居民聚居处,紧邻灵隐寺,是灵隐景区中不可缺少的一部分。加强对佛寺民居的保护和修缮,整治、充分利用和改造原有民居,使用石头、泥土、木头等材料还原村庄建筑风格,让村与佛寺融为一体,体现出佛教文化特色的山地村落的景观环境。位于北高峰山脚的白乐桥农居点是整个灵隐景区保留最为完整的村庄,通过整治,拆除部分建筑和违章建筑,形成白墙黛瓦的村落格局,和整体景区环境和谐统一。另外,政府还修复了上天竺、中天竺、下天竺的法喜寺、法镜寺、法净寺三座寺庙的"香市一条街",并力图恢复旧时街区的建筑风格,在天竺路两侧修建木结构店铺,使"香市一条街"恢复旧时的繁华景象。

将与文化密切相关的自然生态村纳入保护目标,以旅游与文化遗产保护相结合,也有利于当地人依靠旅游业改善生活。这也是文化遗产与现代相契合,适应时代,重新焕发活力的重要措施。

(四)保持禅寺自身特色

每个禅寺都有其自身的特色,千年古刹保留下来的建筑或其他文物都是佛寺遗产之精品,其中蕴含着的历史文化内涵是研究我国建筑的艺术非常珍贵的实物资料。对于这些特色建筑,首要任务是文物保护,其次才是为了满足旅游观光的需要。

如宁波天童寺建筑规模延续了明代后期的格局,所有建筑都按照古寺庙建筑的形式,古朴庄严。其建筑最大的特色是中轴线上各殿堂之间均以长廊相连,一入寺门,通过长廊便可到达任何一处,这在我国现在寺庙中非常罕见。奉化雪窦寺因布袋和尚的传说而名闻天下,中国佛教界一直把五代时期的布袋和尚看成是弥勒菩萨的化身。相传布袋和尚为浙江奉化人,自称名契比,笑口常开,常携一布袋化缘。布袋和尚的形象流传至宋代以后,江浙一带的寺庙开始按契此的形象来塑弥勒佛像,并逐渐流行于中国。雪窦寺与其他寺院不同的是,大雄宝殿内的佛像供奉着弥勒菩萨,而且与其他寺院袒胸裸腹的形式不同,是正冠端坐在佛殿正中。"因此,《佛学辞典》主张让雪窦寺作为弥勒道场,成为与普陀观音、五台文殊、峨眉普贤、九华地藏等四座菩萨道场齐名的中国佛教第五大名山。"①

浙江新昌大佛寺以石雕弥勒大佛闻名。据《新昌县志》载，弥勒大佛开凿于南北朝齐梁年间（约 486—516），被誉为江南第一大佛，是全国屈指可数的几尊石雕大佛之一。巨佛与周围的幽美景观融为一体，吸引无数游客。天台国清寺尚存有清代重建殿宇 14 座，建筑最有特色的是有"近 2000 米的廊沿贯穿全寺，通道廊沿有挑檐廊、连檐柱廊、重檐柱廊、双层柱廊、单层柱廊、双层双檐廊等，集中了我国古代建筑中各种廊沿形式。廊沿互应，禅门重重，高低错落，明暗相间"②。

（五）功能置换

旅游功能和宗教功能很大程度上决定了佛教寺院的发展方向。根据佛寺本身的特色进行功能置换，或开发旅游产业，或归文物部门保管，将佛寺中一部分功能置换为博物馆，以充分保留和发挥佛寺的历史文化意义，作为征集和典藏人类文化遗产的场所，在文化遗产保护和研究中具有不可替代的重要作用。随着社会的不断发展，博物馆已经成为保管城市历史文化的重要公共设施，通过对收藏的文物进行保护，使城市文化得以展示，从而提高公众对知识、教育和艺术欣赏的需求，以满足人们的多层面的需要。

如浙江宁波保国寺，是我国江南保存最好的唐宋木结构建筑。占地面积 13000 多平方米，建筑面积 6000 多平方米。寺内木构建筑群体源自唐、宋、明、清、民国等各个时期，为其主要特色。主建筑大雄宝殿是江南现存最古老的木构建筑，重檐歇山式。全殿皆用斗拱巧妙衔接，精确的榫卯技术在建筑上有很高的历史、艺术和科学价值，反映了当时建筑力学研究的最高水平，也是宋式《营造法式》的典型实例。寺院在建筑方式上也与其他佛寺不同，中轴线上为三进院落，布置四座建筑，即天王殿、大雄宝殿、观音殿、藏经楼。中轴线上主要建筑两侧以墙垣与两旁的钟鼓楼、僧房、客堂相分隔。其特殊的建筑组群艺术，具备较好的保护和参观价值，成为国务院公布的第一批全国重点文物保护单位。

通过建立博物馆，将物质文化遗产、非物质文化遗产、自然遗产与经济发展进行有机结合，这不仅仅是政府权力机构的责任，更是人类文化未来发展的趋势。在这一模式下，专家、地方政府和文化主人是博物馆保护运作中的三股主要力量，也更利于文化遗产原地保护与发展传承。

---

① 刘烜、（韩）志安：《中国禅寺》，第 158 页。
② 段启明等：《中国佛寺道观》，第 245 页。

二、对禅寺的利用

(一)旅游功能的开发利用

寺院环境既有宗教功能又有旅游功能,集宗教性、公共性、浏览性于一体,使它和世俗的园林环境既有共同性,又有很大的差异。共同性是它们在构景上、意境上崇尚自然,布局上追求自由曲折、幽邃深远。不同的是,寺院环境具有不同于园林环境的宗教性和公共性,具备宗教和旅游的双重功能。

从古至今,旅游功能在寺院中一直处于从属地位,寺院自然环境景观与信徒做佛事的场所,往往成为观赏浏览的景观建筑。禅宗寺院也即众多僧俗一起修持的处所,犹如树木丛集之林,故而得名"丛林"。佛寺从一开始出现,就以其迥异于中华文化的特色引起了人们的关注。在湖山之间,到处可见梵宫佛刹,钟磬梵叹,金碧辉煌,它们理所当然地构成了该地丰富的佛教旅游资源。南宋每年农历三四月间,杭、嘉、湖一带和苏、锡、常等地香客专程赶往灵隐、净慈等寺进香、还愿。这种借佛游春的习俗,至今依然保持它的盛况。还有农历四月初八为释迦牟尼诞生之日,佛教称为"浴佛节"。这一天杭城内外几百座大小佛寺都举行隆重庆典,西湖举行"放生会"等佛事活动,游客激增,热闹异常,浏览活动随之更加活跃。这种宗教活动中包含了大量的旅游因素,经过几百年的发展和积淀,杭城佛寺构成的旅游资源已经非常丰富,形成了一道特殊的人文景观。

南宋嘉定年间(1208—1224),品第江南各寺"尊表五山","五山十刹"在当时影响力非凡,海内外闻名。这些佛寺无不"广殿邃庑、崇阁杰阁",寺院宏大,显于湖山。它们在选址、布局、建筑、景观等环境构成方面都具有一定的特色。其独特的建筑艺术、宗教氛围和审美意境吸引着历代文人游客,使他们暂时忘却尘世的烦恼,心灵得到净化升华,留下不计其数的游览诗篇。在诗人笔下,这些佛寺成为"蓬莱""西方""天河"的代名词。掩映于自然山谷林野之间的佛寺和我国皇家园林、江南文人园林一起构成了东方园林的杰出代表。

在旅游业迅猛发展的今天,融合中国宗教文化、丰富历史内涵、建筑以及自然环境为一体的佛寺也出现了新的变动趋势,宗教旅游已成为佛教寺院的功能之一。政府往往投入更多的人力、物力、财力修缮、扩建寺院,促进了佛寺的发展。一些与旅游配套的服务设施如旅馆、餐饮、娱乐、旅游商品也成为寺院经济的一个重要组成部分,为寺院维持生存注入了新的生机。中国游客对佛教文化及其遗迹情有独钟,对一些游客来说,参访、拜佛、礼祖、寻宗、修身养性与回归自然、游山玩水结合是一种特别有意义的旅游方式。而遍布于浙江秀丽山水之间的佛教胜迹正好满足了这种需求,提供了可供发展旅游业的潜力,这也是浙江开发佛教文化特色旅游得天独厚的有利条件。

杭州素有"东南佛国"之称,寺庙多达二千余所,具有重要文物价值的六和塔、灵隐双塔、龙兴寺经幢、梵天寺经幢、灵隐寺经幢,以及飞来峰摩崖造像、烟霞洞造像、慈云岭造像等具有极大的观赏价值,吸引了大批游客。普陀山位居中国四大佛教名山之列,影响远远超过峨眉、五台、九华,素有"海天佛国"之称,到普陀山旅游、朝圣已成为一条黄金路线。杭州著名寺院灵隐寺和净慈寺、天台国清寺、宁波天童寺和阿育王寺、新昌大佛寺、奉化雪窦寺等佛寺已成为重要的旅游胜地。天台、宁波等地近几年就推出一条普陀—宁波—天台—杭州浙东黄金朝圣游览路线。

此外,省内还推出一些以宗教旅游为主题的项目,集佛教观光、朝圣、修学、疗养与娱乐于一体。到宗教圣地去观赏建筑、雕塑、绘画,参与一些宗教活动;到名山、古刹、禅林中去度假疗养;到高、险、峻、奇的宗教名山去朝拜、求签、还愿、寻根;沿名僧的足迹朝拜佛祖等。近年来,浙江旅游人数不断增多,旅游经济效益日益明显。宗教旅游资源开发利用也不断深入,旅游网络得到一定完善。已初步形成以杭州为中心,东、西、南、北四条各具特色的旅游线路和全省旅游网络。

(二)不合理的利用引发的问题

1. 追逐商业利益,忽视宗教功能

对寺庙的合理保护开发,有利于对其进行更好的保护。开发宗教旅游,必须给游客营造一个浓郁、庄重的宗教氛围,游客在此,可求得一种心灵的松弛与精神的超脱。但在寺庙开发过程中往往出现功能定位不清的现象,寺院最原始的宗教功能弱化,一味地迎合地方旅游业发展的需要,追逐利益最大化。一些旅游企业专门打造旅游项目,在寺院景点内进行过度开发,大搞商业娱乐设施建设。同时,一些商业服务性建筑对寺庙园林空间的侵占,使寺庙园林里的活动场所显得很局促。由于游客量的增多,一些著名的寺庙,每年都要吸引数十万中外游客前来礼佛观光,高峰期的人流量已经突破了寺庙接待能力的上限,使寺内外交通几近瘫痪,过度开发对寺院历史文化遗产造成破坏。

2. 地方政府对宗教旅游的开发重视不够

长期以来,宗教问题与民族问题、封建迷信等活动交织在一起,这造成了宗教问题的复杂性与特殊性。在这些因素的影响下,有些地方政府难以正确理解、掌握国家宗教政策。在具体工作中,有些地方政府视宗教问题为雷区,忌讳宗教,对如何发展宗教旅游或漠视不问,或仅做浅层次开发;一些领导对旅游业是重要的经济产业和先导产业认识不足,旅游产业的地位没有真正确立。有些地方虽有较好的旅游资源,但缺乏景区建设的投入,对宗教旅游的宣传很少。有些地方持续发展的观念不强,没有正确处理好保护和开发的关系,对促进发展旅游业和保护生态环境的认识不足,顾此失彼的现象时有发生。

3. 旅游内容单一,缺乏专业人士

目前,浙江宗教旅游项目所推出的活动内容比较单调,很多地区的宗教旅游开发还处于"符号阶段",许多宗教文化旅游景区仍停留在对宗教观光、朝拜这一基础层次产品的开发上,对更高层次的宗教文化旅游产品开发较少。一些重要景点,说明文字过于简单,没有揭示其深刻的宗教和历史文化内涵。一些宗教景点的导游没有经过专业的培训,从业人员素质不高,基本上处于一种无序状。宗教人员主要从事诵经、为进香者祈祷、发放一些经义小册子、维持秩序等活动,很少为游客进行讲解。而宗教文化旅游作为特殊的文化旅游产品,旅游从业人员应具有一定的宗教知识基础和历史文化知识,向游客更好地宣传我国的历史文化和宗教文化,从而激发游客的兴趣。为了更好地促进宗教旅游发展,加强宗教旅游专业人才的培养就显得尤为重要。可以适当利用一些大专院校、研究院所中熟悉宗教学专业的科研人员,利用他们丰富的宗教文化知识,向游客介绍基本的寺庙景观知识,阐述宗教理论思想等。

4. 管理混乱

我国对于宗教旅游景区的管理基本上形成了复杂的管理体制,旅游与自然保护区、旅游与文物、旅游与宗教、旅游与环保、旅游与社区等方面针对景区管理权而产生的利益争夺大量存在,形成错综复杂的关系。旅游主管部门难以协调旅游生产要素的均衡发展,各利益相关者矛盾突出。景区部门往往对宗教知识、政策、法规及相关问题认识不足,在决策时较少听从宗教部门的建议,不注重维护宗教团体的权益;在组织管理上,存在多头领导争夺资源与市场的现象,缺乏协调各方面的利益关系的经验,单纯从自身角度思考问题。

5. 缺乏市场

浙江旅游资源虽然丰富,但缺乏带动性强的精品旅游项目。包装力度不足,缺乏对国内外市场的吸引力,外界知之甚少,市场开拓力不强。外来的资金难以投到宗教旅游资源的开发上去,无法发挥资源的潜力。旅游开发商不愿意冒险投资,旅游景区基本都是一些虔诚的信徒朝圣和浏览,专程来游玩的游客相对较少。

三、利用宗教旅游资源的对策

(一)健全管理体制

发展浙江宗教旅游业,首要的是健全管理体制。各级政府、相关部门和从业人员要转变观念,以科学的态度对待历史上和现实中的宗教现象和宗教问题,正确贯彻党的宗教政策,切实遵守国家各项有关宗教法规。既要尊重宗教组织和宗教信徒的宗教感情,又要正确认识宗教,认识旅游,加强研究。我国是一个多民族的国家,信仰众多,只有正确认识宗教,正确认识宗教旅游资源的特性,开发时才能够贯彻宗教政策,遵守宗教法规,遵循正确的开发原则。

为了改善浙江宗教旅游产业,民族宗教部门、文物部门、旅游部门应打破各自为政的传统模式,改变资源管理分散的局面。旅游风景区管理部门、宗教部门以及园林管理、文物保护等部门应在政府的统一领导下明确责任,相互协作,以全局利益为重,不能只顾一己之私利。规范管理宗教旅游资源的开发活动,保证开发方向的科学性和合理性,严厉清除借开发宗教旅游资源之名出现的不科学的、愚昧的精神文化垃圾。

(二)发扬宗教文化的教化作用

充分发扬宗教文化积极的一面。宗教文化是中华传统文化的重要组成部分,其中蕴含的建筑、音乐、绘画、雕塑、舞蹈等艺术至今仍影响着中国乃至世界的现代艺术。瞻仰宗教文化的过程,实际上也是弘扬民族文化的过程。充实佛教文化内涵,加强宗教文化的宣传,就是要把丰厚的佛教文化积淀开发利用起来,不是简单地修复几个庙、建造几个殿、塑造几尊佛菩萨像就行了。

那些以旅游者身份前往宗教名山名寺的人们,并不是要去皈依宗教,而是去寻觅凝聚于宗教之中的文化内涵,去领略一种在其他环境下很难体会到的精神文化的熏陶,从佛教观点上净化自身,重新审视物欲。旅游主管部门应加强宗教旅游专业人才的培养,使他们具备一定的宗教专业知识和历史文化知识,只有这样,才能向游客更好地宣传我国的历史文化和宗教文化,从而激发游客的兴趣,发挥佛教的教化作用。

(三)开拓市场,开发特色旅游产品

面对竞争激烈的市场,浙江应加强对市场的研究,制定市场开发策略,遵循旅游资源开发的一般经济秩序,决不能仅根据"想象中的旅游吸引力"而进行盲目开发与建设。注意开发活动的社会影响,重视并加强市场营销,加强对外宣传的力度,充分利用电视、报刊、网络等媒体渠道,多层面、多角度、全方位地宣传报道,强化投资方对宗教文化的关注。策划举办一些宗教旅游文化节、传统庙会、佛教庆典等活动,各地寺庙与当地政府、景点联手举办对口活动,组织各种地方色彩浓厚的民间传统技艺戏剧表演。如普陀山南海观音文化节,展示"海天佛国"普陀山新形象;净慈寺新年撞佛钟等活动,可以提高佛寺文化旅游品牌,扩大寺院知名度,提高寺院在国内外的影响力。

同时,根据浙江丰富的旅游文化资源,坚持一体化开发,精心设计宗教旅游产品,如出售各种宗教纪念品,佛教的木鱼、进香袋、佛珠、雕像等,以增加佛寺品牌效益。浙江寺院旅游商品的开发几乎为零,各景点店铺除了出售香、烛之外,其余诸如佛像雕塑等普通商品,做工粗劣,缺乏文化内涵,不具备收藏价值,无法激起游客的购买欲。因此,充分挖掘宗教文化的内涵,开发独具特色的旅游商品,是一项迫切的任务。

(四)发掘寺院个性特色

宗教旅游资源应开发寺院个性特色项目,鲜明的"个性"是旅游景观吸引力的源泉和灵魂,不同寺院可根据自身在某一方面的突出特点而确定特色化发展方向。利用寺院的信仰地位、历史文化地位、有影响事件、宗教名人、圣物、圣迹、文物珍品等从资源所处的地域环境中挖掘、展示资源的地域特点,透过大量的实体性景观(如寺、塔、窟、雕塑、壁画等)和活动性景观(如仪式、庆典、饮食、表演等),充分挖掘其中包含着的、能够满足人们旅游需要,激发旅游动机的特色因素。

浙江的宗教资源丰富,如普陀山是闻名世界的观音道场,与山西五台山、四川峨眉山、安徽九华山并称为中国佛教四大名山,素有"南海圣境"之称。其独特的环海地理特征风光旖旎,梵音涛声,被誉为"人间第一清净

地"。杭州市天竺山有著名的"天竺三寺",历史上康熙、乾隆来杭州必到上天竺法喜寺朝拜圣观音。富阳天钟禅院也是千年观音古道场,其后殿有送子观音、百手观音和千手观音三尊佛像。湖州铁佛寺极具艺术价值的铸铁观音像,为寺院珍贵文物。海宁小普陀禅寺,寺院滴水观音远近闻名。因此,开发以观音信仰为基础的旅游专线,必能吸引大量信众与游客。

如径山寺历史上有很多丰富而宝贵的佛教文化遗产,道钦(法钦)在径山结庵传牛头禅;著名高僧大慧宗杲倡导的"看话头"禅法;日本茶道之渊源的径山茶宴;历史上数代帝王将相、各地显贵、文人骚客、中外僧人和无数香客,苏轼、蔡襄、范仲淹、陆游等留下不少诗文等。如果能发挥径山寺丰富的佛教资源和特色,将会给寺院带来巨大的震慑力和持久的生命力。

(五)实行生态旅游

我们在宗教旅游开发中还应切实处理好保护与开发的关系,开发工作必须充分地考虑到宗教组织、宗教信徒的宗教情感。保护是使佛教旅游产品和周围环境相协调,维护寺庙环境的神圣性、庄严性。如果寺院的神圣性被打破,宗教存在的基石也就动摇了。因此,旅游开发不能以破坏资源为前提,对寺院宗教旅游业应实行可持续发展战略,实行生态旅游。"所谓宗教生态旅游,是以有形的宗教文化设施作为发展生态旅游的依托,通过挖掘宗教生态观,让游客感受宗教的真正底蕴,感受宗教所包含的天人合一与和睦祥瑞的精神,正确认识人在自然界中的地位,从而达到自觉地保护环境,美化、净化环境,完善人类自身建设的目。"[①]旅游以保护寺院环境为目的,以满足旅游者对观赏自然景观地方文化需求为内容,最大限度地减少对自然环境和社会文化所产生的负面影响。生态旅游和佛教"缘起论"观点一致,"佛教认为人与人、人与动物、人与植物,都是息息相关、相辅相成的,不能断然分割而单独存在。各种生物按照各自所做的孽轮回于六道之中,在求生方面,在追求安宁幸福方面没有根本的不同,在佛性上更是平等的。"[②]生态游也是近20年中国际旅游发展的主流。

---

①　侯冲:《宗教生态旅游与21世纪人类文明》,《思想战线》2000年第5期,第90—93页。
②　苏勇军:《苏南宗教旅游资源开发研究》,苏州大学硕士学位论文2004年,第30页。

本章小结

在我国建筑文化中,佛教寺院扮演着特殊的角色,佛寺殿堂僧舍及园林环境与布局在佛教中是十分讲究的。寺庙及其周边环境的保护和利用也是当今城市规划、旧城改造、园林设计必不可少的工作。本章主要探讨了佛寺的保护和利用问题,如何协调保护与再利用寺庙环境,需要遵行历史原真性和完整性原则,把修缮和复建放在同样重要的位置上,保存原来的建筑形制、建筑结构、建筑材料和工艺技术,尊重历史文物的原貌,还原出佛寺园林真实的历史与现状。

寺院园林保护的对象主要是寺院原有园林的山林水系以及古树名木。对于园林的山林水系,禁止附近的开采挖掘活动,保护生态植被,防止水土流失,保证水源不受污染;对于园林的古木名树,则采取一定的隔离保护措施,树木四周加护栏和解说牌;对于寺院核心的历史宗教建筑,则要在保持原真性和完整性的前提下加以修缮;对于景区内其他风景建筑、桥梁、民居等则分别处理。

在保护寺庙环境的同时,还要进行合理利用,充分发掘浙江地区丰富的历史、文化资源,发展宗教文化旅游。以高度的文化品位来增强宗教旅游景区的吸引力,对宗教旅游资源各种内容进行综合开发,增加游览方式的丰富性和多样性,以满足各类、各层次旅游者的不同需求。同时增加相关设施的开发,对工作人员进行培训和教育,完善宗教旅游的相关政策、法规等。在开发和运营过程中,处理好旅游与宗教自身发展、正常宗教活动以及利益分配的关系,从而使宗教和旅游业互促互利,保护和发展达到"共赢"。

结　　语

　　"佛教在东汉末年传入浙江,经历了三国、两晋、南朝的传播和学派纷争,隋唐的兴盛和宗派并立,五代和宋代的极盛与江东佛教风格的形成,元以后的衰微与佛教的进一步社会化、世俗化,近代的求索与复兴,现代的劫难与盛世兴盛六个阶段。"①东汉至南北朝时期,由于南方优越的地理条件和相对稳定的社会政治、经济环境,使北方名僧南下,佛教人才南流,学术中心向南转移。加上南方历朝统治者崇佛,支持佛教事业的发展,使佛教得以在浙江自由传播,佛寺倍增,佛教在浙江蓬勃发展起来,并在中华佛教史上占有极为重要的地位。

　　唐代,禅宗在汉地全面发展和兴盛,逐渐取代其他宗派,成为汉地佛教的主体和代表,并形成禅宗史上"五家七宗"的兴盛局面。禅宗各宗派多流行于南方地区,他们的代表人物主要活动于浙江,使浙江禅宗兴盛和发展起来,南方山林开始崛起。唐末五代时期中央集权的暂时衰弱,给了当时南方偏远地区的禅宗显示自己的生命力、获得独立发展的机会。禅僧们在这种与世隔绝的环境下,获得独立生存的机会,形成独特的思维结晶,使禅宗拥有了独立的经济来源,并且能够长期地延续下去,最终趋向繁盛。浙江得天独厚的山水风光,以及杭州在历史上曾经作为政治、经济、文化的中心地位,使浙江的禅宗极为发达,禅寺众多,高僧频出。这种集地理优势与文化底蕴共同作用所产生的巨大威力,使浙江集中了众多中外闻名的禅宗巨刹。留存于今的主要禅寺如径山寺、灵隐寺、净慈寺、天童寺、阿育王寺、国清寺、普济寺、法雨寺、慧济寺等,都是浙江地区山林禅寺的典型代表。

　　从宋代开始,净土宗盛行,佛经中西文对净土佛国世界极尽所能的描绘,给佛教徒带来往生极乐的幻想,引领着寺院环境景观的建设。西域佛教创建初期,佛教精舍的创建就与优美的园林环境紧密相连,也使佛教僧侣对野外园林环境尤为尊崇。那些择址于奇险山地的佛寺,往往给信众带

---

　　①　陈荣富:《浙江佛教史》,第 2 页。

来对佛国仙境的无限遐想,有的人甚至借用自然高谷,人为制造出奇险的幻境,给居住其中的僧侣的心理营造一种佛国仙境之感。因此,禅寺常常选址于高、远、深、险、幽、僻的旷奥奇险的山体地段,这也是浙江山林禅寺的其中一个环境特征。

梁思成认为,中国建筑在环境思想方面的特点之一是"着重布置之规制",他说:"古之政治尚典章制度,至儒教兴盛,尤重礼仪。故先秦两汉传记所载建筑,率重其名称方位,部署规制,鲜涉殿堂之结构。嗣后建筑之见于史籍者,多见于五行志及礼仪志中。记宫苑寺观亦皆禅其平面部署制度,而略其立面形状及结构。均足以证明政治、宗法、礼仪、佛道、风水等中国思想精神之寄托于建筑平面之……分布上者,固尤深于其他单位构成之因素也。"①

中国传统建筑一个重要特性就是在构成上的相似性和类型上的相通性。佛教传入初期,中土的寺院形制并没有一定的规制,印度佛寺中以"塔"为中心的布局特色成为中国传统寺院的范本。魏晋南北朝时期,舍宅为寺的风潮,使中土的寺院形制与中国传统四合院的民宅相结合,佛教寺院从以"塔"为中心逐渐发展到以"佛殿"为中心。初唐禅宗兴起,禅宗成为唐代以后中国佛教发展的主流方向。禅宗对传统寺院进行改制,形成具有本宗派特色的布局形制,摆脱了偶像经教的束缚,摒弃传统寺院以"塔"和"佛殿"为中心的布局模式,提高"法堂"和"讲堂"在寺院中的地位。一方面,禅宗寺院的空间布局上反映了宗派教义和修行方式的一致性,是寺院建筑的本质所在;另一方面,中国儒家传统的"礼"制思想和君臣父子、长幼尊卑等纲常伦理制度导致的等级观念及中庸思想,以及由此形成的社会制度也体现在建筑布局和城市布局上,使中国社会的群体组织关系物化在传统建筑中,使得佛教建筑体系呈现出建筑形式和技术工艺的高度规范化。随着禅宗在发展壮大的同时,其原始尊教精神不断与世俗社会相妥协,寺院规章制度进行改革和创新的同时,寺院布局逐渐失去其原有的思想内核,追求外在表象,最终由盛而衰。

浙江禅宗寺院以山地为特色,绝大多数属山林型寺院,追求环境景观的园林化,这也是禅宗寺院区别于佛教其他诸宗寺院的一大特色,因此景观营建成为禅宗寺院的重要组成部分。寺庙被划分为引导空间、宗教空间和寺内园林环境空间与寺外园林空间,利用建筑、山水、植物、富于特色的小品构成寺院的园林景观。一方面突出等级森严、对称规整的宗教空间特

---

① 梁思成:《中国建筑史》,百花文艺出版社 2005 年版,第 19 页。

色；另一方面，利用廊院、亭、台、楼、阁等园林构成要素自由灵活布局，给佛寺创造幽美的修行环境，冲淡宗教空间的森严沉闷气氛，使寺院空间丰富多彩，创造出佛家无边的禅境，游客或信徒在无形中接受禅家意境的熏陶。

　　禅寺注重对自然景观的利用，注重园林意境的营建，因地制宜，随形就势，成功地协调建筑和自然环境、宗教功能和游览功能的关系，这成为中国寺庙园林规划中十分成功的案例。浙江寺庙历经修缮和改建，发展到今天，其浓烈的宗教信仰功能已逐渐世俗化，转变为以休闲、旅游为主的城市宗教景观场所。寺庙环境景观利用私家园林的营造手法，将景观与宗教建筑相结合，利用景观来表达宗教的寓意和内涵，这对于当代风景园林设计有巨大的借鉴意义。

图片索引

［37］图 3-23 明代禅寺布局图,图片来源:戴俭:《禅与禅宗寺院布局研究》;

［38］图 3-24 清代禅寺布局图,图片来源:戴俭:《禅与禅宗寺院布局研究》;

［39］图 4-1《戒坛图经》所绘佛寺平面图,图片来源:傅熹年:《中国古代建筑史》第 2 卷,第 508 页;

［40］图 4-2 日本黄檗山万福寺平面图,图片来源:张十庆:《中日古代建筑大木技术的源流与变迁》,第 44 页;

［41］图 5-1 国清寺入口平面图,图片来源:何晓昕:《风水探源》,第 139 页;

［42］图 5-2 法雨寺入口平面图,图片来源:何晓昕:《风水探源》,第 139 页;

［43］图 5-3 天童寺松道,图片来源:自摄;

［44］图 5-4 灵隐寺入口平面图,图片来源:自摄;

［45］图 5-5 阿育王寺入口,图片来源:自摄;

［46］图 5-6 天童寺入口,图片来源:自摄;

［47］图 5-7 径山寺香道,图片来源:自摄;

［48］图 5-8 普陀山观音洞,图片来源:自摄;

［49］图 5-9 普陀山慧济寺入口,图片来源:自摄;

［50］图 5-10 国清寺入口,图片来源:自摄;

［51］图 5-11 灵隐寺入口景观,图片来源:自摄;

［52］图 5-12 天童寺入口景观,图片来源:自摄;

［53］图 5-13 阿育王寺围廊,图片来源:自摄;

［54］图 5-14 普陀山法雨寺前放生池,图片来源:自摄;

［55］图 5-15 灵隐寺大雄宝殿,图片来源:自摄;

［56］图 5-16 天童寺大雄宝殿,图片来源:自摄;

［57］图 5-17 天童寺山门,图片来源:自摄;

［58］图 5-18 净慈寺佛堂,图片来源:自摄;

［59］图 5-19 净慈寺钟楼,图片来源:自摄;

［60］图 5-20 径山寺单面空廊,图片来源:自摄;

［61］图 5-21 阿育王寺双面空廊,图片来源:自摄;

［62］图 5-22 灵隐寺碑亭,图片来源:自摄;

［63］图 5-23 净慈寺运木古井,图片来源:自摄;

［64］图 5-24 径山寺水榭,图片来源:自摄;

［65］图 5-25 虎跑寺叠翠轩,图片来源:互联网;

［66］图 5-26 灵隐寺溪水,图片来源:自摄;

［67］图 5-27 国清寺瀑布,图片来源:互联网;

［68］图 5-28 净慈寺放生池,图片来源:自摄;

参考文献

古籍注疏类

[1][春秋]管仲. 管子全译[M]. 谢浩范,朱迎平,译注. 贵阳:贵州人民出版社,1996.

[2][战国]庄周. 庄子全译[M]. 张耿光,译注. 贵阳:贵州人民出版社,2009.

[3][西汉]刘安. 淮南子全译[M]. 许匡一,译注. 贵阳:贵州人民出版社,1993.

[4][东汉]郑玄. 十三经注疏[M]. 北京:北京大学出版社,1999.

[5][东汉]郑玄. 十三经注疏·周礼注疏[M]. 整理本.3 册. 北京:北京大学出版社,2000.

[6][东晋]葛洪. 抱朴子内篇全译[M]. 顾久,译注. 贵阳:贵州人民出版社,1995.

[7][东晋]鸠摩罗什. 香积佛品第十[M]//维摩诘所说经:卷下//大正藏:第 14 册.

[8][北魏]杨衒之. 洛阳伽蓝记[M]. 韩结根,注. 济南:山东友谊出版社,2001.

[9][北齐]魏收. 魏书·释老志[M]. 北京:中华书局,1974.

[10][唐]惠能. 六祖坛经:图文本[M]. 王月清,评注. 南京:凤凰出版社,2010.

[11][唐]惠能. 坛经[M]. 洪修平,白光,注评. 南京:凤凰出版社,2010.

[12][唐]玄奘. 大唐西域记[M]. 季羡林,等,校注. 北京:中华书局,1985.

[13][南唐]静,筠二禅师. 祖堂集[M]. 北京:中华书局,2007.

[14][宋]道原. 景德传灯录译注[M]. 顾宏义,译注. 上海:上海书店出版,2010.

［15］［宋］潜说友. 咸淳临安志［M］//宋元方志丛刊. 北京：中华书局，1990.

［16］［宋］普济. 五灯会元［M］. 苏渊雷，点校. 北京：中华书局，1984.

［17］［宋］苏辙. 栾城集：后集卷24［M］//龙井辩才法师塔碑. 京都大学藏本.1541（嘉靖二十年）.

［18］［宋］赞宁. 宋高僧传［M］. 范祥雍，点校. 北京：中华书局，1987.

［19］［宋］宗赜. 禅苑清规［M］. 苏军，点校. 郑州：中州古籍出版社，2001.

［20］［元］德辉. 敕修百丈清规［M］. 郑州：中州古籍出版社，2011.

［21］［明］德清. 紫柏尊者全集［M］//卍新纂续藏经：第73册.

［22］［明］葛寅亮. 金陵梵刹志［M］. 何孝荣，点校. 天津：天津人民出版社，2007.

［23］［明］计成. 园冶注释［M］. 2版. 陈植，注释，北京：中国建筑工业出版社，1988.

［24］［明］释大壑. 南屏净慈寺志［M］. 杭州：杭州出版社，2006.

［25］［明］文震亨. 长物志［M］. 陈植，校注. 苏州：江苏科学技术出版社，1984.

［26］［清］董浩. 全唐文：第825卷［M］. 北京：中华书局，1983.

［27］［清］管庭芬. 天竺山志［M］. 杭州：杭州出版社，2007.

［28］［清］厉鹗. 增修云林寺志［M］. 杭州：杭州出版社，2006.

［29］［清］沈复. 浮生六记［M］. 兰州：甘肃人民出版社，1994.

［30］［清］沈镕彪. 续修云林寺志［M］. 杭州：杭州出版社，2006.

［31］［清］释志祥. 净慈寺志［M］. 杭州：杭州出版社，2006.

［32］［清］孙治. 灵隐寺志［M］. 扬州：广陵书社，2006.

［33］［清］朱彬. 礼记训纂·坊记［M］. 北京：中华书局，1995.

［34］董秉清，王沼沂. 永泰县志［M］.铅印本.1922（民国十一年）.

［35］董浩，等. 全唐文［M］. 北京：中华书局，1983.

［36］杜洁祥. 径山志：卷6 径山禅寺重建记［M］.台北：明文书局，1980.

［37］佛光山宗务委员会. 佛光大辞典［M］. 北京：北京图书馆出版社，2001.

［38］高楠顺次郎. 大正新修大藏经［M］. 东京：大正一切经刊行会，1924.

［39］黄念祖居士. 大乘无量寿经白话解［M］. 上海：上海佛学书局，1994.

［40］黄滔. 莆阳黄御史集［M］. 上海：商务印书馆，1936.

［41］荆三隆. 金刚经新解［M］. 西安：太白文艺出版社，2007.

［42］刘烜，（韩）志安. 中国禅寺［M］.北京：中国言实出版社，2005.

[43] 陆鉴三. 西湖笔丛[M]. 杭州:浙江文艺出版社,1985.

[44] 孟庆祥,孟繁红. 孔子集语译注[M]. 哈尔滨:黑龙江人民出版社,2004.

[45] 桑英波,廖春敏. 老子[M]. 北京:西苑出版社,2010.

[46] 王利器. 文子疏义·自然篇[M]. 北京:中华书局,2000.

[47] 王守谦,金秀珍,王凤春. 左传全译[M]. 贵阳:贵州人民出版社,1990.

[48] 王重民. 敦煌变文集[M]. 北京:人民文学出版社,1957.

[49] 无著道忠. 禅林象器笺[M]. 日本宽保元年(1741)刊行。

[50] 杨树达. 论语疏证[M]. 上海:上海古籍出版社,1986 年,第 145 页。

[51] 曾枣庄,刘琳. 全宋文(精)[M]. 360 册. 上海,合肥:上海辞书出版社,安徽教育出版社,2006.

[52] 周国林. 魏书·释老志[M]. 上海:汉语大词典出版社,2004.

[53] 朱封鳌:天台山方外志[M]. 台北:丹青图书公司,1985.

著作类

[1] 白化文. 汉传佛教与佛寺[M]. 北京:北京出版社,2009.

[2] 曹林娣. 中日古典园林文化比较[M]. 北京:中国建筑工业出版社,2004.

[3] 孙大章. 中国古代建筑史:第 5 卷 清代建筑[M]. 北京:中国建筑工业出版社,2009.

[4] 陈荣富. 浙江佛教史[M]. 北京:华夏出版社,2001.

[5] 一丁,雨露,洪涌. 中国古代风水与建筑选址[M]. 石家庄:河北科技出版社,1996.

[6] 杜继文,魏道儒. 中国禅宗通史[M]. 南京:江苏人民出版社,2008.

[7] 段启明,等. 中国佛寺道观[M]. 北京:中共中央党校出版社,1993.

[8] 方广锠. 中国佛教文化大观[M]. 北京:北京大学出版社,2001.

[9] 方立天. 佛教哲学[M]. 长春:长春出版社,2006.

[10] 傅熹年. 中国古代建筑十论[M]. 上海:复旦大学出版社,2004.

[11] 傅熹年. 中国古代建筑史:第 2 卷 三国、两晋、南北朝、隋唐、五代建筑.[M]. 北京:中国建筑工业出版社,2009.

[12] 顾吉辰. 宋代佛教史稿[M]. 郑州:中州古籍出版社,1993.

[13] 郭黛姮. 中国古代建筑史:第 3 卷 宋、辽、金、西夏建筑[M]. 北京:中国建筑工业出版社,2009.

［14］国际古迹遗址理事会中国国家委员会.中国文物古迹保护准则［M］.
国际古迹遗址理事会中国国家委员会,2002.

［15］何晓昕.风水探源［M］.南京:南京大学出版社,1990.

［16］何孝荣.明代南京寺院研究［M］.北京:中国社会科学出版社,2000.

［17］金其桢.中国碑文化［M］.重庆:重庆出版社,2001.

［18］赖永海.中国佛教文化论［M］.北京:中国人民大学出版社,2007.

［19］冷晓.近代杭州佛教史［M］.杭州:杭州市佛教协会出版,1995.

［20］李文初,蒋述卓,刘绍瑾.中国山水文化［M］.广州:广东人民出版社,1996.

［21］李泽厚.美学三书［M］.天津:天津社会科学院出版社,2003.

［22］梁思成.梁思成谈建筑［M］.北京:当代世界出版社,2006.

［23］梁思成.梁思成文集:第1卷［M］.北京:中国建筑工业出版社,1986.

［24］梁思成.梁思成文集:第2卷［M］.北京:中国建筑工业出版社,1986.

［25］梁思成.梁思成文集:第3卷［M］.北京:中国建筑工业出版社,1986.

［26］梁思成.梁思成文集:第4卷［M］.北京:中国建筑工业出版社,1986.

［27］梁思成.梁思成文集:第5卷［M］.北京:中国建筑工业出版社,1986.

［28］梁思成.梁思成文集:第6卷［M］.北京:中国建筑工业出版社,1986.

［29］梁思成.梁思成文集:第7卷［M］.北京:中国建筑工业出版社,1986.

［30］梁思成.梁思成文集:第8卷［M］.北京:中国建筑工业出版社,1986.

［31］梁思成.梁思成文集:第9卷［M］.北京:中国建筑工业出版社,1986.

［32］梁思成.图像中国建筑史［M］.天津:百花文艺出版社,2000.

［33］梁思成.中国建筑史［M］.天津:百花文艺出版社,2005.

［34］刘庭风.中日古典园林比较［M］.天津:天津大学出版社,2003.

［35］刘叙杰.中国古代建筑史:第1卷 原始社会、夏、商、周、秦、汉建筑［M］.北京:中国建筑工业出版社,2009.

［36］楼庆西.中国建筑艺术全集12—14［M］.北京:中国建筑工业出版社,1999.

［37］陆琦.岭南造园与审美［M］.北京:中国建筑工业出版社,2005.

［38］马时雍.杭州的寺院教堂［M］.杭州:杭州出版社,2004.

［39］宁波市佛教协会.宁波佛教志［M］.北京:中央编译出版社,2007.

［40］潘谷西.江南理景艺术［M］.南京:东南大学出版社,2003.

［41］潘谷西.中国古代建筑史:第4卷 元明建筑［M］.北京:中国建筑工业出版社,2009.

［42］祁志祥.似花非花——佛教美学观［M］.北京:宗教文化出版

社,2003.

[43] 任继愈. 中国佛教史:第 1 卷[M]. 北京:中国社会科学出版社,1985.

[44] 任继愈. 中国佛教史:第 2 卷[M]. 北京:中国社会科学出版社,1985.

[45] 任继愈. 中国佛教史:第 3 卷[M]. 北京:中国社会科学出版社,1985.

[46] 任晓红. 禅与中国园林[M]. 北京:商务印书馆国际有限公司,1994.

[47] 阮仪三. 城市遗产保护论[M]. 上海:上海科学技术出版社,2005.

[48] 沈福煦,沈鸿明. 中国建筑装饰艺术文化源流[M]. 武汉:湖北教育出版社,2001.

[49] 沈福煦. 中国古代建筑文化史[M]. 上海:上海古籍出版社,2001.

[50] 宿白. 中国佛教石窟寺遗迹[M]. 北京:文物出版社,2010.

[51] 谈锡永. 佛学经论导读[M]. 北京:中国书店,2009.

[52] 汤用彤. 汉魏两晋南北朝佛教史[M]. 北京:中华书局,1983.

[53] 王铎. 中国古代苑园与文化[M]. 武汉:湖北教育出版社,2002.

[54] 王贵祥. 东西方的建筑空间[M]. 天津:百花文艺出版社,2006.

[55] 王鲁民. 中国古代建筑思想史纲[M]. 武汉:湖北教育出版社,2002.

[56] 王其钧. 华夏营造——中国古代建筑史[M]. 北京:中国建筑工业出版社,2005.

[57] 王媛. 江南禅寺[M]. 上海:上海交通大学出版社,2009.

[58] 王月清. 中国佛教伦理研究[M]. 南京:南京大学出版社,1999.

[59] 温州市佛教协会. 温州佛寺[M]. 北京:中国文联出版社,2005.

[60] 吴言生. 禅宗思想渊源[M]. 北京:中华书局,2001.

[61] 吴言生. 禅宗哲学象征[M]. 北京:中华书局,2001.

[62] 萧默. 敦煌建筑研究[M]. 北京:中国建筑工业出版社,2002.

[63] 伊东忠太. 中国古建筑装饰[M]. 杨嘉微,刘云俊,译. 北京:中国建筑工业出版社,2006.

[64] 印顺. 中国禅宗史[M]. 上海:上海书店出版社,1992.

[65] 游彪. 宋代寺院经济史稿[M]. 保定:河北大学出版社,2003.

[66] 俞孔坚. 理想景观探源——风水的文化意义[M]. 北京:商务印书馆,1998.

[67] 张弓. 汉唐佛寺文化史[M]. 北京:中国社会科学出版社,1997.

[68] 张曼涛. 现代佛教学术丛刊[M]. 台北:大乘文化出版社,1981.

[69] 张十庆. 五山十刹图与南宋江南禅寺[M]. 南京:东南大学出版社,2000.

[70] 张十庆. 中国江南禅宗寺院建筑[M]. 武汉:湖北教育出版社,2002.

[71] 张十庆. 中日古代建筑大木技术的流源与变迁[M]. 天津：天津大学出版社,2004.

[72] 张驭寰. 中国佛教寺院建筑讲座[M]. 北京：当代中国出版社,2007.

[73] 张驭寰. 中国佛塔史[M]. 北京：科学出版社,2006.

[74] 赵光辉. 中国寺庙的园林环境[M]. 北京：北京旅游出版社,1987.

[75] 赵擎寰. 中国古代建筑艺术[M]. 北京：北京科学技术出版社,1994.

[76] 郑炘. 苏南名山建筑[M]. 南京：东南大学出版社,1996.

[77] 周维权. 中国古典园林史[M]. 2 版. 北京：清华大学出版社,1999.

[78] 周维权. 中国名山风景区[M]. 北京：清华大学出版社,1996.

期刊类

[1] 陈鸣. 宗教园林与旅游文化[J]. 东南文化,1996(06).

[2] 仇钧. 寂静的空间——浅谈中国佛教的宇宙观与其空间功能[J]. 大众文艺(理论),2009(02).

[3] 戴俭. 禅与禅宗寺院建筑布局研究[J]. 华中建筑,1996(03).

[4] 丁武军. 飞鸟时代奈良法隆寺的佛寺艺术[J]. 日本研究,2010(01).

[5] 丁兆光,傅德亮. 论佛寺园林空间构成——以普陀山普济寺、法雨寺、慧济寺三大寺为例[J]. 浙江林业科技,2006(06).

[6] 董军,何礼平. "禅宗五山"山水环境的文化解读[J]. 安徽农业科学,2010(5).

[7] 封云. 境由幻出—古典园林的虚实之美[J]. 古建筑园林技术,1999(03).

[8] 冯宜冰,张卫玲,张兆森. 中国寺庙园林植物造景特色探究[J]. 山东林业科技,2007(03).

[9] 傅绍良. 禅宗与盛唐山水审美意识的转变[J]. 陕西师范大学学报(哲学社会科学版),2000(04).

[10] 韩嘉为. 印度宗教建筑空间模式简析[J]. 西安建筑科技大学学报(自然科学版),2002(04).

[11] 侯冲. 宗教生态旅游与 21 世纪人类文明[J]. 思想战线,2000(05).

[12] 胡辞,王青. 中国传统佛寺与道观之选址布局比较[J]. 华中建筑,2006(05).

[13] 黄公元. 浙江佛教文化旅游资源有待进一步开发[J]. 杭州师范学院学报,1999(02).

[14] 金荷仙,华海镜. 寺庙园林植物造景特色[J]. 中国园林,2004(12).

[15] 李衍德,胡玲凤. 苏州古典园林匾额楹联的艺术[J]. 中国园林,1994(04).

[16] 刘沛林. 风水模式的环境学解释[J]. 陕西师范大学学报(哲学社会科学版),1995(03).

[17] 刘茜. 从佛寺布局看日本建筑的非对称性[J]. 闽西职业大学学报,2002(04).

[18] 刘善修,霍美定. 寺院园林花卉探源[J]. 广东园林,1991(02).

[19] 隆晓明,张军. 自然景观与人文景观的交融——记杭州灵隐景区综合整治工程[J]. 中国园林,2008(10).

[20] 牟发松.《大业杂记》遗文校录[J]. 魏晋南北朝隋唐史资料,1997(00).

[21] 漆山. 从百丈时代的灵隐山到后百丈时代的灵隐寺[J]. 古建筑园林技术,2011(02).

[22] 漆山. 学修体系思想下的中国汉传佛寺空间格局研究(上)[J]. 法音,2012(03).

[23] 圣凯. 普度众生的水陆法会[J]. 世界宗教文化,2000(04).

[24] 王丽心. 佛寺与风水[J]. 佛学研究,1998(07).

[25] 王路. 导引与端景——山林佛寺的入口经营[J]. 新建筑,1988(04).

[26] 王清廉,张和纬. 中国佛寺地域分布与选址相地说[J]. 河北师范大学学报(哲学社会科学版),1993(03).

[27] 王永会. 禅宗清规与中国佛教寺院僧团管理制度[J]. 四川大学学报(哲学社会科学版),2001(01).

[28] 王媛.《全唐文》中的唐代佛寺布局与装饰研究[J]. 华中建筑,2009(03).

[29] 席田鹿. 中国传统文化儒家、道教对中国建筑、园林及城市规划设计的影响[J]. 美苑,2007(4).

[30] 佚名. 杭州佛教园林——灵隐寺[J]. 杭州通讯(下半月),2007(08).

[31] 曾其海. 牛头禅与天台宗之关涉——兼论南朝灭亡后江东佛教之特色[J]. 浙江师范人学学报(社会科学版),2002(06).

[32] 张成渝.《世界遗产公约》中两个重要概念的解析与引申——论世界遗产的"真实性"与"完整性"[J]. 北京大学学报(自然科学版),2004(01).

[33] 张嘉梁. 浙江寺院文化概述[J]. 宁波大学学报(人文科学版),1994(02).

［34］张齐政. 南岳寺庙与地方社会秩序［J］. 衡阳师范学院学报（社会科学），2000（5）.

［35］张十庆. 宋元江南寺院建筑的尺度与规模［J］. 华中建筑，2002（03）.

［36］张十庆. 宋元江南寺院建筑的尺度与规模［J］. 华中建筑，2002（03）.

［37］钟惠芳. 幢考［J］. 民族艺术研究，1999（05）.

［38］朱军. 城市历史文化遗产的功能定位与保护——以武汉大学老建筑和上海"老洋房"为例［J］. 江汉论坛，2011（10）.

［39］朱娅. 宗教与园林［J］. 艺术与设计理论，2007（04）.

［40］朱永生. 江南禅宗寺院的布局探讨——武汉归元禅寺保护扩建工程规划的思考［J］. 古建筑园林技术，2007（02）.

学位论文

［1］董军. 杭州灵隐景区的空间解析［D］. 杭州：浙江农林大学，2010.

［2］方旭峰. 明清之际浙江禅宗寺院地理分布研究［D］. 杭州：浙江大学，2008.

［3］高伟军. 佛教中国化视野下的杭州灵隐寺［D］. 武汉：华中师范大学，2012.

［4］管欣. 中国佛教寺庙园林意境塑造手法研究［D］. 合肥：合肥工业大学，2006.

［5］何孝荣. 明代南京寺院研究［D］. 天津：南开大学，1998.

［6］何信慧. 江南佛寺园林研究［D］. 重庆：西南大学，2010.

［7］黄爱月. 香积叙事：汉地僧院里的府房与斋堂［D］. 台北：国立中央大学，1995.

［8］江权. 山岳型风景区中寺院文化环境的保护与利用研究［D］. 北京：清华大学，2004.

［9］娄飞. 河南山林式佛教寺庙园林研究［D］. 武汉：华中农业大学，2010.

［10］潘怿晗. 皇家园林文化空间与文化遗产保护［D］. 北京：中央民族大学，2010.

［11］仇银豪. 北京藏传佛教寺院环境研究［D］. 北京：北京林业大学，2010.

［12］施侠. 南京佛寺园林历史文化内涵及环境特征研究［D］. 南京：南京农业大学，2007.

［13］苏勇军. 苏南宗教旅游资源开发研究［D］. 苏州：苏州大学，2004.

［14］王小玲. 中国宗教园林植物景观营造初探［D］. 北京：北京林业大学，2010.

[15] 尹传香. 中国汉传佛寺园林的环境研究[D]. 武汉：华中科技大学,2007.

[16] 袁牧. 中国当代汉地佛教建筑研究[D]. 北京：清华大学,2008.

[17] 赵晓峰. 禅与清代皇家园林——兼论中国古典园林艺术的禅学渊涵[D]. 天津：天津大学,2003.

[18] 镇雪锋. 文化遗产的完整性与整体性保护方法[D]. 上海：同济大学,2007.

[19] 钟惠城. 禅宗园林初探[D]. 北京：北京林业大学,2007.

[20] 颛孙张杰. 临安佛寺与旅游文化研究[D]. 上海：上海师范大学,2005.

后　记

　　万分有幸能有机会来到南京大学求学，受南大浓郁的学术氛围的感染，这三年，是我学术成长最快的三年，南大老师们严谨的治学态度，令我受益匪浅，终生难忘。

　　首先，非常感谢吴为山教授，给予我在南大学习的机会，让我在南大严谨的学术氛围中不断成长，在知识的海洋里畅游，也正是有了在南大哲学系的学习经历，我才有信心去研究佛教建筑环境，这个领域对于我原来的环境艺术设计专业而言，我很陌生，既抱有兴趣，又很担忧，这个研究方向得到了导师的支持，他鼓励我在这一领域里深入探研，宗教艺术有它独有的艺术特色，它和哲学相关联，又和艺术通相融，老师的鼓励，坚定我尝试探索宗教建筑的信心。导师治学严谨，对我的要求极高，他非常关注我的论文研究进度，针对我论文中出现的问题，提出一些建设性的意见，这些对我论文的写作帮助极大。同时也非常感谢吴师母对我的关怀，常听吴老师说："你师母经常叮嘱我：'学生们能考入南大学习不容易，作为导师，你一定要多花时间去关心他们。'"师母和蔼可亲，她宽容、博爱的胸怀给我深刻的印象。

　　其次，我要感谢南大哲学系尚荣老师，在读书的三年里，他多次组织了宗教艺术考察的活动，给予我学习和感知宗教艺术的机会，他渊博的学识和涵养深深地影响着我，在我论文的写作过程中，在研究方法和思路方面给予我一定的指导。南大美术研究院的李娜老师对我论文的研究思路也给予一定的帮助，她严肃的学术风范、认真的钻研精神非常值得我学习。忘不了柬埔寨吴哥窟考察一路同行的师弟师妹们，在那里，我领略到宗教艺术的殿堂是多么光辉、神圣、宏伟，它像一道光芒万射的霞光，辉映在古老的佛寺上；又像一叶漂浮在大海中的小舟，吸引我们去探究其深远的文化背景。

　　在我论文撰写过程中，洪修平教授、赖永海教授、徐小跃教授、孙亦平教授、杨维中教授等老师给予的建议和教诲，使我受益良多。还有我的同学彭无情、杨洋、李毓贤、徐晶、路永照、胡勇、包佳道等，闲暇时光，我们经常相聚一堂，一同探讨学术，欢笑融融，求学之路，因你们的相伴、相助而精彩。

最后还要感谢我的父母，在我求学的三年里，竭尽鼓励和支持，每每假期而不能尽孝膝下，女儿心中无尽愧疚，只能期待完成学业再去回报父母恩情，以最好的成绩令他们展颜心慰。

回首南大的点滴生活，依依不舍母校情深，期待在新的工作岗位上，创新成果，以回报母校栽培之恩。

王海霞

2013 年 6 月 15 日于浙江杭州